旅館管理實

詹益政◎著

U0049802

嚴序

●●●●●●●●●●●●●●●●●●●●●●●●●●●●●●●●●

「旅館與戲台在很多方面極為相似。……旅館的工作人員必須像舞台上的演員一樣，能夠扮演各種不同的角色。唯一與其他行業不同的是，這幕戲是永遠演不完的。……週而復始，不斷地將生命與活力灌輸給人生的舞台。」

這段話不是我自己創造的，而是從詹益政先生的大著《旅館管理實務》中「借」來的，大哉斯言！若非兼具理論與實務經驗如詹益政先生者，是無法用這麼簡單的一段話點出旅館業的精髓。

「旅館」可說是觀光旅遊事業的「門戶」，往往決定了一個來自遊客對這個國家、城市、地區的觀感。往更深層的意義來看，每一名旅館的從業人員，即使是替旅客拿行李的門僮或餐廳的服務員，都是背負著使命的外交人員、主人，他招待、服務客人的每一行為，都是「國民外交」的一個動作。陳義過高嗎？我想有過旅遊經驗的人，多少會同意我的看法。

國內自從西元一九五六年開始提倡觀光事業以來，歷經數十年的演進，政府及業界也有計畫的興建、管理與經營觀光旅館，改善設備，推廣市場，並加強對人才的培育，其風貌與發展，已非當時可同日而語。但是，萬丈高樓從地起，所有旅館事業的發展及繁茂，均有賴於優秀的人才及豐富的專業知識做基礎。而詹益政先生在此領域，做出了極大的貢獻。

詹益政先生是旅館業的前輩，最難得的是理論與實務都很豐

富。他不但是日本明治學院大學商科畢業，並在美國夏威夷大學東西文化中心旅業管理研究。最難得的是，他曾擔任國內數家不同系統、型態大型旅館，包括福華飯店、凱撒飯店、國賓飯店及日本琉球大飯店等總經理，如此豐富的經驗，在國內旅館業亦不多見。

但更難得是詹益政先生在繁忙的工作之餘，並有心培育旅館專業的人才，不但從事教育，並且著書立書，撰寫一系列與旅館及觀光事業相關的著作，如《旅館管理實務》就是最好的例子，是國內觀光旅館業難得一見，有系統、兼容並蓄的著作，對旅館之淵源、概念實務、發展，以及旅館專門用語，無所不包。本書就像給演員的手冊指南，讓新手可以中規中矩地粉裝登場，讓老手也可以不時回歸基本，調校表演中不夠精準的部分，讓每個人都可以有完美的一場演出。

台灣觀光協會會長　　謹誌

虞序

●●●●●●●●●●●●●●●●●●●●●●●●●●●●●●●●●●●●●●

　　我國自西元一九五六年開始倡導觀光事業以來，二十餘年間，在政府與民間積極的擘劃與推動下，已呈現一片繁榮蓬勃的景象，爲了迎接未來觀光時潮與日俱增的需求；觀光旅館有計畫的興建，管理與營運、市場的推廣、人才的培養、服務品質的提高、設備的改善，均有賴吸收專業新知，而修習現代旅館知識以適應日新月異的觀光旅館發展，更爲我國觀光旅館從業人員及學校觀光科系學生當務之急。

　　惟目前我國至今仍缺少一本有系統完整性的旅館實務專著，是以研習旅館，頗有無從著手之難。當此之時，詹益政先生以多年從事觀光事業的經驗與學養，本其敬業好學的精神，蒐集國內外最新資料編著《旅館管理實務》一書，自觀光旅館的源起與概念、行政與組織、各部門的實際作業與管理、市場行銷、現況與發展趨勢；以至於最新的旅館專門用語。兼容並蓄，無所不包。觀其取材的新穎，內容的豐富，而其流暢的筆觸，敘來栩栩如生，實爲國內觀光事業不可多得的佳作。

　　此書不僅對學校旅館教學及觀光從業人員的進修，提供一本極有價值的範本，尤對今後旅館的經營與發展，定多裨益，特誌數語以爲序。

前觀光局局長

虞爲

張序

●●●●●●●●●●●●●●●●●●●●●●●●●●●●●●●●●●●●

　　觀光事業為近代之新興企業，牽涉範圍至為廣泛。舉凡衣食住行遊樂等行業均有包括在內。而旅館事業及供應行與遊樂之綜合體，實為觀光事業之骨幹。人云：「無旅館即無觀光。」，誠然不虛。

　　我國旅館事業經多年來之努力其成就雖屬可喜，但旅館從業人員之日益缺乏，訓練不易，殊令人可慮。在職人員苦於缺乏參考自修無門，養成教育又非一朝一夕立可奏效，尤以旅館作業迄無切實可用之成規，誠為我旅館學術上之一大憾事。

　　詹益政君早年留學日本，並往歐洲深造，力學不倦。曾任台北市觀光旅館公會總幹事、日本琉球香和大飯店總經理、高雄國賓大飯店負責人兼任中國文化大學觀光系主任、銘傳女子商專、淡水工商管理專校等觀光系副教授。實際從事旅館業務多年，編著《觀光英語》、《旅館實務》、《旅館接待導論》及《客房服務手冊》等書貢獻於同業。

　　本書內容充實切合需要，誠為旅館各級從業人員及學生必讀之書，同時亦為發展觀光事業中不可多得之佳作。特為鄭重推薦，凡我旅館同業，均宜人手一冊供作進修與作業之參考。

中華民國旅館事業協會理事長
張武雄

趙序

● ●

　　在我國觀光旅遊事業的興起，自第一次世界大戰之後已略見其萌芽，然普遍受到國人的倡導與注意，則僅是近二、三年的事，由於這一新興事業的觸角，無遠弗屆，因此它在文化交流、國際貿易、促進民族感情、繁榮社會經濟等方面，對國家的貢獻，早就被有識人士所特別重視。

　　我們知道任何一件新興事業的成長與發展，都必須有完美的制度，與不斷研究改進的精神，方足使其日新月異，光大而特久，何況觀光事業更具有多目標綜合性之事業。一家具有規模的現代觀光旅館，其龐大的結構、繁複的業務、最新科學技術的設備，均遠非傳統中所謂「旅店」的服務範圍所能想像，所以總統蔣公曾指示：「辦理觀光事業，實為現代知識與現代技能之綜合。其管理人才，必須具備此項條件，始能勝任，同時必須富有經驗，對其他國家之觀光設備，亦當多所觀摩與借鏡。」我所主持的西湖高級工商職校，首設觀光科，以及中華民國旅業管理學會都是基於此一訓示，為滿足觀光旅遊事業迅速發展，而不斷從事著作有關理論與實務、學術基礎的探討與鑽研工作。

　　詹益政先生自始就是本會最忠實，也是最熱心的會友，一直擔任著常務理事的職務。他對觀光旅遊事業的成就，不僅是得自留學日本、歐美以及教學研究的心得，更是得自他從事實際工作的經驗。在他《旅館管理實務》這部精心巨著裡，我們可以發現他自旅館發展的歷史，以及衣帽間、服務檯等作業之細微，都有源源本本的介紹、仔仔細細的說明，他把讀者帶進富麗的學術

裡，也帶進現代旅館每一深邃的角落，讓讀者去觀摩、去研究、去認識、去體察、不務空談、不涉泛論，實是接受觀光教育或旅館從事人員最具體，也是最完整的進修參考與作業依循的寶典。

在我國方興未艾的觀光事業中，倡導者有之、投資者有之、從事實際耕耘者有之，而對學術的研究與建立，經不少有心人士的呼籲，並從事孜孜不倦的探索與推廣，其成果更是日益精進而豐碩。詹先生此書的貢獻，將不僅是對觀光事業的播種，而更是對國家開拓了觀光事業、物力、人力資源的無限遠景。僅樂為之序。

中華民國旅業管理學會理事長
趙筱梅

Foreword

The book, Hotel Management and Operation, by James I. C. Chan. Manager of the Hotel Ambassdor in Taipei, Taiwan, is an important contribution to education for careers in the hospitality industry.

It is doubly significant that an alumnus of the famed East-West Center for Cultural and Technical Interchange at the University of Hawaii has taken the time from his busy schedule as an operating executive in a major hotel to put some of his knowledge and insights into writing. This makes it possible to multiply the benefits of what Mr. Chan has learned through spreading the information to an ever larger number of people who will widen the benefits to travelers and guests from many lands.

With the rapid expansion of world travel to Taiwan, it is indeed fortunate to have this new textbook in Chinese. Mr. Chan is not only making his book available to students in his course at the University of Chinese Culture but will make it available to the purchase of all hotel people conducting their own management training programs. This is a great service to the entire community.

Dr. Edward M. Barnet, Ph. D.,

Dean,

School of Travel Industry Management and College of Business Administration, University of Hawaii, HAWAII. U. S. A.

自序

● ●

　　二十一世紀在全球社會經濟結構瞬息萬變的衝擊下，旅館經營也堂堂邁向全球化、資訊化、科技化、多元化和知識管理化，並以「競爭力」和「領導力」決勝一切的「新紀元」。

　　如何運用行銷策略，加強顧客關係？如何利用科技建立健全的組織？如何應用知識管理，提升服務品質？如何創新產品，領先目標市場？如何善用管理技巧，有效掌握作業？如何發揮領導優勢，驅動革新並創造輝煌的績效？等等，在在需要我們業界重新調整傳統的經營、管理方法、策略、觀念與作風，以順勢變革，始能建立穩固而永續經營的餐旅業王國。

　　有鑑於此，作者將原著《旅館管理實務》一書重新編寫，並將餐飲部門列出，另成一本，名為《旅館餐飲經營實務》，成為姊妹作，不但大幅增加國內外最嶄新、最實用的專業知識和作業程序，並附加英文專業用語，以應全球化之急需與國外留學生之需求。

　　最後將作者累積半世紀來，產、官、學三樓執教與現場實際體驗，統合兼顧理論與實務，期能達到內容充實、實例豐富、簡明扼要，學以致用為主要目的，以應付二十一世紀餐旅業所面臨新的變化與挑戰。同時希望藉此修訂版，能夠回饋各界賢達，往年對作者鼎力支持、愛護有加之感激情懷。

　　本書出版之際，特別承蒙台灣觀光協會嚴會長壽百忙之中撥冗賜序，不勝感激，前觀光局虞局長為先生、中華民國旅館事業協會張理事長武雄先生、中華民國旅館管理學會趙理事長筱梅女

士及美國夏威夷大學旅業管理學院院長巴納德博士賜序統此致最高謝意。尤其作者幾位優異能幹的學隸如林正松君（台北長榮桂冠酒店總經理）、蘇國垚君（台南大億麗緻酒店總經理）、廖瑞娘小姐（台北福華大飯店經理），他們均不辭辛勞國內外東奔西走，協助蒐集許多寶貴照片與資料，精神可嘉，藉此表達最誠摯的謝意。

同時也特別感謝作者的學隸，現任圓山大飯店總經理特別助理黃清澤 君，曾獲得首屆觀光行政人員高等考試，第一位觀光狀元，也是中國文化大學法學碩士，自始至終全力協助編校。

除外，更應感謝揚智文化事業公司賴筱彌小姐為本書所付出的心力。

本書著作雖已竭盡心力裨能盡善盡美，然因時空所限，匆忙付梓，恐有疏漏遺珠之處，尚祈不吝賜教。

 謹識

目次

第**1**章

●●●●●●●●●●●●●●●●●●●●●●●●●●●●●●●●●●●●●

概說

旅館——個包羅萬象的天地，變化無窮的小世界，它是旅行者家外之家，度假者的世外桃源，城市中之城市，文化的展覽櫥窗，國民外交的聯誼所，以及社會的活動中心。

旅館是一種綜合藝術的企業。在這一個小世界裡，到處充滿著魅力與活力，傳奇與不平凡的故事。不知有多少青年嚮住於這種多彩多姿與意義深遠的工作。

旅館與戲台在很多方面極為相似。它具有兩種不同性格的世界，一個是直接與公眾接觸的前台（業務部門）以及廚房、洗衣間及其他服勤地區，一個是不與顧客直接接觸的後台（管理部門）。雖然如此，二個部門卻不能分開單獨作業，而必須分工合作，相輔相成，匯合前後台為一體。

旅館的工作人員必須像舞台上的演員一樣，能夠扮演各種不同的角色。唯一與其他行業所不同的是，這幕戲是永遠演不完的。為服務顧客，它是二十四小時的營業，週而復始，不斷地將生命與活力灌輸給人生的舞台。

今日的旅館不論規模大小；他們的共同目標是一致的：為大眾提供餐飲、住宿以及其他附屬的各種服務，故稱旅館企業為「服務企業」原因即在於此。

我們知道影響人類的日常生活與社交活動最重要的場所是教會與旅館。兩者均為人類提供服務，其所不同的是前者偏重於宗教信仰，而後者則專注物質無形的陶冶與身心的享受。這就是為什麼旅館除提供精神的服務外，更要以建築與設備等設施來加強有形的服務。

今天人類的旅行活動由於交通工具的改良與經濟的發展，隨之日見頻繁。於是，旅館的功能與服務項目，就更為包羅萬象與複雜化了。

過去旅館的經營大多數屬於家族式的小型事業，隨著時代的

進步，旅館的經營不能故步自封，非採用企業管理方式不可。它所需要的工作人員也必須具備專業的知識與經驗，而經營技術也是日新月異。尤其是在餐飲供應方式、旅館會計管理、國際會議之籌備以及建築設備各方面，一切軟硬體的設施都在改革與進步之中。惟一不變的是：旅館工作人員的工作態度與熱忱，卻始終懷著一股為人類提供親切的服務，使顧客能有賓至如歸的感覺，並促使其能流連忘返而終身難忘。

如果你有志從事於此一行業，就必須具備愛人的美德與為人服務的熱忱，應充分發揮敬業樂群的精神，及秉持真誠處事，和氣待人的工作態度。那麼你在這一行業的發展，前途定是無可限量的。

第一節　旅館發展簡史

早在四千多年以前的巴比倫時代，古埃及有了三大文化的興起，即：一、象形文字；二、貨幣及三、宗教。象形文字的產生，吸引當時人們共聚於巴羅亞附近的墳墓，以欣賞碑文為嗜，而逐漸形成了濃厚的宴會氣氛——此即為宴會的起源。貨幣的流通，造成消費型都市的興起，成群的商隊不得不竭盡心思找尋供給餐食的場所——此即為餐廳的起源。宗教的興起，更使建殿之風盛極一時，為供前往朝拜者之住宿，聖殿周圍就有許多客棧的設立——此即為旅館的發祥。

在西洋，最原始的住宿設備可以溯源到古羅馬時代或更早的年代，然具有真正現代設備之旅館的出現，則以一八五〇年在巴黎建成的Grand Hotel為始，由於十八世紀前半期發生了產業革命，促進了近代旅館業的發展。在法國興起的現代式旅館隨之擴

展及歐洲各國和美國。

至於旅館的黃金時代是在第一次世界大戰（一九一四～一九一八年）之後在美國所興起的。由於資本主義的快速發展以及建築技術的改良，於是巨型的旅館就漸次的出現。到了一九二○年單在美國國內就有數十間旅館擁有一千間以上的房間，而且其高度竟達到三十層以上。

馳名於世的New York Statler（二十二樓，二千二百間），Sheraton（三十樓，一千五百間），New Yorker（四十一樓，二千五百間），Waldorf Astoria（四十七樓，二千二百間），芝加哥的Palmer House（二十二樓，二千六百二十八間），Conrad Hilton（二十三樓，三千間）等大飯店均在當年建成的。

當時由於高度資本主義的需求，以旅館的連鎖經營方式來追求利潤的現象就盛行一時。因此有了Statler、Hilton或Sheraton等巨大的連鎖經營公司的問世。

可惜好景不常，一九三○年代的世界性經濟蕭條造成了旅館業的黑暗時代，因此在美國約八成以上的旅館宣告破產，或流當、合併。但一方面由於汽車旅行之風行，取而代之者為簡易的汽車旅館業之興起，一時風起雲湧。

到第二次世界大戰（一九三九～一九四五年）後，商機再度眷顧旅館業。一九四四年在華盛頓有了八百二十五間房間的Statler Hotel，隨著以希爾頓為中心的旅館不但在美國，即使在歐洲也有如雨後春筍般，其盛況歷久不衰。以上是西洋旅館發展的簡史。至於我國，古代並沒有旅館之名稱，但秦漢時代，因交通發達，通都大邑均有「亭、驛」、「逆旅」與「私館」、「客舍」等之設備。唐代時各國使節代表、華僑、貴賓、顯要都住在當時的國家招待所──禮賓院和驛館。而當時的「波斯邸」是專為外客而建的。其設備豪華，有些類似今日國際觀光旅館。不過，當時

僅提供國外使節的服務，並不太重視經濟效益。第一次世界大戰後，在我國內之外國人，為便利國人的交通往來，紛紛在我國通都大邑開設西式旅館。我國才開始具有現代化旅館設備之雛型。

台灣光復前之旅館以台北的鐵路飯店為首家。自西元一九五六年先總統　蔣公指示省府：「歐美與日本均注重旅館觀光事業，以應國際人士來往之需要，兼以吸收外資，我國實有仿效之必要。」近年來，經政府與民間之合作，全台各大都市都陸續興建旅館，加以國際觀光客逐年蜂湧而至。因而促使旅館事業及相關觀光行業大展鴻圖，台灣觀光事業的發展已奠定宏偉的基礎。

進入一九五〇年代後，由於一、人口激增；二、壽命延長；三、所得增加；四、休閒時間增加；五、高速公路神速擴展；六、航空運輸頻繁，以及七、國際會議中心的興建等等使旅館的經營再度興盛起來。

一九六〇年代，配合科技日新月異、連鎖旅館也迅速成長，而利用免費電話訂定旅館房間的制度也隨之確立起來。更出現所謂「經濟級的旅館」（BUDGET HOTEL），因通貨膨脹、能源缺乏，專為節省公司出差費而產生的旅館隨處可見。

一九七〇年代全套房式房間的旅館（ALL-SUITE HOTEL）初次登場，然而直至今日才被真正地重視。因為延長續住的商務旅客及住宿一星期以上的度假觀光客，有日漸增加之趨勢，特別受到歡迎。

一九八〇年代大型國際會議旅館（LARGE CONVENTION HOTEL）首次問世，如LASVEGAS HILTON、THE NEW YORK MARRIOTT、MARQUIS、HYATT REGENCY、MAUI，特別為商務旅客設立商務專用樓、商務服務中心、健身房設備等以爭取商務客的光臨。

在一九八一年時，因經濟復甦法案的實施，刺激了資本的投

資，豪華級旅館，如雨後春筍般的興起，然而因爲沒有作好市場調查，匆匆大興土木的結果，無法如期收回資本。

一九八六年稅賦的修改，結束了不負責任的亂建。一九九○年代可謂在美國是旅館建築過剩的時期。

一九九三年開始，旅館產業再度開始有利可圖，住房率、平均房租，均打破以往紀錄。根據一九九六年美國旅館經營統計資料，預測旅館業一直到二○○四年間，較少受到經濟不景氣的影響，而其住房率將維持在百分之六十六以上，展望未來，旅館業的前途仍然是燦爛無比，旅館發展過程，見表1-1。

第二節 　旅館的定義

何謂旅館？讓我們先研討一下歐美各國對旅館所下的定義，然後就可以得到一個綜合的結論。

強調公共性者

認爲旅館與一般的服務企業所不同，而強調其公共性者，可參照美國巴蒙德州的判例：「所謂旅館是公然的、明白的，向公眾表示是爲接待及收容旅行者，及其他受服務的人而收報酬之家。」

強調法律關係者

強調法律關係的，如美國紐約州的判例：「對於行爲正當，且對旅館的接待，具有支付能力而準備支付的人，只要旅館有充足的設備，任何人都可以享受其接待，至於停留期間或報酬並無需成文的契約，只要支付合理的價格就可以享受其餐食、住宿，

表 1-1　旅館發展過程表

特色 時代	利用者	投資者的目的	經營方針	組織形態	設備	典型的經營者	代表性的旅館
客棧時代（旅行行為發生時）	宗教及經濟動機旅行者	慈善事業	社會義務	小規模獨立經營	最低必要條件		各種客棧
豪華旅館時代（十九世紀後半）	特權及富有階級	社會名譽	迎合貴族嗜好服務至上	大規模獨立經營	豪華燦爛富麗堂皇	律慈氏	巴黎 GRAND HOTEL 紐約 WALDORF ASTORIA
商務旅館時代（二十世紀初期）	商務旅行者	追求利潤	注重規模成本控制價格觀念	連鎖經營	便利化標準化簡易化	史大特拉氏希爾頓氏威爾森氏	HILTON HOTEL HOLIDAY INNS
現代旅館	觀光旅行者本地旅行者商務旅行者	多角經營大資本投資增加公共設備	重視市場開發活動顧客至上價值觀念	連鎖經營注重獨立設備之共存	設備廣泛化機能多樣化重視開創新用途		

以及當做臨時之家使用時，所必然附帶的種種服務與照顧的地方。」

英國人偉伯德

另外按英國人偉伯德對旅館所下的定義：「一座為公眾提供住宿、餐食及服務的建築物或設備，稱之為旅館。」

綜合以上英美各項之定義，我們可以得到下列的結論，即旅館是：「一、提供餐食及住宿的設施；二、具有家庭性的設備；三、為一種營利事業；四、對公共負有法律上的權利與義務；五、並且提供其他附帶的服務。」

簡言之，「旅館是以供應餐宿提供服務為目的，而得到合理利潤的一種公共設施。」

所以經營旅館最重要的基本條件，應具備安全舒適的設備，衛生美好的餐食及殷勤周到的服務，使顧客享受賓至如歸之感受。

美國旅館大王史大特拉謂：「旅館是出售服務的企業」，這是最具體明確的定義。

目前我國按照「觀光旅館業管理規則」的規定把旅館分為兩大類：即「國際觀光旅館」及「觀光旅館」。

所謂「國際觀光旅館」是依照「新建國際觀光旅館建築及設備標準要點」興建的旅館。而「觀光旅館」則是依照「台灣地區觀光旅館輔導管理辦法」第五、六兩條所規定的建築設備標準設計並依同法第九條申請興建的旅館。

第三節 旅館的使命

十八世紀末在法國以「貴族旅館」開始發展的HOTEL實爲重商主義者之產品，而成爲貴族與特權階級之旅館與交際場所。因此衍發許許多多多彩多姿的餐飲服務方式以及日新月異的建築模式。終於建立了今日旅館的設備與旅館之基礎。

由於旅館鼻祖律慈所奠定的旅館典範，今日已不但普遍地應用在旅館，即使在我們的日常生活中也廣泛地被接受採用。例如，音樂、舞蹈、建築樣式、傢具之設計等，旅館在文化方面之貢獻是不容忽視的。

因此旅館已成爲我們人類日常生活中的活動中心，更有進者，由於我們經濟的長足發展、交通量的增加、所得之改善，提高了生活水準，增加休閒的時間，刺激人們的慾望以及生活的改變等之因素，使旅館更一般化、大眾化。將旅館單純地解釋爲提供旅客住宿與餐飲之服務事業，其範圍就未免過於狹隘。茲將今日旅館所負之使命簡述如下·

讓我們先探討一下，HOTEL的語源，按HOTEL一詞，來自法語，而法語的HOTEL又溯自拉丁語之HOSPITALE。在中世紀的封鎖經濟社會中旅行活動並不頻繁，當時宗教對社會之影響力，較爲深刻，人們前往寺院巡禮之風盛極一時，故有所謂HOSPICE（供旅客住宿的教堂或養育院）供參拜者之住宿，由此語發展出來的HOSTEL（招待所）亦即HOTEL的語源。同時HOSTEL一語也是HOSPITAL的語源，因此醫院的發祥也跟宗教具有密切的關係。

要知道經過千辛萬苦跋涉旅行的人們，總希望著有一個地方能夠使他們疲勞的身心得到宗教上的安寧慰藉之場所；提供

HOSPITALITY的休寢地方，接受餐飲與醫療的款待，使他們眞正能夠接觸到人類溫暖的「心靈」以及呼吸當地芬香的「土地味」，恢復體力與精神，再度繼續旅行。即所謂使旅客有「賓至如歸」之感受。

在我國當我們在介紹親友赴他處旅行時，總會提起某某人因「人地生疏」、「請多賜照顧」等字樣，也是這個道理。我們在發展觀光的口號，所謂發揚「人情味」，介紹「當地的風俗習慣」，也是基於這種HOSPITALITY的精神。這種HOSPITALITY的精神後來也由歐洲的貴族旅館加以接受，並經過時代的變遷與環境的變化，逐漸成爲歐美中產階級旅館的服務方式。在瑞士的旅館這種精神演變爲以家庭方式款待客人，成爲馳名於世的瑞士HOSPITALITY。終於奠定了歐洲旅館服務的典範。故有旅館鼻祖律慈的名言：「客人永遠是對的」出現，繼而有美國旅館大王史大特拉氏的信條：「旅館是服務社會的」。更進而有寶典的座右銘：「以品格及敬意接待你的顧客吧！」最後還有霍諸的「旅館的服務注重人性的服務」，使HOSPITALITY一語成爲旅館歷史中經營者的基本哲學。

因此旅館對人類不斷創造著適合時代需要的HOSPITALITY，而我們以我們的「心靈」將HOSPITALITY再度表現於外。不斷創造新的HOSPITALITY才是旅館眞正的使命。

第四節　旅館的分類

旅館按其收取房租之方式，可分爲歐洲式旅館及美國式旅館。歐洲式的係指其定價僅包括房租，所謂美國式旅館係在其定

價中包括房租與餐費。其次，如按其房間數目之多寡，可分為大、中、小三型：小型，即一百五十間以下者，中型，即一百五十一至四百九十九間者，及大型旅館五百間以上者。

更按其旅客之種類，分為家庭式、商業性等旅館。如再以旅客住宿之長短分類，可分為短期、長期及半長期性等旅館。所謂短期者指住宿一週以下的旅客，除與旅館辦旅客登紀外，可不必有簽署租約之行為。長期者至少需住一個月以上，且必須與旅館簽署詳細條件，至於半長期者即介於上述兩者之間。

最後，更可根據旅館之所在地分為休閒旅館、都市旅館或公路旅館等等。如按經營之時間，又可分為季節性或全年性之旅館等類。茲分述如下：

按旅客的停留時間的久暫

1. 短期住宿用旅館（Transient Hotel）：大概供給住一週以下的旅客。
2. 長期住宿用旅館（Residential Hotel）：一般為住宿一個月以上且有簽訂合同之必要。
3. 半長期住宿用旅館（Semi-residential）：具有短期住宿用旅館的特點。

按旅館的所在地

1. 都市旅館（City-Hotel）。
2. 休閒旅館（Resort Hotel）。

按其特殊的立地條件

1. 公路旅館（Highway Hotel）。
2. 鐵路旅館或機場旅館（Terminal Hotel）。

按其特殊目的

1.商務旅館（Commercial Hotel）。

2.公寓旅館（Apartment Hotel）。

3.療養旅館（Hospital Hotel）。

另外，旅館的房租計價方式如下：

1.歐洲式計價（European Plan）：即房租內並沒有包括餐費在內的計價方式。

2.美國式計價（American Plan）：在歐州又稱為Full Pension，即房租內包括三餐在內的計價方式。

3.修正美國式計價（Modified American Plan）：在毆洲又稱為Half Pension或Semi Pension，亦即房租內包括兩餐在內的計價方式。

4.大陸式計價（Continental Plan）：即房租內包括早餐在內的計價方式。

5.百慕達式計價（Bermuda Plan）：即房租包括美式早餐。

除了上述旅館的正式分類外，在外國尚有常用名稱，舉例於下：

MOTEL	汽車旅館
BOATEL	汽艇旅館
INN	客棧
PENSION	供膳食的公寓
YACHTEL	快艇旅館
RYOTEL	日式與洋式的混合旅館
FLOATEL	水上流動旅館
AIRTEL	機場旅館
GARNI	不設餐廳的旅館
OFFICIAL TEL	辦公用旅館

SEAPORT HOTEL	港口旅館
YOUTH HOSTEL	青年旅舍
MOUNTAIN HUT & SHELTER	登山專用旅舍
HOLIDAY VILLAGE	度假鄉間旅舍
VILLA	別墅旅館
RESORT CENTER	休閒中心
CAMPING & CARAVANNING SITE	帳蓬營地
HOLIDAY CENTER	度假中心
MOTOR INN	汽車旅館
LODGE	度假旅舍
COTTAGE	度假旅舍
RANCH	農場民宿
B & B	簡易民宿
GUEST HOUSE	賓館
KUR HOTEL	溫泉旅館
RELAIS	餐廳附設住宿
GASTHOF	餐廳附設住宿
PUB HOTEL	餐廳附設住宿
AUBERGE	餐廳附設住宿

為便於對整個旅館名稱有個通盤瞭解，茲列出如下：

1.都市旅館（CITY HOTEL）

TRANSIENT HOTEL	短期住宿旅館
METROPOLITAN HOTEL	高級旅館（都市）
COMMERCIAL HOTEL	中級旅館（商務）
DOWNTOWN HOTEL	都市區旅館
SUBURBAN HOTEL	郊外旅館
TERMINAL HOTEL	終站旅館

STATION HOTEL	火車站旅館
AIRPORT HOTEL	機場旅館
SEAPORT HOTEL	港口旅館
CONVENTION HOTEL	會議旅館
BUSINESS HOTEL	日式商務旅館
MOTEL	汽車旅館
HIGH WAY HOTEL	公路旅館
INN	客棧
RESIDENTIAL HOTEL	長期住宿旅館
APART MENT HOTEL	公寓旅館
PENSION	歐式公寓旅館

2.觀光休閒旅館（RESORT HOTEL）

RESORT HOTEL	休閒旅館
MOUNTAIN HOTEL	山區旅館
LAKESIDE HOTEL	湖濱旅館
SEASIDE HOTEL	海濱旅館
HOTSPRING HOTEL	溫泉旅館
TRAFFIC HOTEL	交通旅館
MOTEL	汽車旅館
HIGH WAY HOTEL	公路旅館
INN	客棧
SPORTS HOTEL	運動休閒旅館
GOLF HOTEL	高爾夫旅館
SKI LODGE	滑雪小屋
MOBILLAGE	汽車旅舍
CAMP BUNGALOW	露營小屋
YACHTEL	遊艇旅館

BOATEL	汽船旅館
EUROTEL	歐式分租公寓
CONDOMINIUM	美式分租公寓

註：以上的分類只供參考、正式分類仍以根據立地條件、使用目的，及經營型態分類較爲正確。

我國旅館正式分類

1. 國際觀光旅館（INTERNATIONAL TOURIST HOTEL）。
2. 觀光旅館（TOURIST HOTEL）。
3. 其他俗用名稱：旅館、民宿、客棧、別館、旅社、國民旅社（舍）、香舍、山莊、旅舍、活動中心、公寓、農莊、酒店、招待所、會館、別墅、飯店、賓館、學舍、家、旅店、休閒中心、俱樂部、露營地、度假中心、香客大樓。

另外，三種基本旅館比較，見表1-2。

Check-in-time, Check-out-time

旅館自某一定時間起到次日某一定時間止計爲一日，而將它當作房租界限，前者之一定時間即供旅客開始使用（遷入）之時間，稱爲Check-in-time；後者之一定時間即旅客停止使用（遷出）之時間，稱爲Check-out-time。至於何時爲遷入，何時爲遷出，則視該旅館所在地之各種情形而異，有以下午五點爲遷入，次日正午爲遷出，而其中間是清掃房間之時間，亦有以下午二時爲遷入，次日正午爲遷出或以正午十二時爲遷入及遷出。就後者而言，如果客人剛剛遷出（Check-out），而新的客人又來，可請他在客廳稍候，待房間清掃後再讓客人遷入，若是超過了遷出時間，而客人尚留在房內，以致延誤了預訂房間之客人的遷入，故

表 1-2　三種基本旅館比較表

旅館分類	都市	商務	休閒
本質	注重旅客生命之安全，提供最高的服務	提供商務住客所需合理的最低限度之服務	注重住客的生命安全提供娛樂方面之滿足
推銷強調點	氣氛、豪華	低廉的房租服務的合理性	健康活潑的氣氛
商品	客房＋宴會＋餐廳＋集會	客房+自動販賣機+出租櫃箱	客房＋娛樂設備＋餐廳
客房與餐飲收入比率	4：6	9：1	6：4
旅行社與直接訂房	7：3	4：6	5：5
損益平衡點	55%～60%	45%～70%	45%～50%
外國人與本地人	8：2	2：8	3：7
客房利用率	90%	80%	70%
菜單種類	150～1,000種	30～100	50～200
淡季	12月中旬1月中旬	無變動	12月1月2月
員工與客房	1.2：1	0.6：1	1.5：1
資本周轉率	0.6	1.4	0.9
推銷費管理費	65%	40～50%	65%
用人費	24.7～26.4%	15%	27～29%

一般旅館有如下之規定。

三個鐘頭以內者，加一日份房租之三分之一。

四個鐘頭以內者，加一日份房租之二分之一。

六個鐘頭以上者，加計一日份房租。

後者之所以加一日份之房租，意指當超過六個鐘頭即該房間已無法賣出之緣故。

第五節 客房的分類

典型的基本分類

典型的基本分類有下列六種：

1.單人房不附浴室（Single Without Bath, SW／OB）。

2.雙人房不附浴室（Double Without Bath, DW／OB）。

3.單人房附浴室（淋浴）（Single With Shower, SW／Shower）。

4.雙人房附浴室（淋浴）（Double With Shower, DW/Shower）。

5.單人房附浴室（Shingle With Bath, SWB＝SW/B）。

6.雙人房附浴室（Double With Bath, DWB＝DW/B）。

按服務方式

按服務方式可分為下列四種：

1.高級服務（Full Service）。

2.經濟服務（Economy）。

3.套房式服務（All-suite）。

4.休閒服務（Resort）。

其他分類法

（一）按床數及床型

1.雙人房（Twin Bed Room）。

2.單人房附沙發（Single and Sofa）。

3.沙發及床兩用房（Studio Room）。

4.三人房（Triple Room）。

5.四人房（Quad Room）。

（二）按房間之方向

1.向內的房間（Inside Room）。

2.向外的房間（Outside Room）。

（三）按房間與房間的關係位置

1.Connecting Room：兩個房間相連接，但中間有門可以互通。

2.Adjoining Room：兩個房間相連接，但中間無門可以互通。

（四）按其特殊設備

1.套房房間（Suite）：除臥室外附有接客廳、廚房、酒吧，甚至於有會議廳等齊全的設備。

2.雙樓套房（Duplex）：與前述套房所不同的只是臥室在較高一樓，其他設備跟套房相同。

其他尚有：

Cabana：靠近游泳池旁的獨立房。

Efficiency：有廚房設備的房間。

Lanai：有屋內庭院的房間。（休閒旅館較多）

Hospitality：舉辦酒會或宴會用房間。

有關客房種類及設施，見圖1-1、圖1-2、圖1-3、圖1-4、圖1-5、圖1-6。美國按價位分類旅館，見圖1-7。

圖 1-1　全套房、全功能 e化商務空間

資料來源：台北長榮桂冠提供。

圖 1-2　標準客房配備網路線

資料來源：大億麗緻提供。

圖 1-3　雙人房（家庭式）
資料來源：大億麗緻提供。

豪華單人房

豪華雙人房

圖 1-4　豪華單人房、雙人房
資料來源：福華飯店提供。

圖1-5　全功能e化商務套房

資料來源：台北長榮桂冠酒店提供。

圖1-6　全景套房

資料來源：南京金鷹皇冠酒店提供。

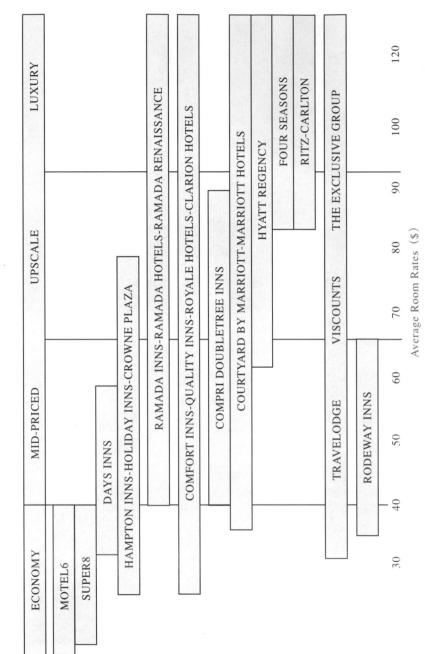

Types of Lodging Establishments

圖 1-7　美國各種旅館按價位分類

SEGMENTATION COMPARISONS

第六節 旅館的特性

　　旅館的商品有它本身具有的特性，不能與其他商品相提並論。經營旅館者，不可不知，庶能尋出合理的經營法與新穎的推銷法。

　　首先，必須瞭解旅館的商品是什麼？換言之，旅館賣的是什麼？

　　一、環境：我們都知道一般觀光客，出外旅行之主要目的，並非為住旅館而來，而是慕名附近的自然環境之優美及濃厚的人情味而旅行，所以旅館必須擁有優美引人的環境以招徠遊客。

　　二、設備：古時候旅行（TRAVEL）是很勞苦的（TROUBLE），必須千辛萬苦跋山涉水，但現代的旅客是為享受而旅行，所以旅館之設備務要注意能使旅客感到輕鬆、清靜、整潔、方便及安全，尤應當尊重私人之穩居，不得隨意打擾。

　　三、餐食：旅客前往異地旅行都懷有一種好奇感，欲嘗試該國的道地風味，比如到中國就渴望聞名於中外的中國菜，所以首先菜食必須別出心裁；第二是精緻化，不但美味可口同時要顧到吃的經濟實惠；第三：是要有獨有的特色，加以無窮的變化及精彩演出，還要有溫柔優雅的氣氛，使旅客陶醉其中，流連忘返。

　　四、服務：服務是以得體的人之行為來滿足客人的需要而求合理的利潤。所謂服務周到就是服務人員都能徹底完成自己所負之責任。為達此目的，工作必須劃分清楚，責任分明，各單位必須協調，通力合作，而服務員要瞭解顧客之心理，先除去其不安感。公司方面應使員工無後顧之憂，使他們經常能露出自然的笑容，以期服務之周到。

　　至於旅館之商品（房間）則具有下列的特點：

　　一、這種商品只有一個地方買得到，因此它的推銷完全依賴著推銷技術高明與否，和特殊的用具，亦即旅館之簡介與直接郵寄等之宣傳品。

　　二、這種商品只能在當天賣出，不能留到第二天，故必須提早接受訂房，原則上前一個月之訂房必須超過百分之五十，否則很難預期得到百分之六十五以上之房間使用率（occupancy）。

　　三、商品之數量有限，亦即收容能力有限，無法臨時加班生產，所以必須設法推銷房間以外之餐飲娛樂方面之營業來彌補收入。有些旅館餐飲的收入往往超出客房收入的數倍。

　　四、固定費用較任何商品爲高，因旅館的建築物本身就是商品。

　　五、不買（不住房間）則不知其價值如何，必須等到旅客住過後，始能體會到它的價值與效能。

　　六、商品雖具有個性，但無形的部分較多，諸如環境、設備、菜餚及服務等，旅客所能買回去的，只有滿意感和深刻的印象與回味無窮的話題。

　　七、從訂房到住宿的期間經過時間較長，普通在兩個月前就已訂房，因此在六個月前就要確定銷售計畫。

　　八、同業者集中在一處競爭性較濃。所以易於比較及批評，服務稍差即容易失去主顧，且不易挽回一旦失去之聲譽。

　　九、人與人的關係極爲濃厚，旅館既爲服務業，人的行爲亦即代表著商品，所以必須注意到人情味。

　　十、營業之好壞由立地條件與房間數之多少決定大半，所以事前之建築籌劃必須愼重評估。

第七節　旅館與服務

美國旅館大王史大特拉氏曾云：「旅館所賣的商品只有一種，那就是服務。」並云：「人生就是服務，凡能求進步的人就是能夠給他的同胞們更多一點，更好一點服務的人。」又云：「服務的素質可依賴努力予以提高，因此服務之好壞就決定旅館之優劣。」

旅館既以服務爲業，我們就必須瞭解服務的眞諦。服務可分爲靠物的服務及靠人服務。所謂靠物的服務就是爲使客人感到快適、舒服而裝設之設備，諸如：冷暖氣設備、傢俱、電梯等不勝枚舉，但這些僅能夠補助「靠人服務」之不足，僅以此等設備是不能具備獨立性或完整的服務。服務是靠著人的行爲去形成的，然而如果能夠再進一步，以利用各種設備或氣氛去輔助的話，就更能使服務顯得更爲圓滿而舒適。所以服務是要使他人精神上或物質上均能感到快適所做的行爲，也就是要做到「賓至如歸」的美境。

旅館的服務，必須全體員工通力合作、密切配合，才能圓滿達成的，絕非單獨或個別就能負起服務的責任。例如，房間、浴室都整理得清潔舒服，但如果電機部門，不開放冷氣或缺少熱水的供應，仍然避免不了顧客的抱怨。房間的寢具、臉巾、浴巾是洗衣工人的合作去完成的，但需要服務員將他們整理後才能提供客人使用，廚師們將餐食用心做好，還須餐廳的服務員送給客人，才能完成餐廳的服務，所以服務都是環環相扣的，任何一個部門若有所脫節，均將使客人感到不滿意，敗興而歸。可見一個人服務的優劣，都能影響到整個旅館的信譽與生意。

旅館的全體員工不管在哪一部門，必須同心協力，彼此合作

萬萬不可持有本位主義或各自爲政的心態，如此才能爲顧客提供完美的服務。

國父曾云：「人生以服務爲目的。」而美國學者把服務的眞義解釋爲："Give them what they want, not what we want to give them." 也正符合論語所說：「己所不欲，勿施於人。」可見古今中外的學者，對於服務的解釋不期而合。

旅館的服務是有一定的形式。例如，客房的服務形式，餐廳有餐廳特有的服務型態。而這些型態大部分係採自歐美先進國家，再經過不斷的改進或發揚，才成爲每一個旅館不同的服務形式。當一個旅館新進服務員要記住或做到這些服務形式，至少也要六個月，如果期能熟練，則需一、兩年的時間，但等到他們熟練之後，對這些形式的定型的機械式服務自然會感到索然無味，而發主厭膩，甚至於產生惰性。這樣一來，不但對飯店是一大損失即使對個人生命而言，也是徒然的浪費。所以眞正的服務並不只是形式上的或是定型的，必須還要加上由內心發出的眞情、熱忱的服務。並應隨場所、時間的不同，不斷改變，並非永久一成不變的。至於如何隨機應變，全賴服務員的經驗以及當時的情況加以適當的順應罷了。

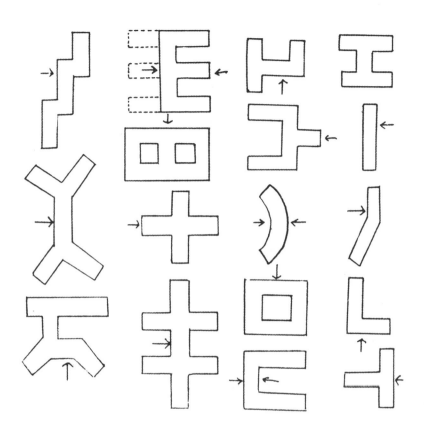

圖 1-8 旅館建築形式

第八節 汽車旅館

為什麼「汽車旅館」在美國有如此快速之發展而勢將凌駕一般旅館呢？其理由不外：

一、由於汽車旅行者，不斷在增加。

二、想要追求安寧且幽靜之環境。

三、因為汽車旅館能夠提供寬敞而免費之停車場。

四、旅客可以自己服務而不必被服務員所打擾。

五、客人可以隨地穿著較為輕鬆的便服。

六、房租較一般旅館價廉。

七、不必為小費或服務費等額外開銷所困擾。

按所謂ＭＯＴＥＬ，當初期美國開始正在流行時並不叫ＭＯＴＥＬ，而叫ＣＡＢＩＮ或叫ＴＯＵＲＩＳＴ　ＣＯＵＲＴ。它的全寫為ＭＯＴＯＲＩＳＴＳ　ＭＯＴＥＬ，亦即所謂汽車旅行者之旅館。其發祥地雖為美國，但後來漸漸地普及於義大利、丹麥、瑞士、英國，最後及於挪威。其所以如此發達，是因為：

一、全國有整潔寬大之道路網，因此長途旅行至為方便。

二、到處可以租車，同時車行又可為其代訂旅館房間，給予旅客甚多便利。

三、有寬敞之停車場可供旅客免費停車。

四、旅館之建設費較為低廉。

五、住用率較一般旅館為高。

六、用人既少，自然節省不少人工費。

七、房租低廉。

由於ＭＯＴＥＬ欲與一般旅館爭一長短，不惜花費充實他們之設備與服務，故欲想由其內容區別已確實很不容易，惟有在形

式、設計與外觀方面來觀察，窺視其貌。

將要形成一般旅館化之MOTEL，在美國稱爲MOTOR HOTEL或GRAND MOTEL。

其立地條件與發展過程，初由公路而發展到療養地區至都市周邊，甚至於市內而又延展至飛機場。

今日美國之MOTEL約可分類爲：

一、公路上之汽車旅館：大都位於公路旁，占地寬大而廣闊，土地較廉，而普通爲一層或二層的木造建築，其旅客以公路汽車旅行者爲經營對象。

二、市內或市周邊之汽車旅館：位於市內土地較貴，普通爲三層以上，其經營以商用客爲主。

三、療養地之汽車旅館：專以休養或療養性之旅客爲營業對象。

四、飛機場邊之汽車旅館：因接近工業地區及住宅區，除以外來客爲對象者外，也有附近地區之住民常常利用此種旅館之餐飲或集會設備。

第九節　我國觀光旅館發展經過

我國的旅館如按其規模、特性，以及經營管理方式，可分爲國際觀光旅館、觀光旅館及旅館（或旅社）三種。台灣自光復後旅館業的發展大概可分爲六個階段加以說明。

傳統式旅社時代（自西元一九四五年至一九五五年）

台灣於西元一九四五年光復，而政府於一九四九年遷台時，因國家處境極爲艱困，百廢待舉，故無暇顧及觀光事業，當時的

旅社在台北市只有永樂、台灣、蓬萊、大世界等旅社專供本地人住宿，以及圓山、勵志社、自由之家、中國之友、台灣鐵路飯店及涵碧樓等招待所可供外賓接待之用，其中圓山飯店可視為現代化旅館之先鋒。而全省旅社共有四百八十三家。

觀光旅館發軔時代（自西元一九五六年至一九六三年）

台灣觀光協會於西元一九五六年十一月二十九日正式成立，實為政府與民間重視觀光事業所成立之半官方組織。西元一九五六年四月民間經營的紐約飯店開幕，是第一家在房內有衛生設備的旅館。接著在一九五七年石園飯店也正式獲得政府許可，由民間興建之飯店也出現了。繼而有綠園、華府、國際、台中鐵路飯店及高雄圓山飯店等接踵而來，西元一九五九年高雄華園、西元一九六三年則有台北市中國飯店、台灣飯店等一時興起本省興建觀光旅館的熱潮，共興建二十六家觀光旅館。

因為自西元一九五七年起，觀光事業普遍受到重視，同時東西橫貫公路之完成，使太魯閣成為聞名中外之觀光勝地。而政府又宣布西元一九六一年為中華民國觀光年，實施七十二小時免簽證制度。（自西元一九六○年一月一日實施，於西元一九六五年八月一日取銷）

國際觀光旅館時代（自西元一九六四年至一九七六年）

西元一九六四年我國首次代表性國際觀光旅館國賓及統一大飯店相繼開幕，使我國旅館經營堂堂邁進國際化之新紀元。

西元一九六四年世運在東京舉行，而日本又開放國民出國觀光，政府為吸引更多觀光客，將七十二小時免簽證延長到一百二十小時實施至十一月三十日。

西元一九六五年四月二十五日中華民國旅館事業協會成立。

西元一九六五年十一月故宮博物院正式開幕。

西元一九六五年十一月起駐越南美軍來台度假至一九七二年四月結束，其二十一萬人來台，消費高達美金五千二百八十三萬元。

由於以上多采多姿的觀光活動，再次促使民間投資觀光旅館的浪潮。

西元一九六六年中泰賓館開幕，接著西元一九六七年三月二十九日中華民國旅館管理學會成立。尤其是太平洋旅行協會第十七屆年會於西元一九六八年二月分別在國賓及中泰舉行，提高我國觀光事業在國際上的地位與形象。

旋後，高雄華王及台南飯店相繼於西元一九六九年開幕。

「發展觀光條例」在西元一九六九年七月正式公布，使觀光事業獲得國家立法之肯定。西元一九七一年高雄圓山飯店開幕，同年六月二十四日觀光局成立，接著西元一九七三年台北希爾頓、西元一九七五年十二月十六日台北市觀光旅館商業同業公會成立。

在這段期間觀光旅館增加九十五家，到了西元一九七六年，全省共有一百零一家觀光旅館。從西元一九六一年至西元一九七六年的十五年間，堪稱為我國旅館業的黃金時代。

大型化國際觀光旅館時代（自西元一九七七年至一九八九年）

自西元一九七三年發生能源危機後，政府實施禁止新建建築物法（西元一九七三年六月二十八日至一九七四年十一月十四日）。因此直到西元一九七六年這段期間並沒有觀光旅館的新建。但到了西元一九七六年後，因經濟復甦，觀光客一批一批湧來，來華觀光客突破一百萬人大關，終於發生嚴重的旅館荒。因而地下旅館應時而出，因為自希爾頓（西元一九七三年四日十五日開

幕）後到財神、三普、美麗華等飯店出現前的六年間，台北市除康華、芝麻外並沒有大型的國際觀光旅館出現。

但自政府於西元一九七七年三月十六日及五月十八日相繼公布「都市住宅區內興建國際觀光旅館處理原則」及「興建國際觀光旅館申請貸款要點」，突破建築基地難求及興建資金籌措不足二大瓶頸之後，第三次刺激民間興建旅館濃厚的意願。因此，大型觀光旅館的興建就如雨後春筍般，相繼林立。如西元一九七七年開幕的台北芝麻，一九七八年開業的全省有十三家，如康華、三普等，一九七九年有十一家，如美麗華、財神、兄第、亞都、高雄名人等，一九八〇年有十二家，如國聯、台中全國等，而一九八一年有九家，如高雄國賓、台北來來等。

四年內共增加四十五家，房間數約一萬多間。一九八三年開幕的有富都、環亞及老爺等。

當然促使投資興趣的另一個原因是政府於西元一九七七年七月公布「觀光旅館業管理規則」使觀光旅館之經營脫離了特定營業的範圍，而西元一九八〇年夜總會也劃出特種營業，無形中提高其社會地位與形象。隨後在西元一九八〇年十一月二十四日修正公布「發展觀光條例」再次認定觀光旅館專業經營的地位與特性。

然而好景不常，到了西元一九八〇年以後，全球不景氣再度來臨，來華觀光客成長直線下降，由西元一九七九年的百分之五‧五、西元一九八〇年的三‧九、西元一九八一年的一‧二、西元一九八二年的〇‧七，而西元一九八三年的二‧七，加之大型旅館遽增，業者間之競爭更形惡化、激烈，賦稅大幅增加，人員待遇高漲，以及旅館維持費之高昂等等，使業者負擔更為加重，同時地下旅館的叢生，住用率一蹶不振，迫使老舊、經營不善的旅館紛紛停業、轉讓、廢業等，從西元一九七三年到一九八

二年中間共有二十家關門，平均壽命十七年，最短者十三年的慘劇。

因此旅館業者紛紛尋求減輕壓力的途徑，如提高房租，節約開支，爭取政府獎勵，加速折舊率，建議工業用電、或視同工業，便利融資，免簽證等措施，並請政府加強取締地下旅館，在在顯示業者對當時的困境之突破所採取的措施。

政府有鑑及此，訂定各種加強發展觀光事業的方案，完成基本立法，包括特殊價值景觀、資源及史蹟之保育，積極從事風景名勝之整建與開發保護森林資源及稀有生物，對內推廣國民旅遊，加強旅館業之輔導與管理，對外加強國際宣傳與推廣。另一方面業者也與國外知名度較高的國際性連鎖旅館簽約，對內改善管理，對外參加國際性會議及推廣活動，在政府與民間密切合作，辛勤耕耘下，已奠下堅固的基礎。雖然西元一九八五年間雖曾一度出現負成長，迄西元一九八六年已獲得顯著改進。

西元一九八六年觀光外匯收入創歷年來最高紀錄，達十三億三千三百萬美元，較西元一九八五年增加三億七千萬美元，成長率高達百分之三十八·四，也是首度突破十億美元大關。來華觀光客一百六十一萬三百八十五人。

為使觀光客便於選擇旅館及鞭策業者致力設備更新及服務管理水準之提升，觀光局於西元一九八七年二月二十五日公布辦理第二次國際觀光旅館等級評鑑，經評定結果五朵梅花者二十二家，四朵梅花者十六家。

國際性旅館連鎖時代 (自西元一九九〇年開始)

八〇、九〇年代，我國經濟成長快速和國民所得提升，促使國內需求和消費水準雙雙提升，凱悅、晶華、西華、遠東、長榮桂冠、漢來、霖園等旅館相繼開幕。其後，華國飯店於一九九六

年與洲際大飯店、華泰飯店於西元一九九九年與美麗殿飯店，而最後在西元一九九九年營運之六福皇宮也加入威斯丁連鎖系統，至此，台灣的觀光旅館，已經引進大部分馳名於世的歐美旅館的經營管理技術與人才，使台灣堂堂進入國際化連鎖時代。

本土性連鎖管理時代（自西元一九九五年開始）

周休二日制度實施後，國人休閒時間增加，更刺激國民旅遊意願，加上國人消費能力提升，致使國際觀光旅館主要客源已由外國旅客轉變為本國旅客。

於是乎，興起了連鎖本土化及市場細分化與經營多元化的新局面。如福華、長榮、麗緻、中信、統一或太平洋集團等除本身行業或旗艦旅館外，紛紛設立經營管理公司，擴展其連鎖版圖及經營多元化，諸如經營休閒、商務、公寓、客棧、會館、全套房、飯店、酒店、俱樂部、各種餐飲設施等形形色色、應有盡有，充分發揮國人經營與管理旅館業的專業才能與智力，對提升我國旅館業的地位與形象有很大裨益。

根據觀光局的統計，截至一九九九年十二月底，台灣地區觀光旅館共計七十七家，客房數共遠一九、三九一間，其中，國際觀光旅館五十四家，客房數一六、七三八間，一般觀光旅館二十三家，客房數二、六五三間（不含台北、高雄圓山大飯店在內）。

又截至西元二○○○年六月底止，已向觀光局申請興建，擴建或籌建中之國際觀光旅館計有三十一家，客房數七、五四一間。

旅館業受九二一集集大地震之影響後，又遭遇到西元二○○一年經濟不景氣與美國九一一事件之衝擊，所喪失的市場與業務，希望藉加入國際貿易組織及兩岸觀光、貿易交流的實現、國際直航航線的增加，積極推廣觀光據點及旅遊產品，可望於今年

全面回春與復甦，更有進者，旅館業與政府應藉此機會，重新再造，同心協力共同面對新的競爭與挑戰，化危機為轉機，為我國旅館業帶來新的生機。

曼谷麗晶（第一名）

香港麗晶（第二名）

新加坡麗嘉登（第三名）

圖 1-9　二○○○年亞洲頂級飯店入選前十名
資料來源：各旅館簡介。

香港半島（第四名）

曼谷東方（第五名）

曼谷香格里拉（第六名）

（續）圖 1-9　二〇〇〇年亞洲頂級飯店入選前十名

香港CONRAD（第七名）

曼谷半島（第八名）

香港九龍香格里拉（第九名）

曼谷凱悅（第十名）

（續）圖 1-9　二〇〇〇年亞洲頂級飯店入選前十名

表 1-3　有趣的我國「旅館之最」

飯店名稱	開業年度	項目
台北圓山大飯店	1956	第一家中國宮殿式，代表中華古色古香傳統的旅館。
中國之友社	1956	最早設有保齡球館及歌星駐唱之招待所。
國際飯店	1957	首家裝設電梯之飯店。
高雄華園飯店	1959	高雄市首次附設游泳池之飯店。
第一大飯店	1962	台北南京東路最早出現之最高建築。
中國大飯店	1963	首先在頂樓設餐廳之旅館。
台北國賓大飯店	1964	最初有頂樓游泳池直達電梯及國際會議設備之旅館。最先與日本連鎖之旅館。第一家 先蔣總統中正先生蒞臨之旅館。
統一大飯店	1964	最先聘用美籍總經理。
中泰賓館	1966	設有規模最大花園的旅館。
日月潭大飯店	1966	第一次信託業參加旅館之經營。
華國大飯店	1967	最早股票上市。
華王大飯店	1969	旅館董事長吳躍庭當選十大傑出企業青年第一家。
中央大飯店	1970	頂樓有旋轉餐廳之先河（現為富都大飯店）。
花蓮亞士都大飯店	1970	東部最早出現之國際觀光旅館。
世紀大飯店	1972	最早有三溫暖之設備。
希爾頓大飯店	1973	我國參加國際性連鎖旅館之先鋒。
假期大飯店	1978	首家實施建教合作。
財神大酒店	1979	首家有中庭大廳，首次聘僱西德總經理。
亞都大飯店	1979	最先聘僱義籍總經理。
來來大飯店	1981	第一家擁有最多地下街商店。
高雄國賓大飯店	1981	全省最高建築之飯店。外形最美而獨特，一家旅館同時與二家國際性連鎖旅館簽約。
環亞大飯店	1983	餐廳設備最多的大飯店。
福華大飯店	1984	最初中庭有瀑布之飯店。
凱撒大飯店	1986	為台灣第一家由日本人投資的五星級休閒旅館。
凱悅大飯店	1990	國內第一座國際會議旅館，游泳池內首次採用水中音樂。

（續）表 1-3　有趣的我國「旅館之最」

飯店名稱	開業年度	項目
晶華大飯店	1990	其國際連鎖旅館得獎最多，台北的客房面積最大（十五坪以上）。
西華大飯店	1990	客房用電梯與餐飲用電梯完全分開，動線明確。設計小巧精緻。
墾丁福華大飯店	1993	國內最大五星級連鎖休閒旅館。
花蓮美侖大飯店	1994	東台灣占地最大，房間最寬舒的度假旅館。
高雄霖園大飯店	1994	南台灣最精緻的五星級商務旅館。
高雄漢來大飯店	1995	古董最多，充滿藝術氣氛的豪華旅館。
高雄福華大飯店	1996	南台灣唯一中庭不但精緻豪華而且具有多功能用途的飯店。
遠東大飯店	1994	最具有複合功能的大飯店備有雙套健身房和游泳池。
台中長榮桂冠酒店	1994	為長榮集團發展跨國性連鎖的首宗精緻酒店。
台北長榮桂冠酒店	2001	全華人造價最貴且台灣第一家全套房之精緻型酒店。
台南大億麗緻酒店	2002	台南區第一家五星級豪華觀光大飯店，首創寵物別館。

第2章

旅館的組織

第一節) 組織概要

　　旅館業是一個服務企業，而企業的成功有賴於機械力（資本力）與管理力（組織人才）兩者的良好結合，去推動業務提高生產而增加收人。尤以現代化的旅館更加注重管理，但在管理方面雖有優秀的人才，如果沒有健全的組織，怎能使人盡其才，物盡其用呢？可見組織之重要。

　　所謂組織是要決定及編配旅館內各部員工的職掌，並表示它們的相互關係，使每一個員工的努力和工作合理化而能趨向一個共同的目標。簡言之，就是要使旅館內的人與事適當的配合，以利推進業務而達到服務顧客及增加收入的目的。每一家旅館的組織當然依其規模的大小，歷史的長短，以及業務的型態，各有不同的組織，然而跟近代所有企業的組織一樣，其內部組織結構也可以大略分為：直線式（LINE CONTROL）、幕僚式（STAFF）或稱職能式（FUNCTIONAL），以及混合式（LINE AND STAFF）三種型態，而以第三種的混合式最為普遍採用。

　　一、直線式：直線式的組織下像軍隊的組織一樣，其指揮系統由上而下，一如直線，每人的任務與責任劃分非常明確，部屬應服從上司所發下的命令，不但要有執行的責任同時也有權限。

　　二、幕僚式：本組織的人員屬於顧問性的，他們只能提供專業的知識給各部門指導或建議，供做改進，但不能直接發布命令。即使他們的建議與指導必須透過各級主管人員才能到達部屬。

　　三、混合式：就是將上述直線式與幕僚式縱橫交差即以直線參用幕僚機構相輔相成，為近代旅館所最普遍採用者。

　　雖然每一個旅館各有不同的組織，但大至而言，可分為兩大

部門，即：外務（front of the house）與內務（back of the house）兩大部門，旅館組織架構，見圖2-1、圖2-2、圖2-3。

外務部門包括客房部與餐飲部，二大主要營業部門，及附帶營業部門（電話、商店）。而內務部門則包括總務、人事、財務、採購等一般管理部門，及保養部門等輔助作業的部門。

外務部門另稱營業部門，而內務部門就是一般的管理部門。在運用組織時必須嚴守下列原則：

一、命令與報告系統必須一線化。

二、監督範圍必須加以明確規定。

三、權責分明，信賞必罰。

四、各人的工作分配不可重複。

五、管轄人數應有一最大限度。（主管人員直接管轄人數以五人為宜，基層工作人員最多可管轄二十人。）

近代企業經營的三要素是單純化、分業化與標準化，為使旅館的組織能運用靈活，順利達到服務顧客以及營利的最後目的，除應遵守上述三要素外，將來的旅館組織更應考慮如何加強並改進下列各點：

一、確立各部門的損益計算制度。

二、重視業務行銷部門。

三、加強企劃與管理會計部門。

四、實行工作標準化（如服務作業程序等必須加以統一化）。

五、屬行分權負責制度（即逐級授權、分層負責）。

六、設立各種委員會及主管或幹部會議以便協調及推行各種活動。

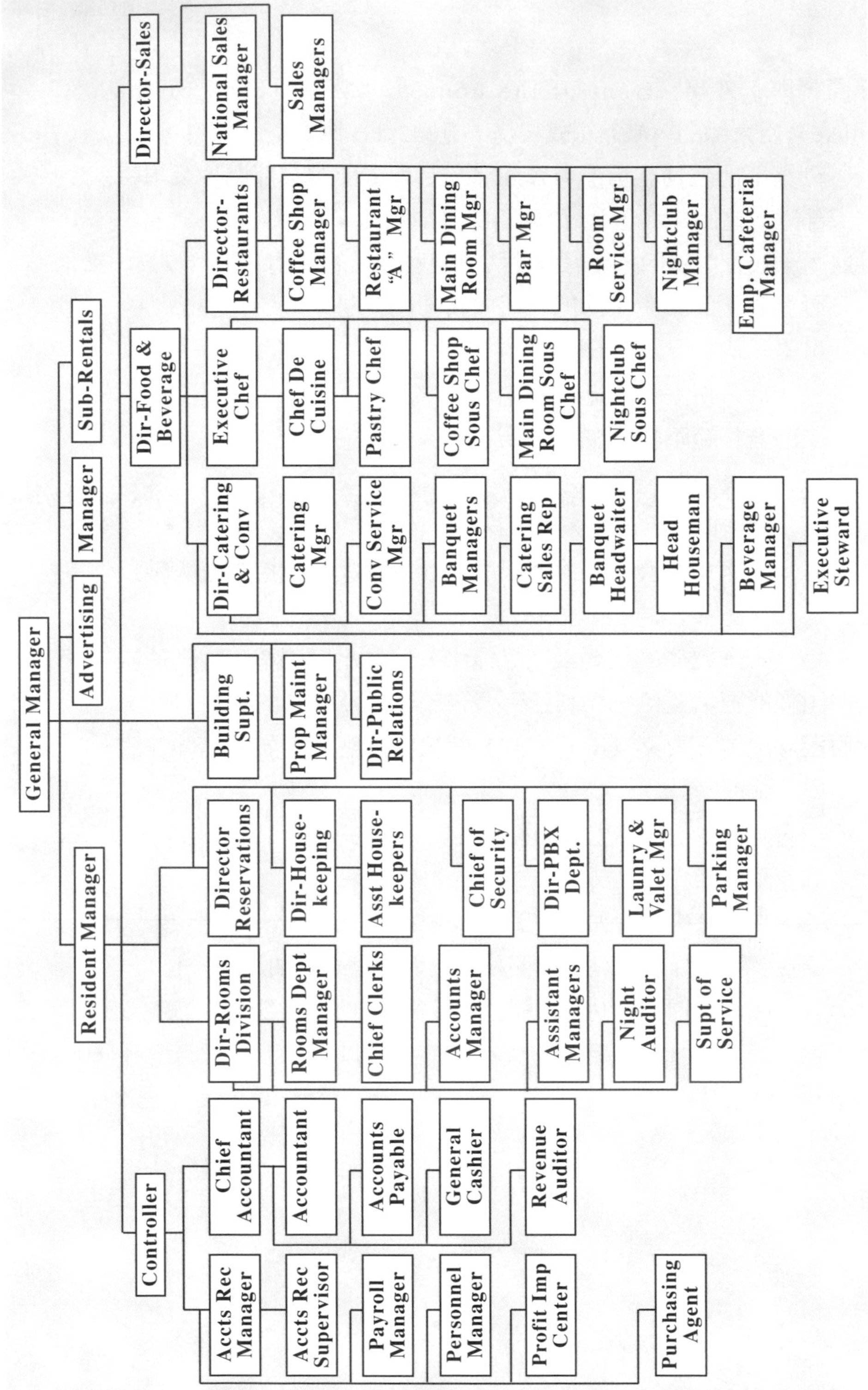

General Manager

Controller
- Chief Accountant
- Accountant
- Accounts Payable
- General Cashier
- Revenue Auditor
- Accts Rec Manager
- Accts Rec Supervisor
- Payroll Manager
- Personnel Manager
- Profit Imp Center
- Purchasing Agent

Resident Manager
- Dir-Rooms Division
  - Rooms Dept Manager
  - Chief Clerks
  - Accounts Manager
  - Assistant Managers
  - Night Auditor
  - Supt of Service
- Director Reservations
  - Dir-Housekeeping
  - Asst House-keepers
  - Chief of Security
  - Dir-PBX Dept.
  - Laundry & Valet Mgr
  - Parking Manager
- Building Supt.
- Prop Maint Manager
- Dir-Public Relations

Advertising Manager

Sub-Rentals Manager

Dir-Food & Beverage
- Dir-Catering & Conv
  - Catering Mgr
  - Conv Service Mgr
  - Banquet Managers
  - Catering Sales Rep
  - Banquet Headwaiter
  - Head Houseman
  - Beverage Manager
  - Executive Steward
- Executive Chef
  - Chef De Cuisine
  - Pastry Chef
  - Coffee Shop Sous Chef
  - Main Dining Room Sous Chef
  - Nightclub Sous Chef
- Director-Restaurants
  - Coffee Shop Manager
  - Restaurant "A" Mgr
  - Main Dining Room Mgr
  - Bar Mgr
  - Room Service Mgr
  - Nightclub Manager
  - Emp. Cafeteria Manager

Director-Sales
- National Sales Manager
- Sales Managers

圖 2-1　旅館組織系統圖

44

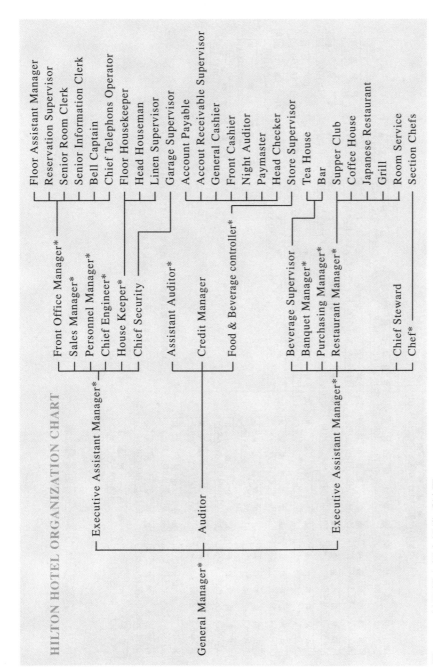

圖 2-2　希爾頓大飯店組織系統圖

45

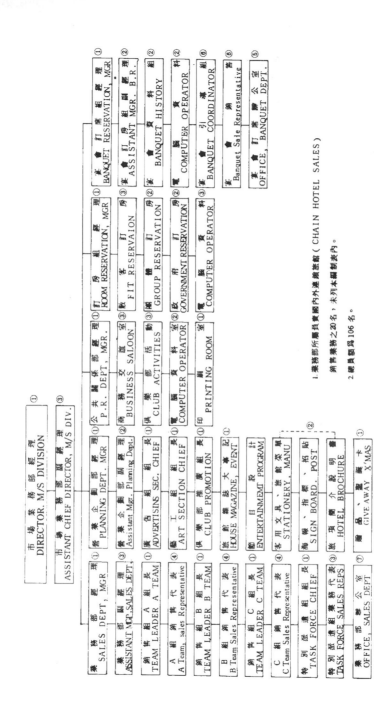

圖 2-3　大倉大飯店市場業務部組織編制圖
THE ORGANIZATION CHART OF MARKETING AND SALES DIVISION. OKURA HOTEL, TOKYO

第二節　總經理的職責

統籌全局

要保持旅館的水準和增進旅館的聲譽，一切設備，要注意改進，不落人後，並為適應旅館業務的發展，作下列的檢討：

1.旅館的設備是否配合都市發展計畫。

2.旅館的本身條件是否適合時代的潮流。

3.旅館的建築設計是否適合顧客的需要。

4.旅館的設備及布置是否完善。

5.安全措施是否齊全，有備無患。

6.營業狀況是否滿意。

7.有無招待旅客的特色。

8.旅客的身分是否適宜。

訂定計畫

接任時要訂定一年至三年的計畫，逐步付諸實施，並作下列的措施：

1.聘派工程人員檢查旅館的全部建築。

2.請設計師檢討布置房間。

3.增添必需用具及設備。

4.檢討過去的開支，是否浪費？

5.整理前後帳務。

審核工作報告

1.日報：包括：欠帳、總帳、食料、營業、概算、集會、抱

怨、餐飲、收帳、臨時人員、出租房間、貴賓、儲藏、採購物品。

2. 週報：包括：員工薪津、營業狀況、工作比較預算、業務檢討、欠帳、廣告、財務、盈虧、旅客統計、人員分配、薪津發放、預定房間、各項帳目、開支比較、獎金分發、房務管理報告、外務報告。

總經理的職務

JOB TITLE: GENERAL MANAGER

Specific Job Duties:

Operates hotel or motel for greatest efficiency and profitability.

Provides comfort and hospitality for guests.

Directs and coordinates the activities of various departments and services of the hotel or motel.

Improves operations.

Establishes credit policies.

Decides on room rates and changes.

Keeps informed of lates trends in his industry.

Keeps informed of tourist attractions and seasonal travel involved within his locality.

Advertises and promotes his establishment for tourists and businessmen.

Screens or supervises the employment of all job applicants in order to mainatain a true "hospitality staff".

Trains of supervises the training of personnel supervises purchasing of supplies.

Makes equipment replacements.

Plans budgets of various departments.

Keeps informed about shifting highway traffic and relocation.

Maintains "origin of guest" records for future promotional possibilities.

Maintains and promotes facilities to attract banquets, meetings and

---

conventions.

Plans advertising and sales promotion works with travel agencies.

Works closely with local Chamber of Commerce.

Shows and sells room accommodations.

Participates in community efforts.

Offers facilities for meetings to community groups such as Boy Scouts and
    YMCA.

Tours and inspects the rooms and grounds.

Works closely with other hotels and motels for overflow business.

Maintains an inventory of supplies.

Decides on type of patronage to be solicited.

Authorizes expenditures.

Delegates authority and assigns responsibilities.

Processes reservations.

Adjusts guest complaints.

Determines type of services to be offered supervises dining facilities.

Arranges for outside services (ex. -fuel delivery, laundry, maintenance and
    repair).

Supervises the collection of delinquent accounts.

Participates in local civic and social clubs or groups.

Related Job Duties-Sales Promotion:

Develops lighting arrangements suitable to the lobby or other publicly used
    rooms.

Sees that hotel or motel personnel are dressed neatly and attractively in
    clean, well-fitting uniforms directs customers attention to displays of
    maps and places of interest.

Displays posters of special events in the community for tourists to see.

Displays a listing of meetings being held in the establishment with date,
    time and location.

Calls guests attention to directional signs.

Decorates guest rooms attractively.

Decorates lobbies, convention or banquet rooms attractively.

Supplies guests information on advertised services and facilities.

Informs hotel or motel personnel involved about advertised services and facilities.

Reads own and competitors newspaper or trade journal ads.

Plans and conducts sales promotion campaigns and advertising.

Approves ad copy and artwork for newspaper, magazine or travel brochure ads.

Points out advertised services or facilities to customers.

Provides and advertises special facilities for children.

Places ads in local newspapers, bulletins, football programs and calendars.

Keeps informed of competitors prices and promotional campaigns.

Promotes the hotel or motel by giving immediate and courteous service to customers.

Offers customers free copies of community events brochures or entertainment brochures.

Secures attractive outdoor signs.

Supplies, guests rooms with hotel or motel letterhead stationery and postal cards.

Advertises on billboards in effective locations.

secures newspaper publicity for unusual or special guests.

Promotes local interest stories.

Advertises hotel or motel facilities and services in rooms with appropritate tent cards.

第三節　副總經理的職責

行政職責

　　向總經理報告，並與總經理以討論和交換意見的方式來協助總經理對餐飲部經理、業務部主管、會計部主管、公共關係主管、人事主管及客房部經理在業務上的管理。對工務主管、警衛組主管、洗衣部主管、停車場主管及房務管理部主管的業務有直接監督的責任，當總經理因故外出時，可代表其行使全部職權。

目標

　　提供給全體員工必須的方針、動機及領導，以確保顧客能獲得熱忱、愉快和周到的服務。

任務

（一）政策

1.協助各單位發揮優良的服務態度和精神。
2.推行飯店的政策及作業程序。

（二）計畫

1.熟悉一切工作程序、待遇等級和工作分配計畫。
2.確使所有部門的主管對其個人的業務方針均能瞭解清楚，並備有各種必須的資訊以實行其方針。
3.協助總經理做財政上的策劃，並且協調和綜合每年財政上的預算。
4.確使整個飯店內沒有任何浪費開支，並瞭解主要及特殊的

消費項目。

5.隨時準備應付特殊作業的緊急需要。

（三）作業

1.客房部

（1）與經理保持密切的工作關係，以便給予顧客最周到的服務。

（2）按時檢查實際的工作範圍及工作流程。

（3）必要時與經理商討主要幹部的工作效率。

2.餐飲部

（1）與餐飲部經理保持密切的工作關係，以便給予顧客最周到的服務及美好的餐飲。

（2）與餐飲部經理商討關於食物、飲料及人事的成本。

（3）與餐飲部經理商討關於食物採購手續及品質的控制。

（4）協助菜單的策劃及訂價。

（5）巡視餐廳、酒吧及娛樂場所。

3.一般行政

（1）與會計主任保持密切的工作關係，以確保完整的會計制度。

（2）與總經理商討並分析每個月的盈虧統計表。

（3）確保應收帳款均能按照既定的目標處理。

4.工務部

（1）與工務主管保持密切的關係，以便保養工作能達到最高的水準。

（2）參加一切重新裝飾和翻修的計畫。

（3）熟悉一切機械、電機、聲光、用水及污水等設備系統。

（4）熟悉一切對外的修護合同。

（5）依照總經理的指示，督導外面承包商的工作。

（6）決定各部門主管所提特殊工作的先後次序。

（7）確保修護計畫均按規定進行。

（8）確保一切的盈利及開支均符合飯店的目標。

5.警衛室

（1）與警衛室主管保持密切的工作關係，以確保顧客和員工的安全。

（2）設置完備的安全系統。

（3）必要時在警衛室採取緊急行動。

（4）與警衛室主管商討並指示如何處理特殊的事件。

6.停車場

（1）與停車場主管保持密切的工作關係，以便給予顧客最周到的服務。

（2）熟悉停車場的工作程序。

（3）熟悉管理人員及車輛調度的手續。

7.人事組

（1）與人事主管保持密切的工作關係，以招攬優秀的人才。

（2）熟悉工作考核系統，在必要時指示各部門主管有關考核的注意事項。

（3）與人事主管協調實施內部訓練的計畫及員工的各項福利。

8.業務推廣部

（1）協助總經理決定業務預算、政策及其他推廣計畫。

（2）協助並檢討有關飯店內部的推廣手續。

9.房務管理部

（1）與房務管理部主管保持密切的工作關係，以確使飯店達到最高的清潔標準。

（2）熟悉房務管理的一切方針、政策及手續。

（3）按時檢查客房及公共場所的清潔情形並加以改進。

10.洗衣部

與洗衣部主管保持密切工作關係，以確保隨時有足夠的布巾供應。

（四）人事

與各部門主管之間建立良好的工作關係，俾能產生最高的工作熱忱。給予必要的建議，以幫助各部門主管完成目標及相互間的瞭解與合作，以便發揮各部門最高的工作能力。

（五）領導

1.以優良的態度代表總經理對待員工、顧客、朋友以及對外的一般活動，用以提高飯店之聲譽。

2.在工作態度上，個人行為表現上應以身作則以期達到飯店管理上最高的目標。

（六）決定策略

實施「分權」制度，分層負責，儘量給予基層人員決定的權力。

（七）聯絡

1.與總經理保持懇切和睦的關係，並經常報告一切特殊的情況。

2.執行聯絡事項，例如，告示、會議和工作程序應切實執行。

3.代表飯店主管單位參加各部門的會議。

4.代表飯店處理與地方及中央政府有關事務。

5.與地方安全當局建立密切的聯繫,以確保安全措施。

6.副總經理是執行委員會之一員,應協助確定作業上和管理上的決策。

第四節 客房部的組織

客房部包括櫃檯及接待服務處,為會計處理方便計,房間管理及公共場所亦可認為客房部之一部分。客房部為旅館最重要之部門,茲分述之:

櫃檯的主要任務

1.出租房間。

2.提供有關旅館之一切最新資料與消息。

3.處理旅客之會計帳目。

4.保管及處理信件、鑰匙、電話、電報、留言及提供其他服務,為旅客之聯絡中心。

5.與各有關單位協調以維持旅館之水準而盡最滿意之服務。

接待服務處(即服務中心)

通常設一主任(或領班)為該處主管,以便指揮行李服務員、大門服務員、電梯服務員及清潔員。其主要任務為:

1.嚮導旅客至前檯登記。

2.搬運行李。

3.引導旅客至房間。

4.應付旅客之服務要求。

房務管理

通常以房務管理主任為主管，除維持客房及設備之清潔衛生外，又保持公共場所及走廊之清潔，檢查客房並管理及檢點布巾供應，保養水電於良好之狀態。

在大型的旅館中又須管理洗染或協助選擇採購用品。房務管理通常隸屬副經理或直屬總經理。

副經理之一般任務為監督、指導、協調所有關於服務顧客之活動。他可以代表旅館，同時也處理旅客對旅館之抱怨，核准接受私人支票，調查意外事件之發生，婉拒不受歡迎之旅客。

櫃檯主任的職責

1.對拒不付款擅自離店的旅客作成報告，通知有關部門加以追查。

2.有關旅客的郵電、函件、電話、留言或其他有關不滿意的責詢，應妥為處理並予改善。

3.旅客的房租及帳款由稽核員負責，但櫃檯主任應負清理的責任。必要時他可以關閉客房，請旅客直接來前台清帳。但仍應以和氣的態度去催帳。

4.他有權決定接受團體旅客並可預留價廉的客房給老顧客。

訂房主任的職責

1.管理一切的訂房業務。

2.調整國際會議、團體訂房。

3.預測客房需要量。

4.調查及分析旅行市場。

5.將訂房預測聯絡各單位。

公共關係室主任的職責

1.對公眾闡明飯店的目標政策和營業方式。

2.對飯店說明公眾的態度及意見。

3.防止飯店內部之衝突。

4.與行銷、廣告部門密切配合，使顧客接受產品。

5.爭取顧客友誼，並改善服務，以提高飯店之地位。

6.協助管理單位，使飯店的業務朝向正確方向發展。

7.承辦非屬於其他單位之各種業務。

排房的原則

為求縮短旅客抵達時登記作業之時間，減少錯誤並方便作業，通常於旅客到達前已為預先訂房之旅客排定了房間（ROOM ASSIGNING）：

（一）排房之時機

原則上客房愈早排定愈佳，但在實際作業時多半於到達日當天上午進行；特殊狀況時可能提前至前一天或更早。

（二）排房之原則

各旅館因其內部隔局不同而各有考慮之重點，以下為一般性之原則：

1.散客在高樓，團體在低樓。

2.同樓層中散客與團體分處電梯之兩側或走廊之兩廂。

3.散客遠離電梯，團體靠近電梯。

4.同行或同團旅客除另有要求外儘量靠近。

5.除特殊狀況外儘量不將一層樓房間完全排給一個團體。

（避免因工作量完全集中而造成操作上之不便）

6. 大型團體應適當分布於數個樓層之相同位置房間中。（以免同團旅客因房間大小不同而造成抱怨）

7. 先排貴賓，後排一般旅客。

8. 非第一次住宿之旅客儘量排與上次同一間房或不同樓層中相同位置之房間。

9. 先排長期住客，後排短期住客。

10. 先排團體，後排散客。

11. 團體房一經排定即不應改變。

第五節　客房部經理的職務

客房部經理的職務

FRONT OFFICE MANAGER JOB DESCRIPTION

REPORTS TO:

Excutive Assistant Manager

SUPERVISES:

Front Office Staff

1. clerks (junior, senior, reservations, night)

2. cashiers

RESPONSIBILITIES:

1. Processing Reservations.

  · Proper handling of all guest communications regarding reservations.

  · Coordination with various departments concerning special FIT guest requests.

  · Coordination with Sales Department concerning all group reservations.

· Determines dates to be "closed out" and notifies reservation services and travel agents.

2. Register guests and assigns rooms.

· Coordination with Housekeeper on rooms conditions.

· Maintains room key inventory (four keys at all times per room).

· Notifies telephone department of all new arrivals.

3. Handles mail, telegrams, and messages for the guests.

· Special handing and forwarding of mails.

· coordination with PBX department delivering messages.

4. Publishes reports daily each evening.

· Daily Rooms Report (past day).

· Daily Arrival List (following day).

· Daily Departure List (following day).

· Additions.

· VIP List (following day arrival and in house).

· Keeps record of "no-Shows" and dishonored reservations.

5. Provides Rooms Forecast Daily, Weekly, Monthly and Tremonthly for Local use.

6. Provides all reports for Main Office.

7. Provides information to the guests about the hotel, and community points of interest.

8. Schedules all employees.

· Submits daily payroll reports.

· Controls employee lunch hours and breaks.

9. Supervises employee dress, deportment and attitudes.

10. Distributes management notices for employees to read and initial.

11. Chairs monthly Front Office staff meeting for all employees.

· Reviews practices and procedures of the department.

· Discusses new policies and current problems.

· Discusses points to increase efficiency and ways to improve current jobs.

12. Orders supplies and maintains inventories of all items in use daily.

業務經理的職務

JOB TITLE：SALES MANAGER

Specific Job duties:

Solicits income-producing business of all type for the hotel or motel.

Directs promotional correspondence with travel bureaus, or -ganizations, etc.

Obtains information on contemplated conventions, social functions, etc.

Contacts convention sponsors for their patronage.

Attends meetings of such groups as Rotary Club and Chamber of Commerce for developing promotional plans for attracting more people into the city or area.

Contacts executives of national or state-wide business enterprises to obtain their business.

Contacts local groups to promote facilites for local dances, banquets or luncheons.

Plans advertising for newspapers, brochures, postcards, billboards and national magazines.

Furnishes newspapers with interesting stories or tips on events about the hotel to obtain publicity.

Initiates and promotes events which contribute to be popularity and income of the hotel or motel.

Travels outside the city to promote the hotel or motel facilities and services.

Participates in professional associations to keep informed of changes in the industry, new techniques and approaches.

Establishes sales policies and procedures with the general manager.

Trains new personnel in his department.

Advises the manager pertaining to sales.

Helps form plans to promote the hotels facilities.

Participates actively in local civic and social clubs and groups.

第六節　客房部職員簡介

櫃檯主任

櫃檯主任（FRONT OFFICE MANAGER）負責處理櫃檯全盤業務，並訓練及監督櫃檯人員工作。

櫃檯接待員

櫃檯接待員（ROOM CLERK）負責進店住客之登記及銷售客房及配房。

詢問服務員

詢問服務員（INFORMATION CLERK）負責解答有關顧客對店內、市內以及旅行有關之詢問。

郵電服務員

郵電服務員（MAIL CLERK）處理及保管住客郵件。

紀錄員

紀錄員（RECORD CLERK）記錄及整理住客住宿資料（GUEST HISTORY）以為將來推銷參考。

訂房員

訂房員（RESERVATION CLERK）處理訂房一切事務。

值夜接待員

值夜接待員（NIGHT CLERK）於下午十一時上班至第二天八時下班，負責製作客房出售日報（HOUSE COUNT）統計資料。

接客員

接客員（GREETER）在大廳處理顧客有關疑問、抱怨，並代為購買車票、機票及戲票等事項。

副理

副理（ASSISTANT MANAGER）在大廳處理一切顧客之疑難，普通是由櫃檯的資深人員提升而承擔此職，對旅館的全盤問題必須瞭若指掌。

夜間經理

夜間經理（NIGHT MANAGER）為夜間之最高負責人，代理經理處理一切夜間之業務，必須經驗豐富，反應敏捷，並具判斷力者。

櫃檯出納員

櫃檯出納員（FRONT CASHIER）負責向住客收款、兌換外幣等工作，如係簽帳必須呈請信用經理核准。

服務組主任

服務組主任（SUPERINTENDENT OF SERVICE）係服務中心（UNIFORM SERVICE）的主管，負責監督服務組領班、

服務員、門衛及電梯服務員等人員之工作。

服務組領班

服務組領班（BELL CAPTAIN）指揮及監督BELL MAN的工作。

服務員

服務員（BELL MAN）主要工作是搬運行李並嚮導住客至房間。

行李員

行李員（PORTER）負責搬運團體行李或包裝業務。

傳達員

傳達員（PAGE BOY）另稱MESSENGER BOY，負責店內嚮導、傳達，找人及其他零瑣差便。

門衛

門衛（DOOR MAN）負責整理大門口交通、叫車、搬卸行李，以及解答顧客有關觀光路線之疑難。

電梯服務員

電梯服務員（ELEVATOR STARTER）另稱ELEVATOR GIRL，負責開電梯，特別注意客人的安全。

衣帽保管員

衣帽保管員（CLOAK ATTENDANT）負責暫時保管客人的衣帽及行李等物件。

房務管理

房務管理（HOUSE KEEPING）負責管理客房清潔及安全，以便與櫃檯聯絡，隨時能夠出售。本部門分為客房管理部門及布巾管理部門。

房務管理主管

房務管理主管（EXECUTIVE HOUSE KEEPER）為客房管理最高主管，負責管理物品及人事，經常與櫃檯取得密切聯絡。

房務管理員

房務管理員（HOUSE KEEPER）普通一個人管理三十間房，負責客房之清掃，物品之管理，分配工作給ROOM MAID、HOUSE MAN，並訓練新進員工，必須經常注意住客之行動與安全。

客房女服務員

客房女服務員（ROOM MAID）另稱CHAMBER MAID，在美國一個人負責清掃十四至十八間，在日本則約十間，以及補給房客用品。

客房男服務員

客房男服務員（HOUSE MAN）協助MAID清掃房間，但負

責較粗重的工作,如走廊及客房內之吸塵工作,移動床舖或搬運寢具。

公共場所清潔服務員

公共場所清潔服務員(PUBLIC SPACE CLEANER)負責清掃公共場所,如大廳、洗手間、員工餐廳、員工更衣室等場所。

被服間管理員

被服間管理員(LINEN ROOM ATTENDANT)管理住客洗衣、員工制服、客房用床單、床巾、枕頭套、臉巾等布巾及餐廳用桌布巾等。

拾得物管理員

拾得物管理員(LOST & FOUND)負責保管及處理顧客之遺失物品。

嬰孩監護員

嬰孩監護員(BABY SITTER)負責看僱住客之小孩。

客房值勤服務員

客房值勤服務員(BUTLER)於每一層客房二十四小時值勤,客人只要按鈴隨時聽候差遣。

副理的職務

JOB TITLE: ASISTANT MANAGER

Specific Job Duties:

Assumes responsibility in managers absence.

Promotes facilities to various groups to attract banquets, meetings and conventions.

Directly supervises hotel or motel employees.

Schedules employees hours and reliefs.

Trains new employees.

Handles and adjusts guests complaints coordinates necessary facilities and personnel, arranging for group meetings, parties and banquets.

Authorizes guests checks.

Purchases supplies and equipment shows and sells room accommodations.

Keeps informed of latest trends in his business.

Gives guests information or directions.

Handles special guest requests.

Inspects guest rooms.

Relieves registration desk.

supervises the front office.

Requisitions supplies.

Makes bank deposits.

Makes out daily managers report (breakdown of daily income).

Prepares a housekeeping report.

Does minor equipment repairs.

Supervises porters.

Supervises the bookkeeping for the entire operation.

Sends bills to Gulf, American Express, Diners club and personal accounts.

Locates medical doctor when needed.

Related job duties-sales promotion.

Arranges registration desk so that it is neat.

Develops lighting arrangements suitable to the lobby or other publicly used rooms.

Sees that hotel or motel personnel are dressed neatly and attractively in clean, well-fitting uniforms displays candy, mints and cigarettes in a convenient place.

Turns on electric signs or display lighting.

Directs guests attention to displays of maps and places of interest.

Displays posters of special event in the community for guests to see.

Displays listing of meetings being held in the establishment with date, time and location.

Decorates guest rooms attractively.

Decorates lobbies, convention or banquet rooms attractively.

Supplies guests information on advertised services and facilities.

Informs hotel or motel or motel personnel involved about advertised services and facilities.

Reads own and competitors newspaper or trade journal ads.

Points out advertised services or facilities to guests.

Keeps informed of competitors prices and promotional campaigns.

Promotes the hotel or motel by giving immediate and courteous service to guests.

Offers guest free copies of community events brochures or entertainment brochures.

櫃檯接待員的職務

JOB TITLE: ROOM CLERK

Specific Job Duties:

Rents and assigns rooms to guests.

Greets guests and asks what type of room is desired.

Quotes prices of rooms, trying to rent more expensive ones first.

Assists guests in registering for rooms.

Writes room number on registration card.

Summons bellman and gives him room key.

Gives bellman any special instructions.

Keeps record of rooms occupied.

Reserves rooms for guests by consulting reservation file.

Arranges transfer of registered guests to other rooms, making out a transfer slip in duplicate.

Checks out guests.

Receives room key from guest.

Time stamps bill.

Collects payment.

Maintains records of guests accounts.

Sorts mail.

Informs guests of services available.

Makes future reservations.

Mails reservation acknowledgement to future guests.

Shows and sells room accommodations.

Transmits and receives messages by phone, teletypewriter, etc.

Supervises porters in absence of assistant manager.

Sets up tours of guests.

Issues credit application forms.

Keeps track of reservations so the front office will not overlook them.

Trains new front office employees.

Related Job Duties-Sales Promotion:

Arranges registration desk so that it is neat-never cluttered.

Wears clean, attractive uniforms in accordance with the policies of the hotel or motel.

Displays candy, mints and cigarettes in a convenient place.

Directs customers attention to displays of maps and places of interest.

Displays posters of special events in the community for tourists to see.

Calls guests attention to directional signs.

Supplies guests information on advertised services and facilities.

Informs hotel or motel personnel involved about advertised service and facilities.

Reads own and competitors newspaper or trade journal ads.

Points out advertised services or facilities to guests.

Keeps informed of competitors prices and promotional campaigns

Promotes the hotel or motel by giving immediate and courteous service to guests.

Offers guests free copies of community events brochures or entertainment brochures.

圖 2-4　作者在世界上房間數最多的美國M. G. M.大飯店前留念（共五千五百間房）

圖 2-5　作者在世界排行第一名餐廳前留影
TRUFFLES
FOUR SEASONS HOTEL
TORONTO

第**3**章

• •

訂房作業

第一節 訂房之來源

觀光旅館訂房來源

觀光旅館訂房的來源可分為四種：

一、運輸公司如輪船、航空等一般交通事業公司為其旅客代訂客房。此類訂房常因旅客的到達日期有所變更，所以訂房不太確實。因此，旅館對此類訂房均不給佣金，而交通事業公司在慣例上，也不向旅館請求佣金。

二、旅行社為旅客安排旅行日程、代售機票、代訂客房。此類訂房原則上得向旅館請求一成佣金。相反地，若客人未到旅館。旅館亦得向旅行社請求賠償。但慣例上對於個別訂房之旅客若有取消未到者，旅館通常不會向旅行社請求賠償。

三、旅客直接向旅館訂房。此種訂房不會牽涉到佣金問題，但是旅客可能會要求折扣。對於是否應給折扣，視每一旅館的政策有所不同。個別訂房如係經朋友代訂者亦屬之。

四、公司、機關團體為貴賓或為開會所需而向旅館訂房。此種訂房視情況，或許可以享受特價優待或折扣。旅行社若為開會所需而訂的房間，在慣例上不給佣金的，但亦有例外，至於旅行社所舉辦的旅行團體之訂房，大致上可享受某些程度的優待或折扣。

訂房的途徑

（一）以書面訂房為主

最常見者為旅行社的訂房單。旅行社在開簽訂房單之前，多半先用電話與旅館取得聯絡後再開簽。至於交通機構之訂房大部

分是以電話聯絡，無須補開訂房單。此外，個人之訂房或是較大的外國旅行社為團體旅行所訂者，有以普通書信方式訂房者。

（二）口頭訂房

　　個人訂房有時由旅客本人或是其代理人到旅館來，以口頭申請訂房。旅館對上述各種訂房除有回簽訂單以外，得應訂房人之要求，開出訂房承諾書（Confirmation Letter），見表3-1。如因時間迫切，旅館亦可用傳真通知訂房人。同樣，訂房也有以傳真方式代訂者。但是否以普通的承諾書或傳真回覆，則視需要情況而定。訂房是一種契約行為，旅館對於所承諾之訂房，原則上，必須履行提供所承諾之房間。在慣例上，訂房承諾書上，須註明要求訂房人匯寄訂金為接受訂房之要件。因此，對於沒有匯寄訂金之訂房如情況有變化時，旅館得拒絕該旅客之住宿。事實上，旅客匯寄訂金之情況不多，所以習慣上，房間保留到每天下午六點為止，六點以後來店之旅客，則視為訂房失效，但是，承諾書上如有註明旅客到達時間或是班機號碼時，旅館應將房間保留到該時間或班機到達之後為止。

訂房之程序

　　當旅館的訂房員接到訂房資料之後，應做訂房資料卡（見表3-2）。訂房資料卡所應注意的要件如下：

1.旅客姓名。
2.旅客來店日期。
3.旅客離店日期。
4.房間種類、數量及價錢。
5.旅客出發地。
6.班機到達時間。

表 3-1 訂房承諾書

Dear sirs：

　　We acknowledge your request of _____ for accommodations and are pleased to confirm reservations as follows:

1）Name of Guest：

2）Number of Person：

3）Arrival _____ Via _____ From _____

4）Departure _____ Via _____ To _____

5）Accommodations：

Number of Rooms　　　　　　　Rate per Night（per Room）

_____ Single with bath　　　　_____

_____ Double with bath　　　　_____

_____ Twin with bath　　　　_____

_____ Suite with bath　　　　_____

6）Conditions

　　a）Rooms will be held till 5 p.m. on the arrival date unless a later hour or flight number is indicated.

　　b）Room prices shall subject to 10% service charge.

　　c）Room prices do not include meal price.

　　d）A deposit of one night's room charge is necessary in order to formalize this reservation.

　　e）Diposits will not be refunded if the guest fails to come on the date the reservation is made.

Your patronage is much appreciated.

Confirmed by

_____

ROOM　DEPT.

表 3-2　訂房資料卡

```
Name _____     Arr. _____
                                      Dept. _____
       _____      From _____
Accommodation _____      Via _____
       _____
Reserved by _____      Tel _____
Agency _____
Account _____
Date _____
Clerk _____
Confirmations:          1st          2nd          3rd
  phone Letter Cable Phone Letter Cable Phone Letter Cable

Remarks:
```

7.旅客之人數。

8.訂房人或訂房機構。

9.訂房人的電話號碼。

10.付款方式或其他訂房要件，包括佣金及折扣等事項。最後
　　必須註明接受訂房的訂房員簽名及訂房日期。訂房資料卡
　　做成後，應將此卡編號，並將訂房資料摘要記載在訂房控
　　制表，在此表上原來編有號碼，按此號碼紀錄，再將房間
　　之種類、數目在訂房控制圖表上劃去。

　　最後做成訂房標籤。按照旅客來店之日期，分別插在旅客一
覽表。訂房資料卡則按英文字母之順序編列，和旅客姓名英文字
母個別存檔。訂房控制表由每一訂房員個別分開管理。訂房號碼
則是每月更換一次。每一訂房號碼是以阿拉伯數字1234……排下
去，在每一號碼後面，加上訂房員的英文字母代號，如20A、30B
等，有關櫃檯服務流程，見圖3-1。

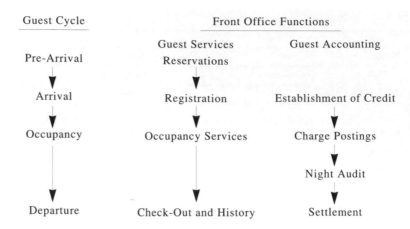

圖 3-1　**櫃檯服務流程圖**

The Guest Cycle and Related Front Office Functions

訂房取消

　　訂房員接到從旅客或訂房者取消訂房之通知後，應將訂房資料卡抽出，加蓋取消圖籤，註明取消申請人，取消人日期及接受取消之訂房員之簽名。然後，再抽出訂房標籤在訂房控制圖表上，原訂房的備註欄上，加註取消日期，最後在訂房控制表上劃去。如此，取消訂房之手續便告完成。至於如遇取消訂房者有預付訂金時，是否應退還，則視各旅館之政策而有所異。通常情況下，事先有通知者，可予全部或部分退還給旅客，有些飯店，對於個別的旅客，事先有取消訂房之通知者，則將訂金之全部退還。但對於在旅客來店日期過後再申請取消訂房者，則一概不予受理。訂房之取消應要求申請人以書面申請爲準，以免日後發生糾紛。如果接到訂房申請時，已知客滿，訂房員則要填發事先印妥之婉拒訂房書（見表3-3）。但對特殊的顧客，則由訂房主任或經理另寫書信表示歉意。

表 3-3　婉拒訂房書

婉拒訂房書	POST CARD
Your request of＿＿＿＿＿＿＿for room accommodation for＿＿＿＿＿＿＿is acknowledged and sincerely appreciated. We regret very much that all available accommodation for above dates are already engaged, so it is impossible to promise you reservations for this accommodation. We hope to have the pleasure of serving you at some future time. Sincerely yours, The Ambassador hotel	STAMP

　　有些旅館對於無法接受之旅客，可另作安排，即介紹旅客到其他旅館住宿以示服務之周到。

第二節　旅客進店前之核對

　　旅客未來店前，應做各種訂房的核對工作，以便確定訂房之確實性，如果遇到訂房有所更改時，在核對的程序中，一有發現，應即更正。在通常的情況下，旅客未住進之前，訂房須經過三次的核對手續。

　　首次核對工作是在旅客住進前一個月由訂房員以電話或書信向訂房人詢問該客是否能如期來店，住宿期間，旅客人數和房間的種類是否有所變更，旅客到達時間或班機是否有所變化。

　　此項工作應每天由訂房員自下個月同一日期預定來店的客人名單中查出，當然訂房與來店的時間距離不到一個月者，則可以免去此項工作。

第二次核對工作手續是在旅客來店前一個星期爲之。其程序和第一次核對手續相同。

第三次核對工作手續是在旅客來店前一天的最後一次核對工作，其手續亦同。

對於團體旅客之訂房，其核對工作有時不只三次。在通常情況下，訂房以後每一個月核對一次。如遇有訂房與來店時間之距離超過一年者，其第一次核對工作是在訂房以後六個月爲之。第二次核對工作則在第一次核對工作以後的三個月內爲之。三個月以後則一個月可核對一次，如果訂房時間與來店時間距離在半年以上者，其第一次核對工作是在訂房以後三個月爲之，其後每個月核對一次即可。

至於在兩年後才能來店之訂房，在未製成新訂房控制表時，則原則上不予接受。如有例外接受此種訂房時，核對工作則一年只須做一次即可。

第三節　訂房組與櫃檯之連繫

訂房單位與櫃檯單位之關係最爲密切，因櫃檯之房間控制情況每天都有所變化。不可能與訂房的控制情況完全符合。因此，訂房員應自動向櫃檯接待員核對房間控制情況，在通常情況下，訂房員每週與櫃檯房間控制盤核對，即由訂房員向房間情況控制表抄錄各房客的離店日期，並確定各種房間的現住旅客的預定住宿期間，並將此項統計數目加在現有的各項種類的訂房數目內。換言之，訂房控制表（RESERVATION CONTROL）（見表3-4）每一星期應重作一次，以確保其正確性。至於下個月分以後的訂房則不必每一星期加以修正，但是，如果遇有經常客滿時，訂房

控制表則須常整理及修正。靠近月底（每月二十五日到三十日之間）時，應整理下個月的控制表。

　　至於套房的控制和房間數目少的旅館之控制，因旅客未來店前即已指定各該房間的號碼，故每天須由訂房向櫃檯查詢使用房間的情形並予適當的修正。

　　櫃檯接待員接待未經訂房的旅客進店以後，應自動向訂房員取得連繫，尤以套房之出租，更不可不通知訂房員而擅自出租給未經訂房之旅客。

　　櫃檯接待員每日早晨應將前一日未進店之旅客訂房卡整理成兩份名單（No Show List），一份名單連同原訂房卡送回訂房員。旅客訂房若未按到店日期來店，則訂房以失效論。訂房員接到櫃檯通知後，即將未來店之訂房控制圖表（Reservation Chart）中劃去（見表3-5）。如有訂金，即沒收訂金，另一份則留櫃檯備查。

　　旅客離店後，櫃檯收銀員應將訂房卡送回訂房員，以便根據被送回之訂房卡，在控制圖表上做必要之修正（旅客提前遷出時，則需劃去剩餘未住訂房部分。）

表 3-4　訂房控制表

RESERVATION CONTROL							
No	Name	Type			Arrival	Dept	Agent	Remarks
		T	S	Su	Date	Date		

表 3-5　訂房控制圖表
Reservation Chart

Room	1	2	3	4	5	6	7	8	9	10			11	12	13	14	15	16	17		26	27	28	29	30
																May 19									
602			Johnson →										James →												
603	Bole →			Case →																					
604			Drake →																						
605			Grerbry →																						
606		Coroco →			Jolnon →																				
607						Rice →																			
608						Ross →																			
609						Marl →																			
610																									
611																									
612																									
613																									
614																									
615																									
616																									
617																									
618																									
619																									
620																									
621																									
622																									
623																									

第四節　通信訂房

通信訂房大約可分為四種：

一、最普通的是對旅客訂房之承諾書。此種書信多利用事先印成之固定形式。

二、如因客滿無法接受對方之要求時，則發出婉拒書信。此種書信亦多利用先印成之固定形式。

三、訂房承諾書附有估價及其他補充說明事項者，此種書信或有利用第一類書信之備註欄加註者；或者另附估價書信。亦有以普通通信之方式表明訂房之承諾及估價者。

四、其他訂房之各種詢問的回答書信。此類書信多以普通書信處理。並附上有關旅館之價目表及其他資料。

訂房之書信除固定形式之個人承諾書外，概由訂房主任簽署之。遇有大團體之訂房或特殊之訂房時，則由客房部經理或總經理簽署之。

第五節　住宿契約與訂房契約

旅館商品（房間）的一個特色就是不像其他任何商品那樣隨時想要購買，就能夠即時獲得的。換言之，訂貨（訂房）與交貨（進入旅館）之間的距離較長。一般來說，旅客未來時，總要事前預訂房間。雖然如此，事先已訂好的房間，等到旅客到達旅館時，往往因為旅館客滿，超收房間或因旅客並未按時前來，或現住旅客延長離館等原因，以致無法提供顧客預先所訂定之房間。

遇此情形，有些旅客不免怒氣沖天，而以旅館違背契約為藉

口，要求賠償損害，在此情況之下，一個未經受到良好訓練或缺乏經驗的職員，難免倉惶失措，無法找出圓滿的理由去說服旅客，而陷於進退兩難之中。

為應付此種意外情況，平常應仔細研究「住宿契約」在法律上的特性以及「訂房契約」是否亦屬於「住宿契約」的一種，以免臨時不知所措。

所謂「住宿契約」，實際上可分成兩方面加以說明：

一種是旅客事前並無訂房而等到達旅館後才締結的「住宿契約」。另一種是在未到達旅館前，旅客已事先締結好的「住宿契約」。

一般說來，「住宿契約」可視為民法中的債務契約，實無異議，如按其契約的性格分析起來，乃屬於有償雙務契約。他方面由於此種契約不必製成書面，故亦稱為要式的契約。因此，當事者之一方並無須以物品之給付為成立要件的一種承諾契約，只要以口頭承諾，契約即可成立。

可見「住宿契約」在法律上的性質較為容易被人瞭解，但一談到「訂房契約」是否亦屬於契約的一種，就不得不使人稍感困難與複雜了，為什麼呢？這是因為目前所通行的訂房的方法與形式較為廣泛與複雜所引起的結果。通常所見「訂房」之方法約有下列的四種：一、由於旅客以電報訂房，無法註明發電人之通信地址，以致無法回電的訂房；二、旅館雖然接到訂房信，但由於客滿而不敢答應接受，只同意如有人取消時，將列為優先考慮之一種暫訂方式者，即列入WAITING LIST內之訂房；三、不管其訂房形式或方法如何，旅館已經答應保留房間的訂房；四、旅館不但答應接受訂房，保留房間，同時，為了保證旅客可以得到所需房間數量起見，同顧客預收訂金的訂房。

以上四種情形中，第一、二項當不能視為契約則至為明顯，

但問題就在第三與四項了。站在旅館的立場看起來，當然不願將第三項視爲契約的一種。當然第四項屬於契約乃是無可否認的事實。

對於旅館較有利的解釋應該是：「旅客到達旅館後，所締結的，才是契約，而到達前所締結的只不過是契約的預約而已。」但反過來說，既然此種訂房不屬於契約，即使旅客取消訂房或不到旅館，則不應有權向旅客要求違約金。但這樣解釋對旅館來講又未免太不合算，所以就不得不把第三與四項的契約解釋爲事前所締結的「住宿契約」的預約。這樣一來旅館才有權利向那些解除契約的旅客，如取消訂房者，或不來者要求支付違約金。

鑑於以上理由，可見旅館處理訂房時，必須愼重考慮以免事後發生不必要的糾紛。

另一個跟訂房有密切關係的，就是萬一旅館客滿時，究竟應否將現住的旅客遷出而給有訂房的新到旅客呢？還是讓現住房客繼續住下去，而婉拒已有訂房的旅客呢？這又可分爲「情」、「法」兩方面來解釋，如果按照國際觀光協會的規定，則應以事前有訂約者爲優先考慮對象，而遷出現住旅客，但按人情上說，一般的旅館總讓現住旅客繼續住下去而將新到旅客安排於適當的其他旅館。翌日再前往該旅館接回，以示關懷。

總之，在處理訂房時，除須兼顧「法」與「情」之外，仍須依靠平常的實際經驗與技巧，才能達到真正服務顧客的目的。

代理合約樣本　　（見表3-6）。

表 3-6　代理合約樣本

代理合約樣本

REPRESENTATION CONTRACT

RE：Appointment as_____representative.

1.Appointment will be for an initial period of one year commencing on_____ __Upon expiry of the period, reappointment may be made for such further periods as may be mutually agreed between ABC Ltd. and_____.

2.The terms and conditions of the appointment are as follows :

  (1)The funciton of ABC Ltd. are as follows:

   ‧To promote the name of_____Hotel.

   ‧To accept and process all reservations offered to the Hotel.

   ‧To provide public relations service for the Hotel and in this respect to deal with all enquiries concerning the Hotel in the best interest of the Hotel and whenever possible to provide write-ups in trade journals or newspapers concerning the facilities and amentities provided by the Hotel.

  (2)　‧The_____ Hotel will reimburse ABC Ltd. with a monthly representation fee of_____per month. Initial payment will be for a two month period payable upon acceptance of this contract. Payment can be made in local currency to the equivalent of_____ _____only if freely convertible into N.T. Dollars.

   ‧A commission of ten percent (10%) will be paid to the travels agent of record. An overriding commission of five percent (5%) will be paid to A. B. C. Ltd.

3.Availabillity of Free Sale:

Standard double rooms will be made available to A. B. C. Ltd. for immediate confirmation without prior reference to the Hotel. The number and types of rooms available for free sale can be increased or varied by mutual consent.

（續）表 3-6　代理合約樣本

4.Monthly Statement of Accounts:

Both parties will furnish to the other monthly statements of accounts to be delivered on or befor the 15th day of the month following the month in respect of which the statement is delivered. The_____Hotel agrees to pay the amount due at the time of delivery of the statement.

5.Exclusive Appointment:

A. B. C. Ltd. agrees not to enter into any agreements to represent any hotel of similar category or standard in the City of_____This prohibition will be for the term of this agreement.

6.Advertising:

The Hotel agrees to indicate the name of A. B. C. Ltd. as representive in all relevant advertising to the trade and or public.

7.This agreement will be deemed to be in effect when signed by authorized representative of Hotel and A. B. C. Ltd.

ACCEPTED:　　　　　　　　　on behalf of A. B. C. Ltd.

Name:　　　　　　　　　　　Name:

Position:

Hotel:　　　　　　　　　　　Position:

第六節 旅館的連鎖經營

由於觀光事業的發展係與經濟發展息息相關，是以，今日的旅館已成為我們人類日常生活中不可或缺的活動場所。隨著旅遊形態的變化，各式各樣的旅館到處林立，多彩多姿的工商業、文化服務與觀光旅遊休閒活動，不但提高了人類的生活品質與文化氣質，更負起促進國民外交的神聖任務，縮短國與國之間的距離而邁向世界和平的最高目標前進。

然而在這種變化多端，競爭激烈的環境中，旅館業也面臨著新的挑戰與考驗。如何拓展新的市場，爭取更多的客源，如何加強管理，提高服務品質，以及發揮硬體的設備功能，以滿足各種不同顧客的需求。於是乎，旅館的連鎖經營漸次擴展的遍布於全球，且更在繼續不斷地發揚光大，旅館的連鎖經營，其主要目的在於：一、共同採購旅館用品、物料及設備，以降低經營成本，健全管理制度；二、統一訓練員工，訂定作業規範，提高服務水準，以提供完美的服務；三、合作辦理市場調查，開發共同市場，加強宣傳及廣告效果；四、成立電腦訂房連結網，建立一貫的訂房制度，以爭取顧客的來源；五、提高旅館之知名度及樹立良好的形象。給予顧客信賴感與安全感；六、共同建立強而有力的推銷網，聯合推廣，以確保共同的利益。

旅館連鎖的種類

一、按顧客利用目的

可分為商用旅行者及觀光旅行者的連鎖旅館。美、日兩國之旅館大部分屬於前者，而我國的則兼有兩者混合的性質。至於完全以觀光旅行者為對象的，有如馳名於世的法國地中海俱樂部的

休閒村莊之連鎖經營。

二、依照利用者的屬性

　　以青年人爲對象之青年活動招待所及以家庭旅行爲對象之家屬休閒村。當然也以分爲女性專用及高齡者專用。但這樣過分嚴密的分類將影響到經營的效率，故採用此種分類者較少。

三、以立地條件

　　有位於車站、高速公路附近或機場周圍等以強調交通之方便爲主之旅館或在市中心的都市旅館，重視商業活動爲目的者。前者如汽車旅館，後者如大部分的都市性或商業性旅館。

四、依據其設備等級

　　分爲高級旅館，如歐洲古典式豪華旅館及一般旅館等。以我國目前的情況可分爲國際觀光旅館（四、五朵梅花級）及一般觀光旅館（二、三朵梅花級）。

五、按照其經營方法

　　可分爲所有、直營、租用、特許加盟、志願參加，及委託經營管理等方式。

美、日連鎖旅館之比較

　　日本之連鎖經營規模較小，原因係：一、美國的連鎖制度，早在一九一〇年代即已展開，歷史較久，而日本則遲遲到了一九七〇年代始開始發展；二、美國旅館客房總數比日本多、規模大；三、在美國加入連鎖之主要目的在於增加住客之來源，然而在日本，送客的大部分依賴批發的大型旅行社；四、美國採用的連鎖方式以委託經營管理，收購經營，或特許加盟等方式最爲普遍，可是這些方式不一定適合於日本之經營環境。

日本的旅館與美國相較，其特性並不很明顯，同一家旅館兼有各種性質，比如一家商業性旅館可能也兼有觀光度假的性格。因此在服務品質管理上就不如美國那樣嚴格。

尤其是在美國有許多委託經營的旅館，經營者往往具有高水準的企劃能力及營運技術。在這一點上，日本仍是望塵莫及的。

我國旅館連鎖的現況

我國的旅館發展大概可分為四個階段，即從傳統旅社時代（自西元一九四五年至一九五五年），其間經過觀光旅館發韌時代（自西元一九五六年至一九六三年），而國際觀光旅館時代（西元一九六四年至一九七六年）以至於目前的大型化、連鎖化國際觀光旅館。

自從高雄華園、台北國賓及希爾頓等大飯店首先參加國際性連鎖經營後，其他旅館相繼仿傚，使我國旅館經營堂堂邁進國際連鎖化的新紀元。

連鎖方式

目前連鎖的方式有六種：

（一）建築新旅館，以加強連鎖的陣容

如台北國賓在高雄興建高雄國賓大飯店，以均衡發展台灣之觀光事業，促進南北交流。台北老爺大飯店與日人投資，加入日本航空連鎖飯店。

（二）收購現成的旅館列入連營

如台北富都大飯店收購前中央酒店，列入其香港富都連鎖經營之方式。

（三）以租用方式參加連營

　　墾丁凱撒大飯店租用土地由日人興建旅館後，參加其屬於日本航空及南美洲之連鎖旅館。

（四）委託經營方式

　　如台北希爾頓、凱悅、晶華等飯店。

（五）特許加盟

　　高雄華園大飯店及桃園大飯店之加入假日大飯店。

（六）共同訂房及聯合推廣

　　像高雄國賓大飯店同時與日本東急及日本航空公司之連鎖推廣與訂房。來來大飯店與美國雪萊頓，以及福華大飯店之與日本京王大飯店，都是很好的例子。

　　總而言之，旅館連鎖的最終目的仍在於業者聯合力量，建立共同的市場，以確保共同的利益。然而更重要的是我們也藉這個機會，引進了先進國家的經營管理的新技術、新觀念，對我旅館之經營俾益良多。同時也給予消費者高水準的服務品質，加強了他們對連鎖旅館的信賴感與安全感。

　　可見，旅館的連鎖經營在未來的旅館管理中將扮演著極為重要的角色，而且其方式將更趨向廣泛化、複雜化、多樣化，發展更為迅速。正如希爾頓大飯店創始人康拉德所說：「創造更多的利潤，唯有連鎖一途。」

第七節　旅館與旅行社的關係

　　英國人Thomas Cook——旅行社之鼻祖——被世人稱讚為：

"He made world travel easier." 他確使旅行大眾化、民主化，為平民爭取了旅行機會，開拓觀光坦途，更促進了國際間之瞭解及友誼。可見，旅行社在觀光事業中對發展經濟、文化以至國際關係中扮演著重要的角色。

旅行社的主要業務不外是代售機票、船票、代客預訂房間、安排旅行、發售旅行服務憑證、導遊以及承辦其他有關旅行業務。

因此，旅行社之本質包括著兩種意義：它不但提供知識、情報與技術的服務，同時兼有工業、商業以及代理業之業務活動。尤以在今日到處掀起發展觀光熱潮中，旅行社之從業人員應加深認識時代所賦予他們之使命，不斷努力研究如何始能更深切而廣泛地開拓旅行市場，致力於宣傳，開發新奇的觀光路線與創造新穎吸引的產品以增加觀光客，而為國爭光。

成立旅行社必須具備兩種事業資格。即對旅館及交通機關之資力信用、對旅客之經驗能力，其他就須以服務之方法來競爭。此種服務之方法並沒有固定的方式完全靠本身之創意及籌劃，所以旅行社常被稱為服務業或輸出業。

旅行社之收入來源大部分依賴：一、交通機構；二、自辦旅行團；三、旅館。因此它與交通機構及旅館之關係至為密切，可視為三位一體的產業連環單位。

一般旅館為補償旅行社代旅客預定房間所費管理費用及工作手續費，通常對所訂房間支付佣金有百分之五、百分之十，或百分之十五等。但多數以支付百分之十為普遍。但對參加會議或定期性之商務旅館支付旅行社佣金應儘快履行，最遲不得超過下一個月之十日後。

有些旅館為優待隨團之導遊人員以特別價格供應餐食，但此種情形並不多。

旅館希望旅行社能更積極地去宣傳，推銷業務以便開拓新市場。

希望招徠更多的廠商招待績優商店之旅行團。

在宴會方面也希望加強推銷，招徠更多的生意。

尤應設法加強淡季的旅行以彌補旅館之收入。

旅館希望旅行社能按期付款。在美國一般旅行社在旅客到達前訂房時，先付百分之六十。保證金百分之二十，餘額百分之二十在旅客離開旅館後十四天內付清，但亦有例外。

對團體的看法，一般旅館認為同一時間如有數個團體到達旅館，臨時必須動員大批人員應付，最傷腦筋的是到了最後關頭才要取消大批團體訂房，另一個問題是團體名單之送達太晚，以致無法作妥善之安排。

請旅行社儘量推銷平均價格水準以上之客房。不要一味推銷低廉之客房。

旅館為協助旅行社之宣傳工作，其所發給旅行社之宣傳手冊或簡介應保留空格以便加印旅行社之名稱與地址。

希望旅行社與旅館之間拋棄偏見，建立並改善彼此間之密切關係。

由於資訊、電腦網路日趨普及，消費者隨時可以透過網路盡覽天南地北，甚至機票訂位、飯店訂房、旅遊保險等等服務均可由電腦科技取代人力，因此未來旅行社所扮演的角色必有很大的轉變。尤其在廣告、宣傳策略上，亦需配合資訊、媒體的轉變，從傳統的行銷改為網路行銷，並提供網友各項旅遊資訊及行程服務；使服務範圍伸展到世界各角落，進而將與旅遊相關行業也納入本身的營業，發展成多角化經營，才能經得起時代的考驗！

總之，觀光事業是一種「綜合企業」，旅行社、航空公司及旅館在此一環節中，必須各方面配合推動，相輔相成，視為三位一

體，始能發揮整體力，共同促進業務之繁榮，尤以在大量運輸時代中，旅行社之地位更顯重要，必須致力於：一、以業務專業化來提高素質；二、防止惡性競爭；三、開發新市場；四、宣傳及擴充其營業基盤；五、訓練優秀之推銷員；六、改進其服務方法；七、維護商業道德。另一方面旅館及航空公司應盡最大努力支持旅行社完成其業務，共同爲觀光事業開創出一條錦繡前程。

第4章

旅客遷入的手續

第一節 機場接待

　　旅客的接待應從旅客的入境地開始。

　　目前來台的入境旅客大約有百分之九十左右是從中正機場入境的。因此,旅館的工作也就著重於機場的接待。如果遇到大批旅客由港口入境,旅館就派專員在港口接待。但此種情形並不多,即使有的話,也大多數委託當地旅行社代爲安排接待工作。

　　機楊的接待目的有二:一、主要在使旅客感覺到旅館接待的親切與服務的周到;二、爲了防止有訂房之旅客被其他旅館或黃牛接送到他處去。

　　所以機場的接待工作也是爲自衛。甚至於機場的接待員也可能臨時爭取到沒有訂房的旅客到旅館,所以,機場接待員的工作競爭相當激烈,稍微疏忽,有的旅客即爲他人接走。目前,依政府之規定,只有台灣觀光協會的會員才可以在機場接待旅客。此種接待員通常稱爲旅館的代表。大多數身穿各旅館制服,並掛有各旅館的徽章標誌迎接旅客。

　　飯店的機場代表在組織上隸屬接待組。有時是臨時派出,也可能是永久性派在機場擔任此項任務的。每一班班機到達時,機場代表應即查明本店的訂房單,以確定該班機是否有本店之旅客,以便提高警覺作迅速的安排適當的接待工作。

　　機場代表在每班班機到達之前,必須與本店櫃檯取得連繫,以便查明當天是否可以接受沒有訂房的旅客及人數。儘量爲本店爭取未經訂房的額外旅客,以增加營業收入。

　　飛機到達之前,機場代表應該先從航空公司的各班機旅客名單中,查對有訂房之旅客是否如期到達。如果名單上能查出或者是名單上名字有相近似的,則應特別留意。

機場代表接到旅客以後，即將該旅客引導到預先在機場停車場等候之旅館專送車輛，並爲讓該旅客照料行李，將其搬到車上。機場代表在每一次班機旅客接到以後，則陪同旅客回店向櫃檯報到，並接受其他有關接待的各項注意事項，接著再回到機場等候下一班機。

倘若旅館已經客滿，而還有旅客將要到達時，機場代表仍應到機場接待旅客，並向旅客說明客滿之情形，表示歉意，同時另做安排，以便安置旅客到其他飯店去住宿。

第二節) 旅客住進與櫃檯接待事務

旅客到達旅館的大門時，由該旅館的司門向旅客行禮招呼，並爲旅客開車門（見圖4-1），而後將旅客引進店內交給接待服務員接待，服務員則引導旅客到櫃檯辦理登紀（見圖4-2）。此時，服務員一面招呼行李，將行李牌掛在行李上。每一件行李都有一個行李牌。同時，與櫃檯接待員向旅客招呼詢問旅客是否有訂房和是否在等待任何信件。如有訂房者，由旅客到達名單上即可查出。接待員一面將旅客登紀表（見表4-1）交給旅客，請其登紀，一面將訂房卡抽出在打時機上進館時間，再抽出旅客手冊在該手冊上寫上旅客的姓名。接待員在客房控制盤找出已打掃完畢之空房，按熄控制盤之燈光爲旅客指定房間號碼。並將該號碼填在旅客登紀表及手冊上。另一方面，取出該房間的鑰匙。此時，接待員應將旅客登紀表所填之各項查對清楚，若有不清楚者，應向旅客詢問清楚。在登紀表上寫上旅客之稱呼如Mr.、Mrs.、Miss等之類。同一行人的旅客人數，旅客的預定離店日期等等。並在登

圖 4-1 大門迎賓
資料來源：大億麗緻提供。

圖 4-2 賓客登紀（坐式）
資料來源：大億麗緻提供。

紀表上簽上接待員的名字。登紀表登紀完後，應用打時機打上時間，一方面將手冊交給旅客，另一手將房間鑰匙交給服務員。此項手續完成之後，登紀卡則交給打字員以供整理旅客資料之用。

　　如重要旅客（VIP）住進時，為表示慎重，通常由經理或副理出面打招呼，表示歡迎之意。

表 4-1　旅客登紀表

Wentworth HOTEL	REGISTRATION CARD	(Surname)
		CABLES & TELEGRAMS: "WENTHOTEL" SYDNEY

(PLEASE USE BLOCK LETTERS)

MR.
MRS.
Surname　　MISS.　　Other Names

Home Address　(Street, City, State, Country)　Telephone No.

(Company Name and Address)　(Street, City, State, Country)　Telephone No.

Occupation _____　Signature _____

Are you using the Garage Facilities ? Yes／No.　Car Registration No. _____

ACCOUNT INSTRUCTIONS. — WENTWORTH CREDIT CARD ☐　COMPANY CHARGE ☐

PERSONAL CHEQUE ☐　CASH ☐

PLEASE MARK APPROPRIATE SQUARE

OFFICE USE ONLY　　CLERK

Room Number _____　Rate $ _____　Number of Guests _____

Date of Arrival _____　Date of Departure _____　Extended To _____

QWH No.143　　QANTAS WENTWORTH HOLDINGS LIMITED

第三節 詢問服務

關於詢問服務除了大旅館有專任的職員之外，此業務在中小型旅館經常被忽視。當然積有年功的職員，對當地之事、近郊情況、交通工具等均有心得，但新任職員要記這些事情則需相當長的時間，故當他值班時，是否能給旅客以十分滿意的情報，是值得商榷的，有時反而使客人有「莫名其妙」之感，但職員無論如何不允許說：「我不知道。」新任的職員對質問沒有自信時，應提出參考資料，與客人共同研究，才可讓客人感覺到有信心及好感。

為解決詢問之問題，櫃檯全體人員須協力對下列各項目詳細調查，作成卷宗，以便隨時查閱。

主要學校地址、教會與服務時間，尤其是旅館附近天主教會與彌撒時間、戲院、夜總會地址與演出時間、圖書館、商場中心、外國機關地址，火車、公路車站與班車、飛機輪船起航時間、近郊觀光地區與交通情形、郵件電報發送時間、鄰近都市的人口、旅館等等，此等資料不僅因旅客所累積的質問內容而變動，對既已寫好的卷宗也因時日之變遷而須加以訂正，所有的紀錄必須是最新的資料，職員可依此解答客人之質問，以獲得客人的高度信賴，且可得到櫃檯詢問業務優良的好評。

茲將指示道路順序的要領，簡述於下，以免冗長而不著邊際，迫使初訪的旅客感到無所適從而厭煩。至於謂「它就在××路」的說法更不好，因為他有可能什麼路都不懂，若以旅館為出發點，以容易看到的建築物當目標，「從這裡走去。那前面是……，右轉穿通三條街可看到××大樓。再……就到」，如此化複雜為單純，把自己站在顧客的立場來說明，或是常備載明旅館位置

的市街圖及到近郊的地圖，據此說明可使旅客更易明瞭。（溫哥華多數觀光旅館都備有市區地圖提供外來旅客使用）

櫃檯被詢問到××會議何日何時開始；××博士是否將出席等旅館內的事時，擔當宴會部門雖然知道，但因內部聯絡不佳，以致旅館中樞的櫃檯不能回答。不希望負擔詢問業務的櫃檯，將回答不知道而再將電話轉給別單位去接，切要注意旅館的櫃檯以「不知道」回答是最要不得的。

對於客人的電話，當其外出時，職員可請問對方的姓名、有何要事，並將對方留言放在這位住客的鑰匙箱裡，回來即可跟鑰匙一併奉上。又如對外出的客人旅館雖知其去向，像看球賽、看電影等，然而是否將他的去向告訴訪客，便須考慮到是否會因此打擾了住客。其他對外出客之來訪客人亦須如此處理。

如只有一個職員在櫃檯，而來了許多位旅客時，不要忘記其他旅客而專對付某一旅客。要知旅客中有非常性急的，或很愚鈍的，常要我們費力去說明，所以我們必須要妥善應對。

有的旅館像這樣的詢問工作交給行李服務員去承辦。就是在大廳內放著行李員服務台替客人解答有關各種的問題。

大型的旅館則另外設有旅行導遊櫃檯，替客人解決有關旅行的問題，有的旅館則設有顧客關係或社交服務櫃檯或大廳經理，替客人解決所有疑問。

第四節　服務員的接待工作

服務員從接待員接到鑰匙之後即將房間號碼寫在行李牌之上，而後為旅客提行李並引導旅客進電梯。電梯員則向旅客打招呼並問服務員到第幾樓，以便將旅客送到該樓層，並由服務員陪

同走出電梯後，旅客服務台的值班員應即起立向旅客打招呼。服務員陪同旅客進入指定房間之前，先用鑰匙啓開房門，引進旅客並將行李放在房內的行李架上。而後向旅客一一說明房內的各種設備及其使用方法。

如果遇到旅客之行李件數太多而不能用手搬運時，旅客的行李應在送旅客進房以後，另由服務員專程將行李使用貨運電梯後送。服務員在沒有陪同旅客時，不得乘用客用電梯，但遇有緊急事件或者爲旅客投送電報或信件時，不在此限。

第五節　旅客資料之整理與各單位之連繫

櫃檯的打字員接到旅客登紀表以後，隨即製成旅客資料標籤（FLAG）六份。一份插在控制盤上；一份在旅客資料索引（INFORMATION FILE）；一份送給客房各樓服務台；三份送給總機。總機並將兩份按英文字母先後順序，分別放在兩個旅客資料索引台，也就是有一對資料索引台；另一份則按照房間號碼次序排列放在另一個索引台。旅客資料標籤又可稱爲RACK SLIP或CHECK-IN SLIP。

送到總機及客房各樓服務台的標籤是使用氣送管送的。在沒有使用氣送管的旅館，可指定專人送達或委請電梯服務員代爲送達。也有不將標籤送達，而以電動打字機通知各有關單位者。更有以電動傳眞機（Teleautograph）傳遞旅客資料者。

旅客標籤製成之後，打字員製成帳卡（見表4-2），然後，打字員應將旅客資料登錄在旅客動態紀錄簿（Arrival and Departure Record）。然後將帳卡與登紀表另附上訂房卡一併送到櫃檯出納員處理。出納員將這些資料按房間號碼之次序整理成房

表 4-2　旅客帳卡

(ROOM)　(LAST)　(FIRST)　(OUTDATE)　(RATE)　　　　No.

(CLERK)　　(ADDRESS)　　　(IN DATE)

　(CITY)　　(STATE)　　(ZIP COOE)

MEMO	DATE	REFERENCE	CHARGES	CREDITS	BALANCE	PREVIOUS BAL PICK UP

EXPLANATION OF CODES
D_____　ROOM SERVICE
E_____　SUNDRY
F_____　DOCTOR

THIS IS THE ONLY ITEMIZED
STATEMENT YOU WILL RECEIVE
RETAIN IT FOR YOUR RECORDS
SEND REQUEST FOR INFORMATION
REGARDING THIS ACCOUNT TO THE
HOTEL. THE TAX LEVIED ON ROOM
RENTAL IS DEDUCTIBLE FOR
FEDERAL INCOME TAX PURPOSES.

hawallan REGENT

2552Kalakaua Avenue　　Honolulu, Hawaii 96815

客的帳務檔案。

以上的步驟是傳統的方式，目前均改爲電腦處理。大型的旅館除了櫃檯出納員（FRONT CASHIER）外，還設有總出納員（GENERAL CASHIER）辦理：一、兌換貨幣；二、保管貴重物品及三、分派出納員駐在各餐廳。除了出納員以外，有的旅館設有賒帳收款員（CREDIT）負責收回顧客賒帳款。

第5章

櫃檯的業務

第一節 櫃檯的設置型態

櫃檯的設置形態，依每一家旅館的背景規模、業務、傳統、場地及政策，有各種不同的型態。茲將分述如下：

歐洲的旅館

普通分為兩個部門，即接待處（RECEPTION）專管銷售客房業務。另一部門為出納（CASHIER）櫃檯前面設置一個服務處，由服務主任（CONCIERGE）為主管，負責指揮行李員，行李領班（BELL CAPTAIN）及管理鑰匙、信件、詢問、導遊等業務。

美國及日本的旅館

一般分為三個部門，第一個部門即為出納部，由帳務員（BILL）負責製作顧客帳單，而由出納員接受現款。後面設有信用部門，負責收回欠賬。第二個部門為房間，負責辦理：訂房、分配房間、出售房間、登紀、確認顧客姓名、製作顧客進館資料卡、房間控制盤用卡。後面另設一部專管記錄旅客留言。第三部門為保管鑰匙、信件、館內詢問。至於有關市內及觀光詢問事項則由行李間辦理。

中型的旅館

只分兩個部門：一、出納及二、房間、鑰匙保管，信件及詢問。

小型的旅館

則將以上兩部門混為一部門。

大型的旅館

可分為四部門：一、詢問；二、鑰匙及信件；三、出納；四、信用調查。

特大型的旅館

則除了大型的旅館設置之外，在各樓分設服務台（SERVICE STATION），由服務員負責保管該樓的鑰匙、信件、詢問等工作。不過到了晚上十一時後就將這些工作移交櫃檯接辦。

櫃檯的設計，以及全自動、半自動櫃檯設備，見圖5-1、圖5-2、圖5-3。

DESK LAYOUT

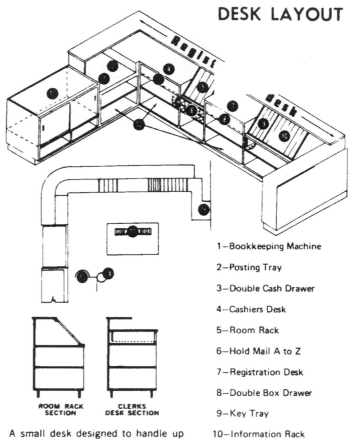

ROOM RACK SECTION   CLERKS DESK SECTION

1—Bookkeeping Machine

2—Posting Tray

3—Double Cash Drawer

4—Cashiers Desk

5—Room Rack

6—Hold Mail A to Z

7—Registration Desk

8—Double Box Drawer

9—Key Tray

10—Information Rack

11—Mail and Key Rack

12—Shelving

13—Switchboard

14—Rotary Information Rack

15—Show Case

16—Drive-in Registration

A small desk designed to handle up to 200 rooms. The show case counter requirement made by the owner has no function insofar as front office operation is concerned. The desk measures 12'·0" wide inside. It can be extended to 15'·0" or more to provide a desk for a second clerk or additional space for room racks.

圖 5-1   櫃檯設計圖

SUGGESTED FRONT OFFICE DESK LAYOUT

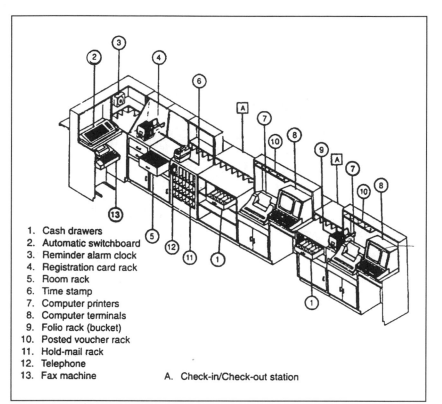

1. Cash drawers
2. Automatic switchboard
3. Reminder alarm clock
4. Registration card rack
5. Room rack
6. Time stamp
7. Computer printers
8. Computer terminals
9. Folio rack (bucket)
10. Posted voucher rack
11. Hold-mail rack
12. Telephone
13. Fax machine   A. Check-in/Check-out station

圖 5-2   全自動櫃檯設備

107

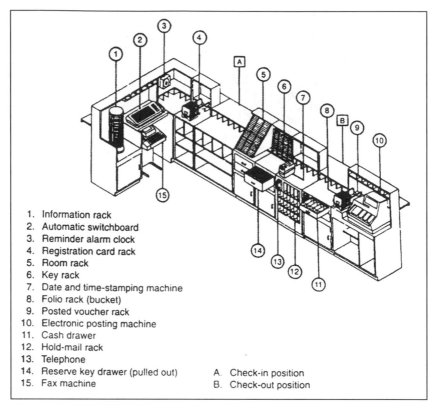

1. Information rack
2. Automatic switchboard
3. Reminder alarm clock
4. Registration card rack
5. Room rack
6. Key rack
7. Date and time-stamping machine
8. Folio rack (bucket)
9. Posted voucher rack
10. Electronic posting machine
11. Cash drawer
12. Hold-mail rack
13. Telephone
14. Reserve key drawer (pulled out)
15. Fax machine

A. Check-in position
B. Check-out position

圖 5-3　半自動櫃檯設備

第二節　櫃檯的組織型態

五百個房間的旅館

　　設主任一人，接待員二人（日夜班），出納二人（日夜班），郵電及鑰匙管理員二人（日夜班），問訊員二人（日夜班），登紀員一人，夜間接待員一人（電話接線員不兼櫃檯工作）。

兩百個房間的旅館

　　主任一人，櫃檯接待員兼出納二人（日夜班），電話接線員二人（日夜班），夜間接待員一人。

一百個房間的旅館

　　接待員兼出納兩人（日夜班），電話接線員二人（日夜班），夜間接待員一人。此類旅館、電話接線員兼郵電、鑰匙管理及問訊工作。

五十個房間的旅館

　　櫃檯接待兼出納一人，夜間接待員一人。此類旅館，經理兼充接待員職務，服務員兼電話接線員。夜間接待員兼出納。

第三節 櫃檯的任務

　　櫃　檯——Front Office一詞有時又稱Front Desk或稱Reception。櫃檯是旅館對外之代表機構，除了住宿客人外，其他與旅館有關之詢問與交涉亦皆以櫃檯為對象。櫃檯又是旅館對內之聯絡處，經理對服務諸部署的指示，命令皆由此發出，反之各部署的報告亦皆集中於此。換言之，櫃檯是旅館的神經中樞。

　　櫃檯接待員之職務：出售客房、調配客房、保管客房鑰匙、製作各種統計報表及報告、製作顧客名簿、接待旅客、旅客與員工之聯絡事宜、處理郵政物件、館內、市內之導遊詢問、櫃檯詢問，櫃檯登紀見圖5-4、圖5-5。

　　此外規模較小之旅館櫃檯又要負責接受宴會、會場、餐食之

圖 5-4　櫃檯登紀（坐姿）
資料來源：作者提供。

圖 5-5　櫃檯登紀（立姿）
資料來源：作者提供。

預訂等事務。

櫃檯又須將客人對服務的希望、批評等善處對策。

櫃檯主任之下置接待員（Clerk）、出納員（Cashier）、行李員（Bell, porter, page）、門衛（Door man）、接線員（Operator），在大的旅館裡接待員又分為詢問部（Information Dept）、訂房部（Reservation Dept）、郵電部（Mail Dept）等。夜間部由夜間經理（Night Manager）總攬業務，但在小旅館中則只有一值夜職員（Night Clerk）處理業務並兼顧電話總機。

第四節　櫃檯職員須知

櫃檯職員站在旅館的最前線，擔任代表性的服務工作，故本身須時時保持圓滿的協調。茲列舉職員相處之道，應守之規律：

一、提早上班，不要為聊談或雜務而致耽誤時間，交班後即時離開，以免影響工作。

二、同事間均須以禮相待。

三、工作不貪圖便宜或利益。又勤務時間內不帶朋友來訪，或讓他在辦公廳等下班，如此會影響自己的工作情緒。

四、上班時間內不打私人電話。

五、不在館內酒吧喝酒。

六、不要在出納借錢。

七、控制自己不要常到館內餐廳飲食。

八、避免與女客發生過分親密的關係。

九、櫃檯之所以成為旅館之中心，發揮全部功能，是基於經理與職員保持良好配合、相互協調之結果。但當經理受到客人對服務或其他方面有所稱讚時，應轉告部屬，分享成果，不該置之

不理。又當聽到部屬的建議，應加以思考，合理將其意見，視同改進之提案，予以重視，不該聽而不聞，這等於減輕對部屬的信任。其不合理者，亦不應嚴詞指責以致將來不敢再發言。

十、顧及旅館的繁榮與自己前途，必須對自己所擔任的職務盡責。

十一、領導者之所謂富有領導能力，是指具有使他人樂於工作的才能而言，成功的領導者絕不談權力，領導者本身具有較高的人格修養，以身作則，感化他人，才是真正的領導者。

十二、嚴守時間，不守時就是破壞企業之協調精神。

十三、個人工作的馬虎等於增加同事之負擔。

十四、稱呼各部主管時，應稱其職稱。例如，稱經理、領班、大廚師等。

十五、對待新進人員應親切叮嚀指導，處處關照，身教重於言教。

十六、說話儘量捨棄「我」而用「我們」，永遠本著大家同是旅館一體的想法發揮同甘共苦的精神。

十七、櫃檯職員必具有忍耐（Patience）、自制（Self-control）、徹底（Thoroughness），以及善於社交（Diplomacy）、謙虛（Graciousness）、誠實（Honesty）與忠實（Loyalty）之特性。

十八、和氣相處使同事感到在你身邊可獲得溫暖。

十九、櫃檯與旅館內部須保持肅靜，呼叫服務員的鈴聲、叫聲等噪雜聲，不僅影響工作效率，而且使旅客感到煩躁。

二十、櫃檯職員要保持美好的姿勢，齊立在服務後台約十五公分處，與客人接應時，身體稍微傾向服務台，精神抖擻，不要靠在服務台上。

二十一、雖沒有被特別指示何者是旅館機密，但自認不發表對

旅館較有益時，便應守口如瓶。

二十二、要勇於承認自己的過錯，要知道自己隱瞞過錯，終究會被發現，且將事情弄得更糟，導致影響飯店聲譽。

二十三、傳達經理對旅客或從業員之公告或命令須力求正確，大的旅館對於從業員的命令多以文書傳達，但小旅館則僅用口頭，所以其間易夾雜感情成分，曲解真意。

第五節 櫃檯的日常業務

銷售客房前之準備

1. 核對客房銷售狀況：由訂房組證實訂房之確實性。
2. 調整銷售計畫：製作房間之最後分配表。
3. 指示接待要領：由櫃檯及訂房組召集，請有關單位參加，說明來店人數、使用人數、使用房數、用餐場所、時間、條件、進出時間以及其他活動等項目。

銷售客房業務

1. 客房：旅客人數增減，換房、退房等問題，處理顧客抱怨，超收顧客之處理。
2. 房租：如何訂定旺季與淡季之房租，如何配合社會經濟狀況訂定合理的房租。
3. 處理住宿事務。
   （1）核對房客進出時間。
   （2）個人客（F. I. T.）與團體客（GROUP）之處理方法。

（3）核對或調整住宿條件。

4.取消訂房之處理。

5.會計處理（支付方法）。

6.員工配置、指導與管理。

7.與各單位之協調。

8.整理推銷資料與統計。

9.整理顧客建議或意見書。

服務及接待業務

1.接送顧客之研究。

2.如何應付顧客之特別要求。

3.提供各項店內活動資料。

4.館內音樂及廣播。

5.觀光導遊服務。

6.房內其他附帶服務。

7.停車問題。

8.行李保管及拾得物之處理。

9.訪客之接待。

10.住客傷病處理。

11.與各單位之連繫。

12.推廣店內各種設備。

第六節　櫃檯推銷技術

電話推銷術

　　有些飯店對於當天的訂房電話是直接由櫃檯處理的，但也有些飯店只接晚上的訂房電話，因爲白天櫃檯，總是忙著辦理登記手續，所以對電話的詢問並不是很重視，尤其是在沒有指明接聽者的時候爲甚。

　　打電話的人，可能是訂一個房間或想獲得一些有關旅館房間的資料。因此，詢問電話絕不可輕忽。試想，哪個人可能只由一個朋友、一則廣告，或一張宣傳紙單中得到旅館的介紹呢？或許他是老顧客呢？電話的鈴聲不就是表示有一樁交易擺在你的眼前嗎？

　　銷售房間是無形的商品，的確較不簡單，因爲既沒有像其他貨品有樣品，也沒有試用的機會，何況是在電話中僅憑口頭的說明，要傳達整個旅館的概況更感困難。故主要的「推銷媒體」便只有「聲音」了。回答時，應文雅、扼要地描述客人所提出的各種房間的概況——如面積、位置、設備、特點……等。儘可能提供各種資料，以滿足顧客的需求，那麼他當然希望早些進入這舒適的旅館了。

　　把每一通電話詢問當作主動上門的一筆錢在交易，不就是多了一個成交的機會嗎？

如何對付「價值觀念深刻」的顧客？

　　顧客關心房租是很自然的現象。畢竟他們不僅是在找尋無形的舒適、方便、服務，而且要購買一個尚未看見的房間，因此在

櫃檯所討論的,並不是「爲什麼我必須付這些錢?」而是「我付出去的這些錢可以換得哪些商品與服務?」

因此談及房租時,必須要描述該房間的特徵。因爲同樣價格的房間,在兩家飯店中其設備可能完全是不同的。即便在同一飯店內也有相當的差異,不要一味地爲搶生意,只推銷更便宜的房間,因爲往往顧客在熟悉房間的特點與設備後,寧可要一個房租稍高的房間。

無論如何,在推銷時,不要勉強要客人訂較高價的房間,一旦他覺得自己在被逼迫時,那麼你可能就會失去這一椿擺在眼前的生意了。

在最忙碌的時候,如何推銷房間?

由於固定的班次,可能在同一個時間裡,許多旅客會同時來櫃檯登記,以致長龍排隊等候。當中必有疲憊的旅客,也有要趕赴公務會議的,當然會迫不及待地希望快些辦理而顯出不耐煩的樣子,那麼唯一的辦法,只有儘快地在同一時間內提供迅速的服務了。然而,一個「不耐煩」的顧客,面臨著一個「不耐煩」的櫃檯接待員,在口氣和態度方面就比較容易會得罪顧客了。

爲了防範各種不同層次的顧客,應預先安排各種等級的房間,以便在需要時,隨即提供分配。例如,在已證實的訂房表上,歸納旅客到達的時間、房間的形式等資料,儘可能地在旅客未到達前,安排指定的房間,預先精確地查看房間控制盤,以瞭解可使用的房間是哪些,這樣便可節省許多在盤上尋找的時間,當然時下大都以電腦作業,來控制旅客的住宿活動。

給每一位顧客特別的關懷,並且要按「先來者先服務」的原則。根據旅館的規模及作業的形態,可以酌情在櫃檯前設兩個登記處,一處專供已訂房的房客登記,一處則供臨時來的旅客。有

的旅館在特別繁忙的時候，依旅客進來的先後次序，分發掛號牌子或卡片，這樣，雖然旅客不能馬上被帶入房間，但知道櫃檯已經在關心、照顧他們。

如何向猶豫不決的顧客推銷？

有時會有自動上門的客人到櫃檯前詢問：「貴飯店有什麼樣的客房？」他很可能是第一次來此地，也可能第一次進旅館或第一次光臨飯店，或者，他想住在和以前所住過的不同房間，無論如何，這是一個很好的推銷機會。

對一個猶豫不決的顧客，必須提供比一般人更關切的態度，他至少已到櫃檯前來詢問，就要設法使他留宿，或要讓他帶回信心下次再來。任何的小疏忽都可能會失去一個可貴的顧客啊！

找出他到此地的目的，然後提供他一個合適的房間類型，推薦不同的房間供他參考，尤其是顧客所提的問題很可能是有關他個人需求上的偏好。最初，應推薦較高房租的房間，因為，一方面表示尊重客人，一方面又可免讓客人被愈聽愈貴的房價嚇走。對於三心兩意猶豫不決的客人，可派一個櫃檯接待員或副理帶客人去看房間，即使這一次他不留宿，下一次他需要房間時，總會記起這種特別的服務。

的確，要費一番心思在這類顧客身上，但是，只要你誠懇地提供了最佳的服務，你就會贏得了一位可貴的客人。

處理訂房的難題

在訂房發生了問題時，便是考驗櫃檯人員推銷技巧的好時機。有已預先訂房而遲來的顧客，可能因為已客滿而無房間可住；有因特殊原因，不能兌現已承諾的訂房；也有因拖延了遷出時間或延長宿期的顧客，使得幾個月前已經訂房的，無法適時提

供客房。

一般來說，大部分的顧客在適當理由解釋下，都能諒解這種不得已的情形。然而，他們已訂房而無房間也是一件相當失禮的嚴重問題。那麼就應儘力爲他們安排暫時的住處，並且保證一有可使用的房間，一定會儘快接他們回來。假使是現住房客耽誤了遷出時間，就先替新來的顧客安置他的行李，或者，帶領他到餐廳或酒廊稍候一下，等原住客遷出，客房整理後再搬進。

交通的擁塞，不是人們所預料的，很可能造成顧客遲來的原因，倘若房間已客滿，無法容納，應儘快爲這些遲來的顧客另覓其他適當的旅館，權充當夜的宿處。許多旅館都爲這些旅客付車資，並答應一有空出的房間即將他接回，假如他有許多行李，那麼除了當夜所需用品外，其餘留放該旅館，並妥爲保存。

在旺季中，對已訂房的顧客無法提供房間，較一切單純因素的疏忽，都來得容易使顧客不悅，甚而失去常客。良好的訂房控制，可能免除一切麻煩，但在遇到這種不得已的時候，一定要顧客住入旅館以前，給予最貼切、最得體的照料。

如何處理怨言？

在櫃檯，所聽到的許多顧客怨言不外是：房間的大小、價錢與位置，不容置疑地，他們的怨言都是公正的，到底顧客是非常現實的。

有時，應把顧客的怨言迅速傳達至櫃檯經理、副經理或主任。有時，則可由櫃檯接待員親自妥善處理，要知道，顧客的怨言是不容敷衍或掩飾的。

處理怨言的基本工具便是敏捷的機智與有力的說服，過分肯定的堅持，自鳴得意的態度，只會弄巧成拙，不可收拾。弄得你贏得了一場辯論，卻失去了顯客。接獲怨言之初，應判斷事實、

沉著傾聽、正確筆錄，然後隨即採取有效措施，泯滅怨言之原因。往往替顧客另找一間或解釋在緊忙時間的不得已遲緩服務後，一切便能順利解決。除了需要向其道歉之外，務必立即採取必要措施，以解決眼前的問題。

任何一個怨言都必須重視，因為他可能是一位非常好的顧客，暫時的不滿意而已。若未能處置得當，豈不又失去一位可貴的顧客呢？

提供顧客各部門資料的服務

無論旅館有沒有指定專人負責此一項工作，每一位櫃檯接待員，應該提供多種項目的正確資料——如有關當地的風俗、教堂、戲院及公園的位置。

當你提供了各種資料時，顧客也會視為是一種殷勤的服務，而將來會為旅館提供最好的免費宣傳。當顧客問起有關餐食、飲料、設備、熨衣服務時，便是增加旅館收入的機會。

還有些顧客可能問起有關體育新聞，或是地方名勝，他必是有一定的目的而來，很可能將來還會為同一目的而來，那麼，又為將來的銷售增加了一良好的商機。

不論顧客的詢問是否有利於直接的推銷，均不能視若無睹、不屑一顧的小事。應當作一個服務的良機。因為接待員能與顧客的接觸，便是旅館內部最重要的「公共關係」（public relation）櫃檯所提供的正確答詢與資料，將是該旅館博得聲譽的最重要因素。

提供其他的服務

在許多顧客的心目中，總認為最能代表旅館的便是「櫃檯接待員」與「房間服務員」，因此，除了銷售旅館房間外，他們便是

推銷旅館的其他設備和服務的最佳人選。當客人在用餐時間到達時，可以推銷餐廳的設備；若晚餐後才來的顧客，就推薦「房內飲食」的服務；至於在凌晨七點或八點到達的旅客，都是經過一段漫長的長途跋涉而來的，很可能需要有熨、洗衣的服務，此時建議旅館把衣物送至洗衣部，是會受到顧客的致謝。

倘若顧客未能詳知旅館內的各項營業設施，那麼即使旅館擁有多麼充分的營業設備，也是毫無用武之地。只因沒有專人介紹旅館內可資利用的設備，旅客只能在旅館外找尋購買他所需要的，以致喪失了旅館的商機，若能事先自動地介紹各部門的服務項目，以應付顧客的需求，不僅是一個精明的推銷員，也是旅館與顧客建立友好關係的最佳手法。

第七節　如何提高客房利用率

旅館是以提供餐宿及其他各種服務為目的而得到合理利潤的一種服務企業。但其主要收入仍來自客房，因此，經營者必須設法使所有的客房均能售出而達到預期的收益。要達到此一目標，就必須訓練櫃檯服務人員能深入的瞭解：一、市場上變動的情況；二、櫃檯本身的作業系統；三、顧客到達時及出發時的種種變化因素。

在此，將其具體的作業方式詳述於下列以供參考：

製作取消訂房的紀錄

製作取消訂房的紀錄（NO-SHOW AND CANCELLATION RECORD）：櫃檯必須保持著最新且可靠的取消訂房紀錄。每天早晨須將前一晚的這些紀錄加以統計作為日後的預測參考資料。

製作臨時變更的紀錄

製作沒有訂房而臨時住進的紀錄和比原定日期延長遷出的紀錄（ NUMBER OF WALK-INS AND STAYOVERS RECORD）。

把握顧客到達及出發的因素

把握住顧客到達時及出發時的種種變化因素。

這些因素包括對於全國或當地經濟狀況的瞭解、同業間競爭的實況、運輸方式、氣候，以及當地有否舉辦特別的慶典或大事。因為這些都會影響團體旅客到達及遷出的時間與方式。

以上這些資料在預期時雖不能達到百分之百的準確，但至少總比完全沒有資料可靠的多了。

有了這些資料以後，我們要如何地加以運用呢？

舉例來說：假定我們的旅館有六百間房間，在十一月十四日晚，我們預測明天（十五日）要售出五百間房間。即在十五日預定遷出者有一百間，但是出十四日繼續仕用者有四百間房間，預定遷入者也有二百間。因此，在新住客二百間，加上續住客四百間，以及遷出一百間，十五日便可以出售五百間。

現在讓我們根據過去的經驗與資料，估計一下我們是否應該再多收幾間。即：一、可能新住客取消者有百分之十二；二、應遷出而未遷出，延期續住者有百分之十；三、特殊變動因素為百分之零。

如以公式表示即：

NO OF RESERVATIONS×ESTIMATED%OF NO-SHOWS & CANCELLATIONS
=NO OF ESTIMATED NO-SHOWS\CANCELLATIONS

（訂房預定遷入的房數）×（估計可能取消或未來的百分比）
＝（估計可能取消或不來的房間數）

NO OF STAYOVERS＋(OR－ANTICIPATED
VARIABLES)
＝NO OF ESTIMATED ADDITIONAL OR (FEWER)
ROOMS OCCUPIED
＝AMOUNT OF ACCEPTABLE RESERVATIONS OVER
THE ORIGINAL NUMBER

（應遷出不遷出，延期續住）＋（加或減其他變動因素）
＝（估計需要增加的房間數或減少的房間數）
＝（除原來之訂房尚可多收的房間數）
200×12％＝24（估計取消者） 10＋（加或減）
＝10（估計須增加房間）
24－10＝14（除原來訂房二百間以外，尚可接受十四間）

換言之，尚可再接受十四個房間的訂房。

客房控制報表

　　為了使我們的預測更加準確起見，必須將訂房控制圖表的紀錄保持準確，同時也要注意客房狀況控制盤（架）保持正確的狀況。最好製作客房控制報表用來核對控制盤的準確性。

　　該報表可以幫助我們明瞭：一、預定新來客人的數目及時間；二、預定遷出的數目；三、空房的數目；四、當天可能多出或缺少的數目。

　　如在客滿當天，最好每小時製作一張以便隨時核對客房的實況。

房間檢查報表

HOUSE KEEPING REPORT＝ROOM CHECK

該報表必須隨時保持正確的紀錄且必須注意下列問題：

1.該報表是何時完成的？

2.誰負責紀錄該報表？

3.櫃檯由誰負責核對該報表？

4.客房狀況控制盤與該報表是否相符？相差在哪裡？

5.該報表完成後，有否將應該離去的或應遷入的房間數加上或減掉？

6.有否將該報表與出納的顧客帳卡核對，有何相差？

7.櫃檯負責核對的人有否將不正確的地方訂正過來？

8.是否再經過櫃檯的其他人複查過？

客房狀況控制盤（架）與住房帳卡的核對

一旦房間檢查報表核對就必須將客房狀況控制盤與住客帳卡核對調整。相反地，如有帳卡則客房控制盤（架）上也必須要有住客的名條（單）。

將上述房間檢查表、控制盤（架）及住客帳卡核對後，必能發現許多漏洞或相差點。比如：房間調換手續未辦妥、遷出手續沒有辦妥、遷入手續沒有辦完、住客名條放錯或帳卡放錯位置、發現房間多出或減少。

檢查應遷出而未遷出者

房間檢查表作成後，櫃檯主任須檢查當天應遷出的住客是否如期遷出？通常可使用電話，同時也應檢查沒有整理好的房間及修理中房間，這樣也許尚可找出幾個空房出來。

旅客到達型態

　　應瞭解將要遷入的客人是團體還是過境客、到達時間如何？有的旅客到達時間都集中在下午五時至八時，而八時至十時半都是零零散散的，但到了十時半至十一時半又形成一窩擁進的紛亂狀況，甚至也有半夜到達者。這些到達時間也應統計起來作為將來預測的資料。最後的作業：

　　假定我們已盡了全力，將以上的步驟都照著做了，但仍感房間不足分配時，又該如何應變呢？那就檢討一下下列的問題吧！

　　一、六點以後的來客，是否都被安排好了其他的旅館。

　　二、訂房單有否重複（如名字的顛倒或住客已進館而未將訂房單抽出）。

　　三、訂房單上的到達日期有否寫錯（也許不是今天要來）。

　　四、由飯店自行暫用的客房是否可以遷出提供給旅客。

　　五、預先準備給新來的房間有否複查過？（有時櫃檯人員不知事先已為旅客指定好房間，而再分配另一個房間）。

　　六、同一團體的客人是否二人共住一房間？

　　七、修理中的房間，如客人同意的話，也許可折價給其暫住一晚。

　　安排其他旅館給遲到的客人時必須注意下列幾點：

　　一、應由較高層級的幹部來處理，使客人覺得深受尊重。

　　二、應請客人到辦公室內向他解釋，使客人感到受禮遇，往往因為氣氛和諧而比較容易進行商量。

　　三、要儘量向客人解釋飯店已盡力而為，類似這樣的情況是很特殊的，也是不常有的現象，請其諒解。

　　四、由公司負擔送往其他旅館的車資或派車前往。

　　五、照顧其行李，並轉達其電話、留言等儘量使其感到方便。

六、如接客人回來則應贈與水果、鮮花，甚至由總經理當面或打電話道歉。

七、若客人不再返回，可由經理寫信道歉。

八、要以誠懇的態度說明並道歉。

第八節　接客廳

LOBBY一詞，按照英文字典的解釋：「供院外者會晤用的議院的接待室。」，但旅館所稱的LOBBY是指接近櫃檯的地方，專供訪者會晤或休息所用的大廳，這個接待大廳可以說是旅館的社交中心，不但住宿客，即使外來客也可以自由出入做為公共場所之用。有時不稱為LOBBY而稱為HALL或LOUNGE。但HALL內的桌椅較少可以說是以通路為中心的廣大場所。反之，擺放著很多的桌椅而以休息接客為主，以通路為副的地方則稱為LOUNGE。LOBBY的桌椅較LOUNGE為少，但較HALL為多，換言之，就是通路兼休息及接客廳，不過實際上，多以LOBBY一詞最為通用。

LOBBY的面積應該要多大才比較適當？依照歐美的說法，大體上。以旅館內的收容人員每一人占○‧五至一平方公尺為標準。如果要擺放椅子的話，每一‧五平方公尺放一張為宜。而且椅子的總數應該要占旅館總收容人員的百分之三十三至六十六為準。（我國的規定請參照觀光旅館建築及設備標準）

當然，如果是旅館的收容人員是五百個人以上時，其每一人所占面積可以酌予減少，但無論如何，一個旅館至少必須要有五十平方公尺的接客大廳才夠風格。

作者在美國看了許多旅館的接客大廳，而發現它們有一個共

同的特點：第一，廳內開設許多店舖，因為這些店舖的租金實在是旅館的重要固定收入之一種。大的旅館更設有百貨公司。第二個特點就是廳內擺設許多植物，甚至有小庭園加上噴水池，他們所採用的植物以熱帶、亞熱帶植物為多，這是因為它們適合於旅館內的溫度，而且那些鮮豔的綠色與簡單的葉形正符合著大廳的氣氛。

最近有的旅館竟也在廳內設置游泳池，這是抓住了美國人的虛榮心，希望有個附有游泳池的家庭，而滿足他們的這種慾望。

至於LOBBY的照明必須加以考慮，即客人休息的地方需要醞釀出舒暢的氣氛，反之，店舖、衣帽間及詢問處則需要明示強調。因此對於全部的照明最好使用間接照明，對談話或休息的部分則可用半間接照明或反射燈。需要明示強調的地方如店舖‧衣帽間及詢問等處所應使用強調標示照明。對於廳內的植物或庭園的照明以使用水銀燈最為適宜，那種淡藍綠的色彩正足以強調植物的綠色，使它更加美艷動人。

第九節　行李間的工作

接待引導及行李搬運服務均屬行李間之職務，尤其是旅客在旅館門口所感觸到的，往往會構成他們對本旅館的第一個印象。我們把這些在門口所服務的工作稱為「嚮導及行李搬運服務」（unifom service）。旅客所需的第一印象就是親切的招呼與服務，以及和顏悅色的態度。無論缺少哪一樣，旅客就會很不客氣的把旅館批評得很糟。要給人壞印象是一件很容易做到的事。但是要把已經給人的印象，磨減掉就不簡單。所以，我們要經常注意周到的服務，以便讓客人得到良好的印象。在美國將Bell man、porter、page統稱為Bell man。

行李間是隸屬於櫃檯主任管轄的。其組織是由以下人員所構成。即：主任、領班、門衛、行李員、電梯服務生、衣帽間服務生。茲將各人員的職務說明如下：

主任的職務

1.接受櫃檯主任的命令去監督及指導部署的工作。

2.製訂部署的勤務日程表。

3.任免、調陞或調動部署時，遵從上司的要求，且表達自己的意見與看法。

4.在勤務交替時間，檢點部署的服務，並指示當日所應注意的事項。

5.巡視門口、客廳，注意服務是否周到。

6.接受部屬的報告，以便作適當的判斷。

7.記載並管理各種帳表供參考之用。

8.管理及領用工作上所必須要的物品。

領班的職務

1.協助辦理主任的工作。

2.與主任商議，從事改善服務工作。

3.記載「工作日記」。

4.經常在客廳內的行李員領班專用辦公桌，處理工作要判斷工作的順序，並分配工作給行李員。

5.負責保管旅客行李。

門衛的職務

1.整理車輛、指示停車事項。

2.叫車。

3.裝卸行李。

4.維持大門前的秩序。

5.工作時應注意事項。

　　旅客所乘坐車輛到達時，應該馬上去打開車門，並用明朗的聲音說：「歡迎光臨本飯店！」一面幫助旅客安全下車，並幫助司機卸下行李，然後把旅客行李交給行李員。在旅客要離開時，應替他關上車門，並說聲：「請歡迎再來！」要經常注意避免車輛擠在大門口。且迅速整理車輛，並指示司機停車場之所在，尤其在大宴會的時候，應事先研究如何整理安排車輛。

　　客人要離開旅館前，應叫司機儘快備車，將車輛開到門口或門口前，如果附近臨時發生事件，應即通告櫃檯或領班取得聯絡，請他指示處理方法。

行李員的職務

1.引導客人到客房，流程見圖5-6、圖5-7、圖5-8、圖5-9。

2.搬運客人的行李。

3.保持會客廳及環境的清潔。

4.接受領班指示，完成其所交待的任務。

5.遞送寄交物件、報紙、留言、郵電等物。

6.看守大廳，維護大廳的安全與寧靜。

7.保管客人行李。

8.代客購買車票及代訂機票。

9.其他顧客所交辦事項。

行李員卡，見表5-1。

圖 5-6 引導客人乘坐電梯
資料來源：作者提供。

圖 5-7 打開房門後，讓客人先進房（晚上應先開燈）
資料來源：作者提供。

圖 5-8　行李放在行李架
資料來源：作者提供。

圖 5-9　向客人介紹設備
資料來源：作者提供。

表 5-1 行李員卡

BELLMAN-PORTER CARDS

☐ARRIVAL　　　　　　　　　ROOM

　DEPARTURE☐

BELLMAN	BL.	BR.	NO.	
AIRPLANE CASE			CAMERA	
GLADSTONE			CLOTHING	
GOLF BAG			COAT	
GRIP			PACKAGE	
HAT BOX			RADIO	
KIT BAG			TYPEWRITER	
OVERNIGHT BAG			UMBRELLA	
PORTFOLIO			CHANGED FROM	
PULLMAN TRUNK				
SAMPLE CASE			REPORT TO	
SUITCASE			CREDIT MGR.	
WARDROBE PACK				
BAGGAGE			CAR LICENSE OR TRAIN SPACE	
MESSENGER SERVICE				

Ask for Laundry ?　　　　　　　　　　☐ Yes
Suggest Valet Serv. ?　　　　　　　　☐ Yes

　NAME

　FIRST VISIT
YES☐　　　NO☐

行李員工作上應注意事項

（一）客人到達時

門衛引導客人前來時，應用親切的態度與明朗的口氣道聲：「歡迎光臨本飯店！」然後把客人的行李接過來。所接過來的行李必須請客人核對數量，以防零星物件或未卸清行李。若有些客人並不太講究服裝儀容，萬萬不可因此對其有失禮的行為，這一點是要特別注意的。但是如有氣貌不揚或態度可疑的人物前來，而且造成客人有不安的感覺時，應立即報告上司，迅速處理。

行李員帶著全部行李進入大門，讓客人在前，引導他到櫃檯。客人在辦理登紀手續時，行李員應直立在客人之後數步處，將行李放在旁邊，切記自己姿態是代表旅館的精神與評價。

（二）引導客人去房間的程序

客人辦完登紀手續在櫃檯決定房間的號碼後，同櫃檯職員取得該間鎖匙時，切記核對鎖匙號碼以免錯誤。然後引導客人搭乘電梯，並告訴電梯服務生：「請開到某某樓。」由電梯出來後，應告訴客人：「請往右邊走。」或是「請往左邊走。」等語引導他到房間去，但是行李多時應使用行李專用電梯為宜。到了房前打開門鎖後，就請客人先進去，然後把客人的行李放在行李台上，並檢查電氣、收音機、電視、化妝室是否正常，如有異狀應立刻用電話與房務部聯絡。並要向客人解釋冷氣調節的方法或門鎖的開關法。最後，請問他：「還有別的事嗎？」如有交辦事項，應迅速替他辦好，然後要離開房間時應說：「我就失陪了。」一面鞠躬，一面把門輕輕地關上後再離去。

搬運行李要小心，注意不擦到地板或掉落，但像照相機、光學儀器等輕巧貴重物品，最好先請問客人：「這是貴重的東西，您要自己拿嗎？」如此客人也較放心，如果客人要你拿時，尤應

格外謹慎。

以上是接待客人的要領，但如果能從櫃檯的名單上記住該日預定到達客人的名字，當行李自汽車上搬下時，即可由行李卡得知其名，而即以「某某先生，我們等著你的光臨。」打招呼，並通知櫃檯客人的姓名，此時櫃檯也能直接呼其名而接待，如此定能使客人感到親切與愉快。

（三）歡送客人

接到XX號房間客人的遷出通知時，行李員即到房間提行李跟在客人後面，其動作如前述。當進房間時，視其情形，如需要叫車，應即時準備。

到櫃檯，客人把鎖匙交職員付款完畢後，即隨其後將行李搬到汽車上，並告訴客人行李件數，然後祝其旅途愉快，下次再來。

（四）行李保管

行李員除了搬運行李外又須擔任行李保管工作，客人的行李視保管期間分當天及短期二種，當天要來提領之行李可放置在行李間（Porter Room），短期託管行李即須搬至行李倉庫（Trunk Room）保管。又有另外一種是代客人保管給其友人之行李，這種行李應將來領取行李者之姓名、地址詳細記下，以防被冒領。收到行李時應填妥行李標籤掛在行李上，並將另一半收據交給客人以便換領。行李之安置除了應防止因堆疊而受損或受潮之外，尚需按號碼有條不紊地排列以利尋找。

（五）其他雜務

行李員所負擔場所之清掃工作，如大門、走廊、客廳等處，應時時巡迴清掃、整理，如菸灰缸、舊報紙、雜誌須時加注意清理。

　　櫃檯所交待之尋人或傳達事項，乃行李員重要任務之一。在無播音機或為避免播音之吵雜而不使用擴音器之旅館，行李員在公共場所尋找客人時，若不知其面貌可輕呼其名，有些旅館叫行李員拿著一塊名字板尋人。此外行李員的工作如送已達旅客之名單到各部門，或替客人購買香菸、報紙、雜誌等，如果是小物件應放在托盤上送去，不要以手直接拿著。例如，訪客的名片即可放在托盤上送給客人。

　　行李員口袋裡應時常準備著原子筆、雜記本、手冊等，以應客人之需，當客人有所吩咐即當面寫在雜記本上，使客人感到服務工作周到，尤以交班時，即可依雜記本上所說交待接班者，切不可遺忘。

第十節　電梯服務員

　　電梯服務員的服裝須整齊清潔、儀容端正、活潑大方，勤務時間絕不可與同事聊天，或吃口香糖等不雅觀的動作。當然不容許離開崗位（電梯），對操縱電梯有熟練技巧，以顧全體客人之生命，遇到緊急事故或故障時，不可慌張，以免客人受驚，須冷靜地以電話與櫃檯聯絡，靜候處理。電梯須時常保持清潔，聲音要清晰愉快，偶然聽到客人的抱怨，應報告上司。

　　電梯服務員工作上應注意事項：

　　一、停止動用的電梯除非接到命令，萬萬不得啟動。

　　二、在一樓等候客人時，應在電梯內採取很自然的姿勢（不得背靠電梯或是用一腳站立。）

　　三、除了交替時間以外，儘量不要走出電梯。交替時，接班者應先進電梯內，迄交接工作完成後，移交者方可離開電梯。

　　四、電梯服務員應注意乘客不得超過所限載的人數。如有客人要進來時已經超過了限制，就須很客氣的說：「請等下一班。」

　　五、為了避免電梯門口的擁擠情形，電梯服務員應向客人輕聲說：「請往裡面前進。」

　　六、要經常注意不使客人靠貼電梯門。

　　七、除非是客滿時，否則不得跳過有人在等候的樓層。

　　八、絕不可催促客人上下電梯。

　　九、服務時間，除回答客人詢問者外，萬萬不可和客人或同事談話。

　　十、自己認為電梯啟動不正常，或是有異狀時，應立即報告上司。

　　十一、如有必要停開電梯時，必須加以上鎖，並控制其啟動裝備。

　　十二、客人進入電梯時，應問：「請問到第幾樓？」

　　十三、電梯停下來時，應提示客人：「這是某某樓層。」

服務主任的職務

JOB TITLE: SUPERINTENDENT OF SERVICE

Specific Job Duties:

Coordinates workers handling baggage, operating elevators and cleaning public areas.

Hires and discharges personnel.

Trains and instructs personnel.

Makes assignments.

Keeps time records.

Decides on work schedules.

Adjusts guests complaints concerning service personnel.

Conducts investigations for lost luggage.

Makes out employee payrolls.

Handles employee grievances.

Conducts group meetings of bellmen periodically.

Obtains information on the mumber of arriving and departing guests in order to schedule bellmen.

Checks elevator operators arrival to be sure all elevators are in operation.

Meets trains to pick up guests luggage.

Keeps records on departures telegrams and baggage.

Sees that bellmen sign out when running errands for guests.

Accepts guests delivered packages.

Sends out express baggage for departing guests.

Receives and ships out materials and supplies used by convention groups.

Follows up on the service rendered by bellman to their assigned guests.

服務組領班的職務

JOB TITLE: CAPTAIN

Specific Job Duties:

Organizes the work of bellmen.

Delegates duties to each bellman.

Inspects bellmen for neatness.

Trains new bellmen.

Serves special or distinguished guests personally.

Keeps time records.

Determines work schedules.

Handles complaints of guests.

Helps guests arrange transportation.

Interviews applicants and recommends hiring.

Works out travel schedules for guests.

Obtains transportation tickets for guests.

Obtains theater or other entertainment tickets for guests.

Gives directions.

Calls bellmen to escort guests to rooms.

Advises bellmen on action to take in response to unusual guest requests.

Suggests use of hotel facilities and services to guests.

Performs duties of subordinates during rush or peak periods.

Handles registered letters, C. O. D. s, etc., for hotel (incoming and outgoing).

Wraps packages for hotel and guests for mailing purposes.

Keeps detailed records of all outgoing and incoming mail.

Makes reservations (theater, etc.) and picks up tickets for guests.

Sees that bellmen receive their fair share of tips.

行李員的職務

JOB TITLE: BELLMAN/PORTER

Specific Job Duties:

Carries baggage for arriving guests.

Escorts guest to registration desk.

Receives key for guests room.

Escorts guest to room.

Deposits baggage in room.

Opens windows, adjusts radiators and turns on lights.

Makes sure room is equipped with towels, soap, stationery and other supplies.

Telephones operator in presence of guest if the latter wishes to be called at a certain hour.

Collects guests linen or suits for cleaning.

Returns to bellmans desk in lobby after showing a guest to his room.

Pages guests in lobby, restaurant or other area.

Supplies information about hotel/motel facilities and services.

Assists departing guests with luggage.

Notifies bell captain about unusual occurrances.

Maintains orderliness in lobby, lounges and public rooms by picking up newspapers, emptying ash trays, straightening cushions and replenishing supplies in writing desks.

Suggests use of hotel or motel services such as restaurant and room service.

Delivers packages for guests and performs other errands.

Anticipates guests wants and needs.

Helps sell room accommodations by showing rooms to potential guests.

Makes minor room repairs and adjustments.

Explains to guests the location of ice and soft drink machines.

Explains to guests how to regulate thermostatic controls in the room.

Delivers messages for guests.

Explains use of features of the room such as television, radio, night lock and telephone.

Gives directions.

第十一節 衣帽間

衣帽間的服務員以女性居多。客人將所攜帶物品交其暫時保管，故利用衣帽間者之比率通常以赴宴者或來訪者較住宿客為高。由於其應對之態度將直接受到這些客人之批評，故服務於這部門的女性應思考到自己服務的禮節與操守，可能會影響到旅館信譽。

此外，雨天客人潮濕的雨傘，應用傘套套好，並井然有序地整理保管，以免客人領取時紊亂潮濕。

將收條拿給客人時，一聲不響的給他，不如先唸出保管號碼，這表示親切與確實。

對遺失收條的客人，為慎重計，在登記簿上紀錄其姓名、住址，請簽名後方能歸還。又到下班時間尚未來領的保管物，應移交給日夜值班職員或按公司的規定辦理。

第十二節 電話總機

電話總機人員是以語音來服務顧客，故多以聲音清晰柔美的小姐居多；有時僅僅從電話的應對態度，或多或少可以瞭解該旅館之禮貌如何，由於其與旅客接觸頻繁，故其服務之良否，將直接影響到旅館業務之興衰，因此服務人員之訓練，乃是極其重要的。

對於講話中插撥的電話，應告訴他：「對不起，正在講話中，請等一下。」但若等太久了，對方尚未講完。此時應再請他等一下，或等會兒再撥來。

外線來的請接幾號室的電話，若接上該室電話卻沒回答，此時總機應告訴外線：「幾號室沒有人回答。」以聽候客人的回話或進一步的吩咐，不可斷然地說：「不在，出去了。」使他感到有話吩咐也無從道出，最好說：

「房間裡沒有回答，現在我將電話轉到櫃檯再找找看，請稍等一下。」而將線路交與櫃檯，確定不在時由櫃檯代為紀錄留言。

總機更重要的責任是早晨叫醒（Morning Call），客人要求早晨叫醒之時刻應記入一定名冊中（此名冊多數是時間底下記入房間號碼、姓名，待客人起床後就以斜線劃掉）到那時間以電話叫醒。但當客人從房間打電話來要求翌晨叫醒時，應清楚地反覆時間："412 at 7:30......Good night, sir"，以確定雙方皆無錯誤。早晨叫醒時道 "Good morning, Mr. Smith its 7:30"（早安！現在是X點X刻了），如果叫了幾次亦不醒時，須叫服務員到房間請他起床，服務員去房間時，先輕叩其門，若仍無回答，再以通用鑰匙進入房間輕輕叫醒，早晨叫醒一事，務求正確、徹底。直至客人確已起床，總機之責任才能解除。

早晨叫醒之外，有時客人在夜間住宿，精神疲倦，想休息午睡，但因另有重要會議，故請總機小姐到時叫醒或提醒，千萬不可疏忽或遺忘。

有時客人需要充分休息或某種原因吩咐總機幾點到幾點不接電話，於此時間內若有外來電話，總機應告以該客人不在，請他於幾點再打來或請留信息。

新任接線員須知

新接線員到達工作崗位使用交換機，應首先明瞭並熟記下列各種常識：

1.這座交換機的外線若干條，和它的號碼。

2.分線若干條,和旅館所有各部的電話號碼。

3.熟記經理及各部主管的電話號碼,及全體員工之姓名。

4.旅客的姓名及其房間號碼。

5.記住旅館特約醫生的地址及電話號碼,以便隨時聯絡。

6.一遇火警應即先行電話通知經理或代理人,然後遵行其指示,再行轉達各有關部門採取行動。

7.在接班人未到達前不得離開。

8.這種繁重工作,需要極大的耐性和正確性,在困難之環境下,還要彬彬有禮,具有熱忱和溫和的態度,假使沒有這種修養,就不配擔任這種工作。

第十三節　工商服務

由於工商活動日趨蓬勃活絡,旅館為配合時代潮流與實際需要,同時也為了要增加服務項目與營業收入,紛紛設立「商務服務中心」或「工商服務專櫃」或「商業人士沙龍」或「企業名士聯絡中心」等,其名稱雖不勝枚舉,但主要目的是要提供商談的會議室、會客廳、圖書室或辦公室,並供應各種工商目錄、市內資料、安排工廠參觀預約機票或預約商談,並備有雜誌、報刊、字典、各種辦公器具,如打字機、計算機、電報傳機、錄音機或秘書、翻譯人員等可說應有盡有。

有的旅館為廣大服務範圍,特別指定一樓專供商業活動之用,並免費供應茶點及飲料以樹立服務之特殊風格。有的旅館在會員俱樂部內專設服務中心或在大廳內指定一處以為服務商客。

第十四節 休閒娛樂服務

　　有鑑於休閒活動的需求正在急遽的增加，許多現代化旅館紛紛設立健身中心，設備齊全，有游泳池、三溫暖、蒸氣房沐浴池、按摩服務、有氧舞蹈、SPA等設施，提供住客及市區消費者能享受舒適的休閒活動。

第**6**章

旅客遷出的手續

第一節　行李服務員的工作

　　旅客在動身之前，通常使用電話先通知行李服務員或通知櫃檯要遷出的時間。櫃檯若接到旅客要遷出的通知，就應轉告服務員。服務員離開崗位要到旅客房間之前，先在旅客的遷出紀錄寫上客人房間號碼，以及服務員的號碼和時間，然後再去旅客房間報到，服務員帶旅客的行李陪同旅客到櫃檯付款時，並將行李件數記載在旅客遷出紀錄內，作為日後之參考。往往房客在前一天晚上付清欠款時，手續亦同，但必須詢問客人是否有其他消費。

第二節　結帳

　　旅客的帳目通常是在遷出時，在櫃檯付款處結帳，如果旅客居住的時間超過一星期時，櫃檯的收款員，每星期應向旅客提示帳單通知付款。換句話說，觀光旅館的帳目，應每一個禮拜結帳一次，以防拖欠過久而發生意外。

　　結帳的方式可分為記帳方式或是支付現金兩種。記帳就是由旅館簽收帳單以後，將此帳單轉入該客應收款帳內，以備日後向其本人或是有關單位請求付款。此種認帳方式包括使用信用卡，如AMEX之類。

　　現金收入除收取新台幣和外幣等貨幣之外，也包括本國和外國的支票在內，旅客得以支票付款，旅行支票則不必經主管認可，而直接由收款員認清該旅行支票之各種要件，並核對該旅客之身分證件，如護照或身分證而親自在旅行支票上簽字無誤後即可予接受。旅行支票最常用者有：American Express、First

National City Bank，其他亦有：Thomas Cook等。

　　住客也可利用房內電視螢幕辦理快速退房作業（IN-ROOM CHECK OUT）。

　　結帳員在結帳時，應向旅客詢問當天是否已用過早餐或打過長途電話或是否有其他欠帳情形，並查明未登帳之傳票內是否有該旅客之傳票。這些帳目弄清楚後，最後電話次數紀錄表上將該旅客之電話費用登在帳單，方可向旅客提示帳單。

　　旅客付清帳目後，收款員應向旅客道謝並請再度光顧，同時預祝旅途平安。

第三節　送客

　　行李服務員查知旅客付清帳目以後，就陪同旅客到飯店的大門處，並向司門員打招呼，司門員即招徠計程車或其他車輛，請旅客上車。行李服務員一面將行李搬到車上，而後司門員與行李員一起站在大門向旅客打招呼告別。

第四節　團體客之遷入與遷出手續

團體之遷入

1. 當團體包車到達旅館大門口時，行李服務員應立即赴前，搬下行李並將行李集中於大客廳指定的角落，以便核點件數。
2. 櫃檯接待員應與領隊核對團體名稱，以及訂房條件，是否

145

與原訂時相符，尤應注意單人房與雙人房之分配有無差錯。

3. 櫃檯應將房間號碼與鑰匙交與領隊，順便分配旅館卡片以便團員將自己的房號記錄於卡片上。

4. 行李員應按照配房單，將行李分別搬運到各團員的房間，此時最好會同領隊以免分配錯誤。

5. 餐廳領班或主任應與領隊接洽有關用餐時間、人數、餐桌之安排，以及商定收取私人帳款之方式。

團體之遷出

1. 因某種原因團體超過遷出旅館時間，必須繼續利用房間時，應事先與櫃檯接洽如因客滿無法提供全部房間時，可指定幾個房間讓他們休息之用。

2. 離館前，領隊應事先告訴出納離開旅館之時間，以便出納員能隨時提出帳單，尤應注意個人帳款之收取，不得遺漏。

3. 團體帳目之支付方式有兩種，一種是領隊當地付現款，第二種是利用旅行社所開之服務憑證付帳。

4. 行李服務領班接到團體要遷出之通知，在出發前二十分鐘應將所有行李集中在樓下客廳，以便隨時等候出發。

5. 行李必須確認件數無誤後，始可搬到車上，尤應特別注意如有要個別行動之團員的行李不可混合。

6. 請領隊通知團員，務必將房間鑰匙交還櫃檯。

7. 如有洗衣物尚未洗好，應詢問領隊下一個停留地，以便轉送。

快速遷出表，見表6-1。

表 6-1　快速遷出表

1. No waiting in line
2. Itemized statement including all charges up to
   5 a.m. of departure day will be waiting in
   your message box by 7 a.m. on departure day.
3. Complete statement mailed to you within 72
   hours.

All you need is an honored credit card and the
Zipout Checkout form. Fill out the form and
have it validated at the Assistant Managers Desk
in the lobby before midnight the day prior to
your departure.

CREDIT CARDS HONORED:
American Express, Air Canada EnRoute Credit
Card, Hilton issued cards. Master Charge
(Master Card), Carte Blanche, Diner's Club, and
Visa (Bank Americard).

CREDIT CARD VALIDATION

THE NEW YORK HILTON'S
ZIPOUT CHECKOUT

DEPARTURE DATE _____

TIME：□5-7 A.M. □7-9 A.M. □9-11 A.M. □11A.M.-1P.M

ROOM NUMBER _____

This is the hotel's authority to check out my
room account. I agree that my liability for this
bill is not waived and I agree to be held
personally liable in the event the indicated
person or company fails to pay for any part or
full amount of these charges.

SIGNATURE

□Bill me through credit card □Bill me at indicated address.

Checkout will be automatic unless hotel is
advised of change in departure plans.

PLEASE PRINT:

NAME _____

_____

STREET _____

CITY _____

STATE _____   ZIP _____

第五節　帳務的處理

　　旅客結帳遷出以後，櫃檯的收款員就將旅客的帳單用打時機
打上旅客付帳時間。而後將帳單另為保存，以便夜間結帳核對之
用。

如果，旅客不以現金結帳而以簽帳遷出時，則將該帳單另行轉入該客之應收帳款。也就是說，晚上結帳時，將已付之帳單分爲兩種：一、現款結帳者；二、簽認轉入該旅客應收款者。

旅客在飯店內所發生的交易均變成房客應收帳款，房客應收帳款減去今日以現金結帳者，與簽認帳款者，再加上昨天的房客應收帳款即成爲今日的應收帳款。茲以數學公式表明之：

$$本日房客應收款＝昨日房客應收款＋本日各項收益＋本日各項發生應收帳款－已結清之應收帳款$$

帳單結清後，收款員應將旅客的登紀卡一併抽出，用打時機打上時間，以表示旅客確實離開的時間。然後收款員在房間情況控制盤按燈表示該旅客已離開，而後將資料卡送還櫃檯打字員，打字員接到登紀卡以後，就在該旅客的選入遷出紀錄簿上登紀各項有關資料，並將旅客資料標籤由房間控制盤抽出在標籤上蓋上遷出字樣，而後將標籤用氣送管送給總機，以便總機整理旅客資料之用（即通知總機該旅客已遷出之事實）。當然時下大都以電腦作業，來控制旅客的住宿活動。

第六節　櫃檯與訂房組的連繫

旅客遷出以後，原附在登紀卡之訂房資料卡應取下，並用打時機，在該卡之背後打上時間、日期，晚上結帳時或等第二天清晨時，就將已結帳遷出之訂房卡退回訂房員整理。訂房員接到該訂房卡之後，就查該旅客是否提前遷出或按期遷出。如果旅客是

提前遷出的話，就在訂房控制表上劃上提前遷出的日期，而後將已遷出之訂房卡按英文字母排列歸檔。每月分整理一本訂房卡，並按月分訂在一起，以便日後查對之用。

第七節 佣金問題

旅行社介紹之房客，通常由旅館給旅行社一成之佣金。在訂房卡亦應有註明佣金之成數，旅客遷入時，帳卡上備註欄就將佣金數目（即百分比）和旅行社名稱註明，旅客遷出以後，有佣金之訂房卡與帳單上註明有佣金者，核對無誤後在該旅客遷出的次日即應送給佣金整理員。佣金整理員就將其資料登入各旅行社佣金帳卡，佣金是根據佣金帳卡之資料按月結清一次。

佣金帳卡也可以當做旅行社的來往紀錄，所以，如果沒有佣金的訂房，雖經旅行社介紹，也要在佣金紀錄卡上做成紀錄。

第八節 櫃檯出納員作業程序

核對房價

接到自櫃檯接待員送來的旅客登紀卡、訂房單與住客帳單後，應即核對房價與打折扣之計算，是否正確，然後簽名於旅館登紀卡上，以示負責，並將這些資料按住客房號分別插入於帳單檔案中。

149

按傳票打入客人帳單

接到自各餐廳、酒吧送來之房客所簽名之傳票後，應按傳票上之房號抽出登紀卡，核對傳票上之簽名與登紀卡上之簽名是否相符，然後抽出該房客之帳單，根據傳票上之金額，以專用的計帳機打入在帳單上，以便房客可隨時知道他欠飯店的總額是多少。出納員花費在打傳票的時間可說占上班時間的一半以上。如稍為粗心大意，誤打入他客帳戶或各餐廳、酒吧人員，延遲送來傳票，而客人已經結帳遷出時，就會發生漏帳的情形。

對帳

各餐廳與酒吧的出納人員，不論在日間或夜間下班前，須先來櫃檯與計帳機對帳，總數相符合後，始可下班，不符時，櫃檯出納員要找出發生錯誤的原因。

結帳

房客要結帳遷出時，出納先向其收回房間的鎖匙。根據房號出示其帳單，經其核對無誤後，按帳單金額收現，並在該戶帳單上用記帳機打上PAID後，黃卡存查、白卡連同各種原始憑證交給住客。房客要求簽帳時，可憑本身的工作經驗，對方的信用，訂房單的資料，決定接受與否或向出納主任請示。並要求房客在帳卡（白卡）上簽帳。簽帳後把訂房單及帳單（聯同發票）留存，而把旅客登紀卡抽出先打上結帳時間然後送給櫃檯打字員。至於旅行社團體，大部分以簽帳方式行之，故只須收取客人的個別費用如酒費、洗衣費或其他費用就可。

兌換外幣

兌換外幣，另由專人負責，但有時公司採取精簡政策，也可由出納員兼任，應按銀行官價兌換，先寫三聯式的水單，一張給客人，一張給台灣銀行，一張留存備查。

編製報表

夜班出納員，應查對每一住客帳單無錯誤後，登錄房價，製作平衡表。在清晨二點，等各餐廳、酒吧打烊結帳，並與櫃檯接待員的當日房間總收入數與計算機的數字，對帳相符後，著手編現金報表、現住旅客負債表與日報表（平衡表）。夜班稽核人員必須注意平衡表上的數字與下列各報表是否相符：客房收入日報、客房折讓明細表、現金收支表、現金收支明細表、外帳清單、餐飲營業日報、洗衣日報、長途電話計費日報、市內電話計費日報、電報計費日報等。

交接班

必須製作現金收支表二份，一份送夜班稽核人員查對，一份作為解繳現金之憑證；現金部分應連同現金收支表裝入繳款袋，密封存入專用鐵櫃，另填現金收支明細表一份交由夜班稽查人員查對。

D卡（平衡表）說明

D卡說明，見表6-2。
ROOM：指房間的租金收入。
Service Charge（服務費）：指明文規定的一成服務費，這些收入，原則上是不打折扣，有些小型旅館，則和房租同樣給折扣。

表 6-2　平衡表

D-NIGHT AUDITORS MACHINE BALANCE NO.

DATE

	Date Trans, symbol	Net Total	Correction	Mach. Totals
Room				
Service Charge				
Chinese Rest				
Dining Room				
Coffee Shop				
Room Service				
Night Club				
Cocktail Lounge				
Laundry				
Phone				
Miscellaneous				
Transfer Charge				
Paidout				
TOTAL DEBITS				
Transfer credit				
Adjustment				
Paid				
TOTAL CREDITS				
Net. Difference				
Open Dr. Balance				
Net outstanding				
Total Mch, Dr. Balance				
Less Mch Cr. Bal				
Net Outstanding				
CORRECTIONS				

Form203　(62.10.2,000)

目前，我國明文規定，服務費不僅要繳營業稅，尚須繳付印花稅。至於客人因個人的特別服務所給小費，不算在內。

Chinese Rest、Dining Room、Coffee Shop、Room Service、Night Club及Cocktail Lounge：皆是餐飲收人，各餐廳均派有出納人員，處理收款及開列發票，應將所有現金及簽帳於結帳後，作成報表，全部送往櫃檯會計處。特須注意的，就是各單位的收入，與廚房及前檯會計收入，必須一致。若有差錯，則須詳查至符合為止。會計人員應注意各部門服務費及稅金，是有所不同的。

Laundry（洗衣部）：不對外營業的部門，只對住客營業及負責餐飲部所需毛巾、桌巾……，還有房管中心的一切棉織品、員工制服，提供服務。服務員把客人衣服作成清單（洗衣單），連同衣服送至洗衣部，由洗衣部人員核對件數，填寫價格，送到前檯會計登帳。當然，規模大到足夠應付自己飯店有餘時，亦可向外營業。

Phone（電話）：可分長途和市內兩種，根據總機送來傳票而入帳。每天結帳時，長途電話必須核對。市內電話，有的優待客人，有的按實際使用次數收取。

Miscellaneous（雜項收入）：指營業外的一切收入，包括電報費的手續費、租金或飛機票、火車票代購佣金等，此項收入必須要有良善的控制制度。

Transfer Charge（轉帳收入）：前檯登帳有所錯誤時才使用的一種相對科目。

Paid Out（墊款、代支）：憑墊付款條，方能支付，支付時，必須核對房客的簽字、房間號碼。數額稍大時，必須呈請上司簽字，方可支付，否則由會計人員自己負全責。

Transfer Credit（轉帳支出）：與轉帳收入相對之科目，客人的

帳由旅行社或他人代簽，或房客以外的客人所簽的帳，每晚用 Transfer Credit轉到應收帳款，或科目登紀有所錯誤時，可利用此科目。

Adjustment（折扣）：必須填寫折扣單，呈請上司核准，並須有客人在折扣單上簽字為證。往往客人以普通身分CHECK IN，直到CHECK OUT時，才表明身分，經主管簽證後，即給特別折扣時用adjustment。

Paid：Paid－Paid Out＝今日現金淨額。會計人員收到房客交來的現金時，隨時登入該客之帳卡。

Open Dr. Balance：前日餘額。

Net Outstanding：今日淨額。

Total Mch. Dr. Balance：借方餘額。

Less Mch Cr. Bal.：減貸方餘額。

Net Outstanding：淨額（包括更正項目）。

Correction：此欄表示每項更正數字和總和。

第九節　夜班接待員之職務

　　夜間接待員之工作除與日間接待員的工作大致相同之外，還須負責辦理房租收入的核算及整理有關房間出租之統計資料。

　　房租的收入，櫃檯的出納員在結帳時，已有一個確定的數目，但是為了避免錯誤起見，接待員並不根據旅客帳單的資料做統計而係由客房情況控制盤上抄錄旅客房租等有關資料，將其登錄在客房收入日報表（DAILY ROOM REVENUE REPORT）（見表6-3），實際工作上，接待員從旅客進出登紀簿的遷出紀錄資料，按其房間號碼，在昨日的日報表上用鉛筆劃去各該有相當房

表 6-3 客房收入日報表 DAILY ROOM REVENUE REPORT

COOF
T：TWIN ROOM
S：MCL ROOM
STU：STUDIO ROOM
DM：LGE DRL BED ROOM
DS：SGL SMECIAL ROOM
P：POOL SIDE ROOM
SU：TWO ROOM SEITE
STSS：SPICIAL SAITE

Room No	Type	NO of Guest M	NO of Guest F	Rate	Nat.	Room No	Type	NO of Guest M	NO of Guest F	Rate	Nat.
		10th Floor						11th Floor			
1001	DB			700		1101	DB			700	
1002	SU			1800		1102	SU			2500	
1003	Stu			700		1003	Stu			700	
1005	DB			700		1106	DB			700	
1006	SU			1800		1007	DB			700	
1007	DR			700		1109	DB			700	
1009	DB			700		1119	SU			2500	
1010	SU			1800		1110	DB			700	
1011	T			700		1111	SS			3500	
1014	DB			1800		1114	DS			770	
1018	SU			1800		1122	ST			770	
1022	SU			700		1123	SS			1800	
1023	T			700		1127	T			2700	
1027	DS			1800		1128	T			770	
1028	ST			2700		1131	T			880	
1031	SS			770		1132	T			770	
1032	T			880		1133	T			770	
1033	T			770		1134	T			770	
1034	T			770		1135	T			770	
1035	T			770		1136	T			770	
1036	T			770		1137	T			770	
1037	T			770		1138	T			770	
1038	T			770		1139	T			800	
1039	T			770		1140	T			770	
1040	T			800		1141	T			800	
1041	T			770		1143	T			800	
1043	T			800							
27				28650		25				28150	

No. of Guest			
Nationality	M	F	Total
A Africe			
A U Aussralia			
A R Argentins			
A S Austria			
B British			
B R Brazil			
C China			
C A Canada			
F France			
G Germany			
I India			
I N Indonesia			
I T Itals			
J Japan			
K Korea			
M Malsysia			
P H Philippines			
S Spain			
S W Switzerland			
T Thailand			
T U Turkey			
U S U.S.A.			
V Vietnam			
O A Other Asian			
O E Other Europ			
O All Others			
TOTAL			

U.S. ARMY	
CREW	
CREW	
CREW	
CREW	

| Short Stay | NT$ | RM. |
| Over Time | NT$ | RM. |

No. of Guest	M	F	Total
Arrival			
Departure			
Increase Decrease			

Total ROOMS285		RM.	%
Total Bed Cap.509		PER.	%
Room Gross Receipts236.330			%
Average Per Room Sales 829.23		NT$	
Average Sales Per Person 164.30		NT$	

To Date, This Month; NT$
Last Year To Date: NT$

總經理	經理	副襄理	主任	出納	經辦員

COMPLIMENTARY

Room	N.
Room	N.
Room	N.
Room	N.
Room	N.
Room	N.
Room	N.

GROUPS & TOURS

NT$	RS	PER
NT$	RS	PER
NT$	RS	PER
NT$	RS	PER
NT$	RS	PER
NT$	RS	PER
NT$	RS	PER

155

號之房租部分，等到全劃完以後，將昨日報表未劃去部分，抄錄在今天的報表上，而後將今天遷入的旅客房租資料抄進今天的報表上，這樣便完成了大致的工作。等到這些資料全部做完以後，將今天的報表拿到房間情況控制盤前面，將兩者資料互相核對，如果有錯誤應做適當之修正。

房租核對工作完成以後，將各房間房租加起來求得一房租總收入的總數。此數目字應該和出納員的房租收入總數相等，如有出入應詳查其原因，以便做適當的修正，使兩者之數目必須相同。

另一方面，旅客進出登紀簿也應做一結帳，也就是說，今天遷入的總房租收入減去今天遷出的房租數目，加上今天短期住客的房租收入再加上超時房客之房租收入，最後加上昨天的房租總數，就應該得到今天的房租總收入。此數字應和出納員的數目字和日報表上的房租收入數目字完全相同。如有不符，則應查出錯誤之原因，以便做適當之調整。

除了房租以外，在日報表應顯示旅客人數、國籍、性別的統計以及各種有關的比例，作爲日後做統計之參考。

櫃檯出納員的職務

JOB TITLE: CASHIER

Specific Job Duties:

Receives, sorts and posts charge slips in ledger.

Files charge slips.

Receives payment from guests.

Makes out receipted bills for guests.

Makes authorized disbursements for C. O. D. 's and similar items.

Cashes authorized checks for guests.

Cashes travelers checks, money orders and makes change.

Makes daily report to controller, showing amounts of cash received, disbursed and on-hand.

Receives and stores guests valvables in sefe or safe deposit boxes.

Makes out bills when guests check out.

Relieves switchboard operator.

Assists the room clerk during rush periods.

Turns cash over to the audit department.

Maintains the amount of cash needed in the cash drawer.

Calls housekeeper to report room numbers that have been vacated Informs dining room or switchboard operator of guests who have paid in advance for follow-up on meal and telephone call charges.

第7章

旅客信件的處理

第一節　已住進旅客的信件處理

　　櫃檯接到已住進旅客之信件時，如其信件為普通郵件時，收到信件後先使用打時機打上收件時間，並應在信封上註明該旅客之房間號碼，然後放入鑰匙箱內。等該旅客自己來取鑰匙時，順便將此信件交給旅客。如係掛號信件、限時掛號信件或電報等較為重要而時間性的信件，應即時登記於掛號信件登紀簿上，另附上通知書派專人送到旅客的房間內，放於電話機旁，以示慎重。

第二節　非房客的信件處理

　　凡接到信件後，應按其英文字次序分別整理，然後到訂房組查看訂房資料，該旅客將到達時間查出後，在信件上註明預定住店的日期，並在訂房卡備註欄寫明有信件。然後將信件按到達日期之先後，分類歸檔，每天清早，櫃檯接待員上班後應到郵件檔處，按日期抽出預備到達旅客之信件，附於訂房卡之下，等旅客到達旅館後，登紀時，順將此信件交給旅客，以示服務之周到。

　　至於沒有訂房的旅客的信件仍應照ABC之順序暫時保留七到十天。櫃檯接待員每天清早上班後應按當天預備進店之資料，查對此檔案。如發現有旅客的信件應將其抽出附在訂房卡之下面。當接待員查對此檔案時，如果發現郵件已置放十天以上者，則將其取出退回給原寄信人，此時並應做退件紀錄。

第三節 已遷出旅客的信件處理

　　如因旅客遷出後，留有轉送信件地址時，接待員應按其資料，將該信件送到該旅客處。轉送信件也應當另記錄於轉送信件卡（見表7-1），以備日後查詢之資料。

表 7-1　轉送信件卡

MAIL FORWARDING CARD

NOTE：（1）Hotel will not be responsible for and changes in address without written notice. Also forwarding address is good for only 30 days.

NOTE：（2）By postal regulations, we return oversea mails dy sea unless paid for air mail postage.

Room No. _____　　　Date _____

Name _____
　　　　Married lady should specify given name as well as husband's

Forward to _____
　　　　　　　　　　　Block letter's, please

City _____ State _____ Until _____

Then Forward to _____
　　　　　　　　　　　Block letter's, please

City_____　　　　　　　State _____

　　　　　Signature _____

夜間經理的職務

JOB TITLE: NIGHT MANAGER

Specific Job Duties:

Closes out and balances books at days end.

Sees that guests bills are ready for the following morning check-outs.

Rents and assigns rooms to late-arriving guests.

Assists late guests in registering.

Makes future room reservations.

Checks out guests.

Transmits and receives messages by phone.

Supervises work of night-shift employees.

Adjusts guests complaints.

Checks on room accunts paid in advance to post any additional charges.

Audits restaurant report.

Locates a medical doctor when needed.

第8章

旅館會計

第一節 旅館會計概說

旅館事業在我國是一種新興的企業，所以迄未有一定的旅館會計處理基準可資遵循。目前各旅館所採用的會計制度，只是將一般商業會計制度略加修改應用而已，並沒有將該業的特質表現在一個完整的會計制度上面。會計的目的在報告一定期間之財務狀況並據以分析其經營得失，以爲企業主持人將來改善之參考。因此會計制度之擬定，必須針對企業的特質，經此制度規定的處理程序，方能在簡速明確之條件下產生會計報告。而根據明確之會計報告，方能作正確的分析與預測。

近年來旅館事業欣欣向榮，筆者願在此強調旅館會計的重要性，盼望以此提起同業的興趣與重視，進而作更進一步的研究。

何謂旅館會計？

旅館會計爲近代企業會計的一個專門範疇，它與任何其他企業在處理會計事務時一樣，應遵守會計的基準或原則去處理旅館企業及其商業行爲的特殊會計。

旅館企業的利害關係者，有投資者、經營者、顧客債務者、債權者、從業人員、監察人、有關行政管理人員等，利害關係有共同者、有相異者，更有對立者，因此每一家旅館，所要求的重點亦須視其所偏重於安全性、收益性、經濟性或確實性等，各種不同的方向而有所不同。然而眞正的企業會計，必須能夠適應於各種不同利害關係者的需要，才能稱爲完整的制度。

旅館會計的三大功能

（一）管理的功能

經營者應該經常提供各種數字的資料以便能由數值、經營、價值、法律信用等各方面加以管理及控制，換言之，應該把握旅館經營活動的數字然後加以分析或以其收益性與其他行業或同業相比較，或確立預算與收入的目標，加以財務管理及成本管理，並測定其生產性以為控制費用，加強推廣，最後達到增加利潤，使企業有健全的發展。

（二）保全的功能

債權者行使權利，債務者履行義務，以及旅館在經營一切商業交易及訂立契約等行為時，必須能夠確保無誤，俾使日常的經營活動進行迅速。另一方面更要防止違法、不當、不正，或謬誤的發生，以免減損財產或資本，換言之，就是要達成企業會計原有的目的及任務。所以必須將經營活動保持有系統的、連貫性的完整紀錄並隨時加以核查。

（三）報告的功能

對本企業有關的股東、經營者、內外監察人、稅務機關要提供正確、明瞭的企業活動紀錄及報告。

為要達成上述的主要功能，非有完整的會計手續不可，而這些手續及實務就是所謂「旅館會計」。

旅館會計的歷史

一九二○年美國的經濟由於私人企業的興旺，促使許多旅館茁旺發展。其後隨著旅館產業規模漫無邊際的擴大，記錄企業活動的資料也跟著繁雜起來。不但賦予旅館企業對社會公共福利所

肩負的責任,而且從事旅館企業的從業人員也逐日增多。結果企業主爲了顧及業績要求正確的財務報告便成爲絕對需要的工具。有鑑於此,紐約旅館協會乃於一九二五年召集各界專家成立所謂「旅館會計準則制訂委員會」,目的在於研討如何確立一定的旅館會計準則,以便能據此來處理會計事務及手續。經過不斷的研討結果,終於在一九二八年,由康奈爾大學德斯教授及荷華士會計師兩人共同出版了所謂旅館會計的聖經《旅館會計》一書,同時隨著會計處理的機械化的進步也感到需要一套新穎的會計制度去處理迅速的會計事務。

另一方面也產生了餐旅專業的公認會計師,如著名的LK荷華士,荷華士公司及哈里斯、卡福斯塔公司等,均爲處理會計事務的先驅。

他方面美國的NCR公司、IBM公司、瑞典的SWEDA公司等不但將旅館會計機械化,並且採用電子計算機處理會計事務,而且訂出了許多旅館經營管理所必須的各種統計指標的速算法,對於製定旅館會計的貢獻頗多。

旅館會計的特殊性

旅館所發生的交易繁雜眾多,包括各種不同的房租與收入,發生於各種不同場所及時間,但不管其付款方式爲現金或欠款,從交易的開始到結帳的階段,必須以最迅速的方法處理。

旅館一旦開業,全年無休終日營業,各部門所發生的交易,必須詳以記錄,除須計算材料成本之外,更重要的是住客的帳目總計,必須與各部門的收入總計符合一致。

旅館必須選定一個時間,如半夜一時予以結帳並核查收入是否相符。同時對於隨時要遷出的旅客能立即提出結帳單請求付款。

　　旅客一進旅館就被安置在房間，隨後搬運行李、使用電話要求洗熨衣物、房內用餐、餐廳進食、酒吧飲酒、打電報、寄郵件等一連串的交易將在短時間內發生。

　　同時旅館方面也須登記住客姓名資料，開立旅客帳戶，並將旅客房號通知詢問台、總機等有關單位，而在各部門所發生的收入又必須很迅速地記錄在旅客帳戶內。

　　除住客外，又有當地的顧客利用餐廳、宴會場所、夜總會等發生交易此種帳款的處理與住客的會計處理方法又不同，所以確立內部收入核查制度甚為重要。

　　飲食部門的商品在生產過程中極容易耗損，因此對於餐飲數量、份量的核查與控制不得不特別注意。

　　旅館內所用陶器玻璃製品、銀器品、布巾類種類繁多，價值貴重，其會計處理另有特殊方法。

　　投資總額中資本支出所占比率甚高，約百分之八十以上投資在土地、房屋及各種設備，所以固定費用、固定資產構成比率相當高，反之總資本利益率及周轉率則較低。

　　折舊的處理必須慎重。折舊的處理在其他行業看起來不成為一項重大問題，但在旅館卻往往能左右其盈虧，所以其年限的估計是否恰當，影響至為鉅大。至於小件物品，如餐具、客用品等，數量繁多，不能比照一般財產出售、報損或報廢，所以不能適用一般的折舊辦法。

　　每日發生應收帳款，因營業性質特殊，應收帳款每天發生，住客的每日房租必須每日結算，但是當日總額結出後，如果住客仍未離去，翌日就成為應收帳款。

　　總之將以上的旅館特殊性加以應用於旅館會計制度內，而根據制度編造「營業報表」、「財產目錄」、「資產負債表」、「損益計算表」、「盈餘分配表」等財務分配表，以便明瞭企業的財務狀

167

況及經營成果，進而求出統計數值，加以比較分析後，做爲將來經營指針，控制預算，管制成本，以達企業的最終目的，增加利益。

第二節 顧客分戶帳會計

在旅館企業（Hotel Industry），其會計工作的重要性是不用再三強調的，如果旅館業主或其管理人員缺乏有關會計工作的知識和資料時，就如駕駛沒有羅盤的船隻一樣，大海中摸索，茫茫然無所適從。

旅館業的財務會計可劃分爲：顧客分戶帳會計處理（Guest ledger accounting）與總分類帳會計處理（General ledger accounting）二大範圍。

顧客分戶帳會計處理是將提供顧客各種服務的價款，按個人分送彙計，在任何時候都能夠立即請求顧客付款的獨特會計制度。又可分爲短期旅客（Transient Guest）與非住宿顧客（Non-resident Guest）的出納事務。其目的在於明確表示兩種顧客的個人借方金額（Charges）和貸方金額（Credits），以至於借貸差額──也就是應向顧客講求付款金額的結帳過程。

有關短期旅客的出納事務又稱爲櫃檯出納。總分類帳會計處理是有關旅館業的資產、負債、資本、收入、費用、損益乃至盈餘分配的會計事務，又稱爲後台（Back Office）會計，等於其他企業的企業會計，而其特色是爲符合旅館業經營活動的需要，設定適當會計科目予以分錄處理。

本節僅涉及顧客分戶帳會計之處理。

第三節　旅客到達紀錄

記錄客人的到達及出售房間的手續叫做「登紀」。

登紀有兩種方法：一種是用「登紀表」（Register Sheet），有活頁裝訂的，也有整本的。另一種叫「登紀卡」（Registration Card），是一張一張分開來登紀用的，不必裝訂。

「登紀表」：本表至少要包括：客人的姓名、住所、房間號碼及房租等四欄。由客人填寫姓名及住所，而由櫃檯接待員填寫房間號碼及房租。

其次，必須要有備註欄，以便記入客人的帳單編號，到達日、時間、遷出日、時間，或由何處來，往何處去等參考資料。但爲客人著想，不能設立太多的填寫欄，以節省時間及顧慮到客人的秘密。

「登紀卡」：現在大部分的旅館都採用這種方式，因爲它有下列種種好處：

一、可迅速完成登記手續。客人登記完畢後，該登記卡就轉到打字員那邊，打字員再根據卡內之登記事項，做成房客名單（Information Slip）四份，一份放入客房情況控制盤（Room Rack），一份送房客索引欄架（Information Rack），一份送去電話室，一份送櫃檯出納。視旅館的組織而有所不同，然後將登記卡送去櫃檯出納以便做成帳單，按照ABC房號的順序保留在出納的檔案內，直到顧客遷出爲止。

更效率化的方法是：根據登記卡的記載事項，作成房客名單四份的時候，事前將Slip附著於帳單左上方，這樣在打字的時候，自然也複寫到帳單上。如一次有很多人進館時，利用這種登記卡可同時登記很多人，不但節省時間，也可以提高處理事務的效率。

二、客人進館後，如因客滿或房間尚未騰出來的時候，可請客人將行李暫存於行李間。將行李寄存單（Check Card）附著於登記卡上，暫時在特定的地方保管這些登記卡。

三、因為登記卡由顧客填寫後，即分別加以處理，故可以保密，所以比較可以得到客人的詳細住址與資料。

四、可按ABC的順序或地區整理，並可直接當做房客資料用。因此可以提供資料去分析顧客的需要、市場的動向。

五、可以利用打卡鐘，記明時間，以為法律之根據。如登記後客人臨時變卦，不住時也可以印上DNS（Did Not Stay）的記號，表示沒有住宿。

第四節 遷出旅館紀錄

客人要遷出前在出納付款後，出納員即可與櫃檯接待員聯絡。聯絡方式有三種：一、出納員將保存在該處客人的登記卡抽出後，蓋上「付款完畢」及「遷出的時間」後，交給櫃檯接待員；二、在「遷出登記簿」上將遷出的客人姓名、房號及遷出時間登記後，送給櫃檯接待員；三、每當客人遷出後，做成Departure slip記入姓名及房號後與櫃檯接待員聯絡。

接到出納員的聯絡後，接待員就將Room Rack內的Information Slip斜倒著擺在那裡（Flag）或將它（Fold Over）折成一半，一面聯絡櫃檯、客房管理單位及總機室：告訴客人已遷出的事實。

也有其他的聯絡方式，有的以按電鈕聯絡，有的使用電話或氣送管聯絡。大部分使用電氣點滅的方式，由櫃檯與客房管理單位聯絡。相反地，如果客房單位在房間清掃後，也可以同樣方式

與櫃檯聯絡。此時，櫃檯接待員就可抽出原來斜放或折一半放在Room Rack的Information Slip，這樣表示這一個房間已經可以隨時再出售，目前已大部分改用電腦處理。

第五節 房租

旅館的遷出時間，依旅館的形態、特性及顧客動向、地點、交通工具之出發，到達時間之不同而有所異。有的規定上午十時，或下午六時、七時、八時等。但一般說起來，都市旅館都以中午爲準，而休閒旅館則以下午二時爲多。以二十四小時爲計算房租的時候，遷出時間也就是遷入時間，所以在超過遷出時間離館時，應收取超時費。比方說，規定正午爲遷出時間的旅館，如果住到下午三點時。應加收房租之三分之一，到了六點則爲二分之一，下午六時以後就得收取一天的房租了。

像這種特定事項，應在客人登記時予以說明清楚，免事後糾紛。

客人如因超過時間，仍要使用房間時，應事前通知櫃檯，否則如果下一次的顧客進來時，按照一般的法律判例及國際旅館協會的約款，應將房間給下一次預定進住的客人。

調換房間

經登記後住進客房的客人，因某種原因可能會要求調換房間（Room Change），或者要求將雙人房改爲單人房，或相反爲之，此時，爲期正確而迅速處理調換手續，通常使用房間調換單（Room Change Slip）。

處理調換房間或變更房租的櫃檯接待員，必須填寫兩張或三

171

張的房間調換單。即寫明客人的姓名、新舊房號、房租後分送客房管理部、詢問部、出納、電話總機室。正本存於櫃檯，翌日才送去稽核單位。接到調換單的各單位，要分別記載所必要的變更事項，並將房間的新號碼、房租等記載於客人的帳單上。

半天房租

有的客人在上午進住客房而住到下午因某種原因不過夜，在傍晚就離館。也有只需利用客房幾個小時的，因此有必要設立 Day Rate 及 Part Day Rate 兩種。所謂半日份房租，須視客人使用房間的長短而有為一天房租的四分之一、三分之一，或二分之一等。此種利用法以機場旅館較多，但須注意的是要註明付了全日房租的客人離館後。該房間曾被利用作休息的事實。這樣，夜間的櫃檯工作人員在做成當天的客房利用數（ROOM COUNT）時，始不致將這筆收入遺漏，而能算出正確的客房占用率。

特別房租

觀察客人的外表與神態才去決定房租的時代早已成過去了。具有公共性而有健全企業的大飯店，不應再存有這種念頭。同一房間應訂同一價格，但是在推銷技術上及商業習慣上來講，若干的伸縮性變動。是在所難免的。比方說，客人原定的房租是五百元，但當客人來時只有五百五十元的房間空下來。此時，為挽留住旅客，而價格又相差無幾，只好以五百五十元的房間當作五百元出售。但公司必須明確規定何種層級者才有權限去變更房租。在休閒性的旅館常以季節性的房租代替特別房租（SPECIAL RATE）。如有國際會議、大會、團體旅行等也可適用特別房租。

決定特別房租可分成下列幾個階段：一、訂房時決定者；二、登記時決定者；三、沒有訂房而進住的臨時客；四、事前公

布特別房租。

此時的會計處理要使用銷售調整單（Allowance Sheet）註明客人的姓名、房間號碼、特別房租的金額、理由以便確認而加以處理。

房租免費招待

對於名人、貴賓或同業者的重要人物，來住宿時，在旅館方面可酌情給特別價格或免費招待（COMPLIMENTARY ROOM）。此時必須在訂房簿、登記卡或Information Slip及帳單上等資料上，註明免費字樣。且在會計處理時應包括在Room Count之內。

但如果住進時已照普通房租收取，而以後再改為免費時，就以前項所述Allowance Sheet處理之。

遲延帳

係指住客離開旅館後，才將仕客帳單送到櫃檯出納，已經來不及向住客索取的帳款。為防止此類帳款的發生，住客在付帳時，出納員應請問住客有沒有在離開旅館之前，在館內任何部門簽帳，以便儘快將未收帳款結清。

如住客離館後，發現尚有未付款項時，應即按登記住址，送去請款單；如係少數金額又無法找出正確住址時，只好將它保留，待客人再來時，隨時抽出向客人收款，若經一年以上無法收回時，應呈報上級主管，以壞帳處理，如係老顧客，可暫時保留，俟其再度光臨時，再轉帳請款。

此種「遲延帳」（LATE CHARGE）的傳票上，應蓋上「L、C」或「A、D」之印章以資區別。

保留帳

有些顧客在離開旅館時,因其洗衣物尚未洗好。無法領回,可暫時保留,等下次再度來館時,再請款,此項帳款可暫列入「保留帳」(HOLD LAUNDRY)內,等下次顧客來時,由「保留帳」轉入「住宿客帳」內,以便向顧客請款。

逃帳

如有不經過付帳即離館的住客,應先查看其人是否在本店設有信用簽帳戶,如果沒有,即可認為故意逃帳(SKIP ACCOUNT)。那麼應查看登記卡之住址,按址送去請款單,如再無法收回時,可訴之於法或委託代收機構收款。

似此情形,應在警察機關備案,同時為免同業受害,應請旅館協會通知各飯店提高警覺,以防類似情形。

為防止逃帳之發生,對行李少的住客,旅館可以要求先付保證金。如遇逃帳,旅客在房內留有物件。旅館有權處分,以便抵付房租。

住宿客帳的轉帳

住宿客帳的轉帳(TRANSTER CHARGE)即將A客帳轉入B客帳之意。比方,A與B兩人分別進館。並各住一房,分別設立帳戶,但A因有事必須先行離館,故告訴出納,將A之帳款轉入B帳內,而由B付款。遇此情形時,必須由出納事先得到B客的確實承諾始可為之。

第六節　客房收入報表

　　下午十一時，也就將近午夜的時候，只有繼續住到明天的客人之名單，仍然擺放在Room Rack，而他們的房租就被計算到客人的帳單內。因為Room Rack上的Slip已寫明著房租，所以只要根據這些資料就可以製作當晚客房收入報表（ROOM COUNT SHEET）。比方說，九月一日的客房總收入，實際上就是在九月一日與九月二日之間的夜晚被使用的房間總收入。所賣出的房間數、住宿人數及房租收入，就被記錄到Room Count Sheet上面。因為此表的格式正好與Room Rack的排列法一模一樣，所以只要按照Rack的情形抄錄在表上即可 。

　　晚上十二點後，夜班的櫃檯工作人員就要開始作成Room Count Sheet，但往往在製表當中，即十二點前後，有臨時進住的客人，所以應該規定一個時間作結束。比方說，四時以前遷入的可以算做前一日的收入，但四時以後就算做當天的收入。

　　該表由櫃檯工作人員製成後必須與出納的顧客帳單紀錄核對。

　　要製作正確的Room Count Sheet，必須櫃檯人員由客人進館登記開始後的一連串手續紀錄正確。尤應注意Room Rack上面的紀錄不可弄錯。夜班櫃檯工作人員上班後第一件任務也就是要把所有的登記、房間的更換、遷出等詳情重新核對一遍，看看Rack上的Slip有無弄錯，顧客的帳單數目應與RACK上的Slip數一致。

訂房主任的職務

JOB TITLE: RESERVATION MANAGER

Specific Job Duties:

Receives room reservation requests.

Sees that pertinent room request information is typed on reservation card.

Keeps reservations filed according to date room is desired.

Acknowledges requests for room reservations and confirms room reservation requests.

Forwards current room reservation cards to room clerk.

Maintains a gusest-history file.

Determines, in advance, the guest turnover to assure maximum use of rooms.

Informs chef and management of number of guests in advance of dates.

Refers customers to other hotels or motels when no rooms are available.

Adjusts complaints concerning reservations.

Forwards to prospective guests room accommodation and price information upon request.

Prepares a weekly forecast report regarding number of incoming and outgoing guests.

Receives all deposits on rooms, records on reservations and turn over to the cashier.

Assigns rooms based on location, rates and size.

Sees that requests for brochures, rates, etc., are sent out when requested.

表 8-1　夜間日報表

D.H.-DEADHEAD
COMP.-COMPLIMENTARY
COO-OUT OF ORDER
DON'T INCLUDE "PART DAYS"

NIGHT CLERKS DAILY REPORT OF ROOM EARNINGS

13-18 Flr
Floor
DATE:_____

ROOM NO. & TYPE		POTENTIAL SGL	POTENTIAL DBL	NO. OF GUEST	ACTUAL EARNING	COMMENT	DIFFERENCE	NATURE
1	S	912						
2	D	1,178	1,292					
3	D	1,178	1,292					
4	D	1,178	1,292					
5	D	1,178	1,292					
6	T	1,178	1,292					
7	T	1,178	1,292					
8	T	1,178	1,292					
9	T	1,178	1,292					
10	T	1,178	1,292					
11	T	1,178	1,292					
12	T	1,178	1,292					
13	SR	1,178	1,292					
14	T	1,178	1,292					
15	D	1,178	1,292					
16	D	1,178	1,292					
17	ST	2,850						
18	T	1,178	1,292					
19	T	1,178	1,292					
20	T	1,178	1,292					
21	T	1,178	1,292					
22	T	1,178	1,292					
23	ST	2,850						
24	S	1,178	1,292					
25	D	1,178	1,292					
26	D	1,178	1,292					
27	D	1,178	1,292					
28	D	1,178	1,292					
29	S	912						
30	T	1.178	1,292					
31	T	1.178	1,292					
32	T	1.178	1,292					
33	D	1.178	1,292					
34	D	1.178	1,292					
TOTAL EARNING							POTENTIAL DIFFERENCE	

Complimentary：　　　　　Total Sgls：　　　　　Paying
House Use：　　　　　　　Total Dbls：　　　　　Guest Count.
Out Of Ordor：　　　　　Total Rented：
Vacant：　　　　　　　　Permanent：
Total：

Special Rates	Rooms	Earnings Potential	Actoal	Difference	Special Rates	Rooms	Earnings Potential	Actual	Difference
Groups					Bis.				
Upgrade					T/A				
C/Rate					A/L.				
F/Plan					Sp. Disc.				

ROM-11

第七節 夜班櫃檯報告表與客房使用報告表

夜班櫃檯報告表（NIGHT CLERK'S SUMMARY）（見表8-2）的主要用途是會計部門尚未作成正式的收入日計表以前，爲先使經理儘快瞭解前一晚的營業情況而做的，故除金錢收受情形外，還包括統計與分析項目。

因此本表至少必須包括下列七項數值。雖然各個旅館有各自的表格，但用途與原則都是一樣的。

客房利用率（ROOM OCCUPANCY）：客房出售總數÷客房總數。

床鋪利用率（BED OCCUPANCY）：住客總數÷床鋪總數。

收入百分比（PERCENT INCOME）：當日客房總收入÷客滿時之總收入。

客房平均收入（AVERAGE ROOM RATE）：客房總收入÷客房總數。

出售客房平均收入（AVERAGE RATE PER OCCUPIED ROOM）：客房總收入÷出售客房總數。

雙人床利用率（PERCENT OF DOUBLE OCCUPANCY）：本日住客總人數－房間出售總數÷房間出售總數。

住客每一人平均房租（AVERAGE RATE PER GUEST）：客房總收入÷住客總人數。

表 8-2 夜班櫃檯報告表

NIGHT CLERK'S SUMMARY

REPORT FOR DAY_____ DATE_____ 19____

FLOORS	TOTAL ROOMS	VACANT	CCO	SGL.	DBL.	COMP.	PERM.	OFF EMPLD.	RENTED	GUEST COUNT.	POTENTIAL	ACTUAL	DIFFERENCE	SUMMARY
														%OCC.
														%DBL.OCC.
														CANCEL
5	34													No. | %
6	34													NO SHOW
7	34													No. | %
8	34													ROOMS GUEST
9	34													ARRIVALS
10	32													|
11	32													DEPARTURES
12	34													|
13	34													COUNTED DEPARTURE
14	34													
15	34													DATE NUMBER
16	34													
17	34													
18	34													FOR
19	23													FOR
20	23													FOR
Total	518													
%	100%										100%	%	%	

REVENUE   AUERAGE

TOTAL PERMANENT

DAY USE TOTAL:
REVENUE
GUEST AVGE.
ROOM AVGE.

SAME DAY LAST YEAR

FORECAST FOR
STARTING RES.
EST NO SHOW
NET RES.
EST. WALK-IN

DIFFERENCE IN EARNINGS BY CATEGORY				
TYPE	ROOMS	POTENTIAL	ACTUAL	DIFFERENCE
FAM PLAN				
BUSINESS SERVICE				
TRAVEL AGENT				
AIRLINES PERS.				
PERMANENT				
UPGRADE				
AIRLINE CREW				
CONFIRMED RATE				
SPECIAL DISC.				
SUB TOTAL				
GROUPS				
TOTAL				

EST ARRIVAL

STARTING VAC.

EST. DEPARTURES

EST. VACANT

NEWS PAPERS ORDERED

_____ _____
Assistant Manager   Night Room Clerk

ROM-10

為期櫃檯會計紀錄的正確性，每天由房務管理部將客房使用情形報告書（HOUSE KEEPERS REPORT）提供給櫃檯。以便與ROOM RACK核對。

這是大型旅館的情形。

至於中小型旅館則將客房使用報告書於第二天送給會計部，以便與客房收入報告表核對。

另一種作法是由櫃檯及客房管理部分別將各自的報告書送給會計室或（稽查室）核對，如發現有錯誤時，再查明原因。因為客房使用報告書的主要目的是要防止故意漏報房租的收入或逃帳的不法行為。旅館的房租通常有下列五種：

一、COMMERCIAL RATE：就是旅館與某一公司之間協定的房租。

二、FLAT RATE：即旅館事前與團體協定之特別團體價。

三、DAY RATE（詳見房租之說明）。

四、RUN OF THE HOUSE RATE：取旅館內最高與最低房租之平均價（套房除外）作為團體的價格。

五、RACK RATE：也就是現行旅館在價目表上公布出來的普通價格。

第八節　銷售收入的日常審核工作

收入審核室的工作

收入審核室的主要工作是要審核及統計前一天的收入及現金收入，因此前一天的各營業部門，所填「當日收入報告書」以及各種紀錄報告書必須按時送到審核室。

　　各營業部門所編成的收入紀錄，必須當天小結集中在櫃檯，然後於第二天連同「住客帳目核查試算表」、「今日遷出顧客帳目」、「轉帳表」、「櫃檯會計現金收支表」等送到收入審核室。同時夜間審核員要紀錄設置於各部門的「核查機器」及「現金登記機」的紀錄金額總數，以便編造各機器的紀錄表，連同機器內部所紀錄的紙條送去收入審核室。

　　客房部門也要將前一天所使用的房間數及床舖數報告書（即客房使用報告表）送往審核室。

　　各部門所使用的報告書、帳單及傳票必須印有聯號，由審核室妥爲保管，不得遺失。

　　帳單及傳票均按號碼順序使用，等到收回後即應核對號碼，以便確定是否有遺失、作廢或開立錯誤等情形。尤其重要的，如餐廳服務員的帳單及住客帳單，必須在發行總帳內留有號碼，以便彼此查對。

　　夜間審核員（Night Auditor）及收入審核員（Income Auditor）的主要不同工作內容爲：

　　夜間審核員的主要工作是要確定各部門所作成的收入報告書的帳款是否正確的轉記在住客的帳單內，並不是要查證紀錄在收入報告書上的數值本身。換言說，如發現櫃檯雖有傳票但收入報告書上並沒有記載，或相反地收入報告書已經有記載，即沒有傳票時，應即辦理訂正手續。只要傳票與各部門收入報告書的帳目總額符合，或住客帳單與核查試算表符合，夜間審核員已完成他的任務。然而收入審核員卻具有審核收入及現金收入的權限，並有義務督查夜間審核員的工作。

　　總而言之，收入審核員的工作內容爲：審核客房收入、審核餐食收入、審核飲料收入、審核其他營業部門的收入、檢查現金收入與住客帳單核查試算表、編造日計表（今日收入報告書）、收

入的統計及分析。

客房收入的審核

客房的收入審核係根據當天及前一天的Room Count Sheet、Register Card、Room Change Slip、House Keepers report、Departure Record及今日遷出住客帳單總帳等資料加以審核的，要嚴密審核的話，須先看當天遷入的登記卡有沒有遺失，而且前一天所使用的最後一張登記卡的號碼所接下來的就是今天的登記卡，然後核對，根據登記卡所製成的住客帳單之房租是否與Room count sheet今天到達的房號及人數（使用床數）相符。這樣不但可以知道遷入已登記的住客房租是否正確，同時也可以證實住客人數及使用床數及其種類。

客人雖已遷入，但Room count sheet上並沒有記錄房租，也沒有調換房間或沒有住進（DNS）的記號的話，可見住客已在當天遷出。所以必須查看是否已支付白天使用房租，更要查看前一天的遷出旅館的紀錄，以便證實有無stay over或沒有付款即離去的住客。最後將House Keeper report和Room count sheet核對，以便證實住客使用房間的正確數目、房租、人數及使用床數。

如果夜間櫃檯員或出納員兼任夜間審核員的職務者，那麼應該指定收入審核室的職員來做審核工作。最後再按照下列的公式去證實審核工作的準確性。

　　前一日客房總收入
　　＋今日到達的住客房租總收入
　　＋今日調換房間新的房租總收入
　　－今日遷出客人的房租總計
　　－今日調換房間舊的房租總收入
　　＝本日客房總收入

只要發現有任何錯誤，應即提出報告給營業單位的經理或副經理請他們調查，在大型的旅館，由於旅客出入頻繁Room Rack的指示燈雖然表示有人住宿，但房間還是空的，或相反地Room Rack是空房，但房間已有人住宿。所以審核員隨時要將這些錯誤修正過來，以便提高客房的利用率。

餐食收入的審核

餐食收入審核所依據的資料爲：「服務員簽名簿」、「服務員訂菜帳單」、「餐廳會計收入報告書」、「服務員訂菜帳單作廢紀錄簿」。如使用計算機及檢查制度的話。更需要審核「紀錄備忘單」、「紙條」等。所以上述紀錄、帳單、報告書，必須於翌日早晨送去收入審核室供審查之用。

審核員先審查在餐廳或快餐廳所使用的「服務員訂菜帳單」有沒有遺失，是否使用妥當。亦即將所交回來的帳單，按各餐廳及服務員號碼，加以分類整理。然後檢查有沒有遺失，並將帳單號碼與「服務員簽名簿」核對。再將服務員訂菜帳單與該餐廳的今日收入報告書核對。然後將各餐廳餐別，即早餐、午餐、晚餐、宴會等個別的總計、小計與核查機器的總計以及餐廳會計的收銀計算機收入總計，互爲核對是否相符。

萬一服務員的帳單有遺失，即應追查服務員的責任。如果發現服務員已將現款交給餐廳會計，並持有帳單副本爲證明的話，應由餐廳會計負責。雖然遺失服務員帳單，但如果該單的金額已列在餐廳出納的今日收入報告書的話，那麼就應該與核查機器的紀錄再行核對，是否有錯誤，要是賒帳的話，應查看是否已轉記於顧客帳單內，但即使有核查制度，如果審核員與服務員共同勾結起來的話。就失去核查的作用，所以一旦遺失服務員帳單，應徹底追查責任。要想重新核對服務員帳單的計算是否正確，需要

很長的時間，故為節省時間，只要帳單的總計正確的轉記在餐廳會計報告書，同時該會計報告書的總計與核查機器的Register reading report相符合即可。除了上述的審核工作外，其次要做的是每二天或每一星期核對一次各餐食的價目是否正確地被紀錄在服務員的帳單內。至於宴會收入通常只將數量紀錄於宴會餐份控制單內（portion control sheet）。宴會的會計處理通常是先由宴會經理或領班證實出席人數，然後按照事前訂立的契約書，提出請款書，向主辦者請求支付餐食費用、花錢、樂隊費用及裝飾費用等一切費用。所以審核員只要將宴會餐份控制單內的數量與宴會帳單內的餐數互為核查是否相符即可。至於其他的雜費應與各部門送來的請款單核對是否金額相等。

宴會的收入既並不需要記載在餐廳出納收入報告書內，也不必記載於核查試算表（transcript）內。通常只記載於宴會收入帳冊內，所以審核員必須將宴會收人紀錄於核查試算表內，並加計於今日總收入內。

飲料收入的審核

與餐食同時供應的飲料可開出訂單Order slip向酒吧領取飲料，所以可以根據訂單審核。

審核酒吧的收入，只要把飲料的數量及每客份量加以嚴密控制，就可以知道收入的總額。但要得到正確的收入審查，則須視各旅館的酒吧會計制度而有所不同。

最好的控制法，是當酒吧會計員每次接收現款時，應將帳單放入加鎖的箱內，以免重複使用用過的帳單。賒賬的話，應即將帳單轉送櫃檯出納。第二天收入審核員取出箱內的帳單，加以總計。以便與收銀器的現金收入紀錄的總計，彼此核對是否相符。

如果酒吧沒有出納的話，可由配酒員兼任審核員的工作，而

出納員接到現款時，同時記載於收銀機內，然後編作今日飲料收入報告書。收入審核員只要核對報告書，帳單及核查員的紀錄單，就可完成審核的工作。

其他營業收入的審核

對於現金收入的審查只要將今日現金收入報告書與收銀機的紀錄互爲核對即可，但賒帳時，即使用帳單，爲防止帳單的遺失，在發行帳單時，應將帳單上的聯號紀錄下來。最後將現金收入與賒帳，分別紀錄於「今日收入報告書」上，然後送去收入審核室。審核員可以根據所收回的帳單，收入報告書及收銀器的紀錄，互爲核對即可。

如何審核及核對現金收入，核查試算表及應收帳款

查明各營業部門的收入後，下一步要分析總收入當中，有多少現金收入，有多少住客的賒帳款，及多少應收帳款，並以此審查現金收入與住客帳目核查試算表，並查出應收帳款的餘額，現金收入的審核，係根據各部出納送來的收入報告書及「現金收支報告書」及實際所收的現金報告書。

賒帳部分係比較各營業部門的收入報告書的賒帳總金額及記帳在試算表的賒帳總金額，是否相符，如發現有訂正記帳傳票的必要時，審核員應先訂正試算表帳內的帳目。然後通知櫃檯出納訂正住客帳單。

收入審核室應每天核對試算表有無錯誤，不但要查核每一天結轉下來的金額，而且也要核對結轉至翌日的金額是否正確。並且要將試算表的現金收入與櫃檯出納現金報告互爲比較是否符合。同時還要查看櫃檯出納的顧客應收帳款分類帳內的應收帳款是否正確，必須核對應收帳款的有關傳票，查看總計是否與今日

記帳的應收帳款總計相符。最後查看試算表上面的折扣金額，是否與折扣傳票相等，有沒有核准者的簽署。

日計表（收入日報表）

日常審核工作辦好之後，收入審核室應將各種收入的金額及收入統計數值，彙計於「日計表」以便提向負責人報告。一方面會計課要根據日計表的數字分錄於收入總帳。

上述日計表的內容依各旅館經營之需要，各有不同的形式，但主要的項目不外為當日各部門收人總計及客房與餐飲部門的統計數值。為經營者的參考資料，應將「月初至本日的收入累計」、「去年同年同月至同日的累計」，也就是所謂的「同期比較」列於表內以便互為比較對照參考。

收入統計及分析

日計表所報告每日的統計數值，對於營業者能立刻瞭解營業的動向，是一項刻不容緩寶貴的資料。同時可以據此確定推廣的方針，明瞭營業績效、市場變化、顧客動向及消費性向。因此收入審核室除審查日常的現金收入之外，仍要分析收入統計的數值以供各經營層級的參考之用。

Guest Rules

In order to make the visit of our guests a secure and pleasant one, this hotel has set the following rules for the use of our facilities in accordance with Article II of the General Conditions for Accommodation. When these rules are not observed, we may be obliged to refuse the continued occupancy of the room or the use of other facilities by the guest in accordance with Article 12 of the General Conditions. Please note that the guest may also be held liable for damage caused to the hotel by his non observance of the rules.

Particulars

1. Please do not use equipments for heating, cooking or ironing in the room.
2. please do not smoke at spots likely to cause a fire. (especially in bed)
3. When leaving the room, please be sure to lock the room door and bring the key with you.
4. When in the room or in bed, please lock the door from the inside and fasten the door chain. Please do not admit unknown visitors into the room and when in doubt. Please contact the Assistant Manager. (Dial 8 on your room telephone.)
5. Please do not invite visitors to your room without good reason.
6. Please do not bring into the hotel anything likely to cause annoyance to other guests. These would especially include dogs, cats, birds and other pets, things likely to cause bad odour or other things whose possession is prohibited by law.
7. Please do not engage in gambling behave in an indecorous manner or commit acts likely to cause annoyance to other guests, within the hotel.
8. Please do not use your room for business activities or for purposes other than to live in, without the approval of the hotel.
9. Please use the hotel equipments or fixtures only at their provided spots and for purposes designated for them. Also , please do not change the

arrangement of the room to any great extent.

10.Please do not distribute advertising or publicity materials or sell commodities within the hotel, without the approval of the management.

11.When signing for chits at the restaurants, bars etc.. please show your room key to the personnel on duty.

12.Articles left behind without note, will be disposed of in accordance with law.

13.Please pay your bill at the Front Cashier at the time of departure. For the convenience of the hotel, there may be other occasions when bills are presented to you for payment during your residence here but please pay them also.

14.Please avail yourself of the safe deposit box (free of charge) at the Front Cashier to keep your cash and valuables during your stay at this hotel. The hotel will not be held responsible for cash or valuables, lost or stolen, kept elsewhere.

第9章

房務管理

第一節　房務管理部的任務

　　房務管理的主要任務是要經常維修保養及整理改善房間的正常使用狀況，使它可以隨時出售，因此房間必須保持清潔、舒適、耀目而安全，尤其重要的是還要醞釀出友善的態度，提供懇切和藹的服務，使旅客立即產生賓至如歸的感覺。

房務管理主管具備條件

1.聰明、伶俐、機敏、自信及富有適當的幽默感。
2.組織能力、領導有力，懂得如何與員工協力合作的訣竅。
3.知道如何清潔、衛生知識，同時具有會計及裝飾的知識。
4.富有旺盛的研究心，不斷以他的想像力來改善他的工作。
5.懂得如何去獲得他的上級的尊重與信賴。

員工安全設施

　　為使員工能安心工作，並懂得如何工作，房務管理部應該具備有：一、一般工作安全守則；二、詳細的工作步驟與方法。
　　這樣不但可以保護員工的生命安全，同時又可以使工作進行順利，對「人」對「事」必須顧慮很周到。

一般工作安全守則

1.在工作中受傷時，應立即報告上司。
2.對你自己的工作要完全瞭解與掌握，而且還要知道如何去保護自身的安全，完成工作，如有疑問，應立即請教上司。
3.發現備用品或機械有故障或危險時，應即報告上司，如地

板破損、滑溜、梯階滑溜、燒毀之電燈、電線、漏電情形
或其他工具破損時亦應報告上司，意外事件之發生比率，
見表9-1。

4. 協助教導新進服務員如何去把工作做得正確及安全「預防
勝過任何補救」。

5. 在高處工作時，必須使用活動梯，絕不可使用其他代用
品，例如，椅、桌之類臨時充當梯子，以確保自身的安
全。

6. 工作時應穿著安全、舒服及視覺明顯的工作服及鞋子。

7. 使用腳的肌肉舉重，不可使用背的肌肉，保持背後挺直，
然後跪蹲在舉重物的前面，使用雙腳及雙手將物品筆直地
舉起。過重的物品必須請人協助，不可單獨搬運。

8. 未進入暗室以前，必須先開亮電燈。不可用潮濕的手扭開
電路的開關。

表 9-1　意外事件之發生比率表

員工受傷率			顧客受傷率	
	全飯店內發生比率	客房部發生率		
撞傷、切傷	28.0	35.6	滑倒	47.4
滑倒	15.6	32.4	不完善的器具	13.2
過度用力而損傷	12.9	28.4	食物	
燙傷	17.4	20.0	雜質	10.4
眼睛飛入東西	7.1	23.4	生病	2.0
玻璃或陶器碰傷	7.0	25.5	顛落	1.8
受工作工具碰傷	4.7	9.6	碰門	4.1
電梯受傷	3.8	3.4	被固定物碰傷	3.8
刀片受傷	1.7	96.3	電梯門	3.5
機械受傷	1.5	46.1	掉落物	2.6
其他	0.3	27.9	其他	11.2

9.絕不可使用赤手收拾破玻璃、破陶器、剃刀片或其他尖銳易刺的東西，必須使用掃帚或畚箕，垃圾桶之垃圾應倒於舊報紙上然後小心處理，絕不可赤手收入垃圾桶內。

10.水桶、擦布、掃帚或清潔工具等物應貯存於安全地方，不可把它隨便靠立於客廳、通道或階梯上，以致傷害別人。

11.使用真空吸塵器時，應注意其電線不可拌倒別人。

12.客房內發現有任何傢俱或備用品有所缺損時，應即報告上司，要詳查是否有任何破碎片。

13.要使用良好的工具以策安全，並提高工作效率。

14.上樓、下樓必須使用樓梯把手，不可跑步上下，經常注意腳步，如發現樓梯上有溜滑物。應即時除去，以保護同事之安全。

15.走廊通路不得置放礙物、破損碎片或器具，安全門不可有障礙物阻擋，而且隨時檢查以便隨時能夠打開。

16.架子上不可放置過重的物品。架子的物品必須離開天花板十八英吋。

17.員工衣櫃應保持清潔，衣櫃上不得置放箱盒或瓶罐等物。

18.不可隨地抽菸，不可亂丟菸蒂。

開夜床要點

開夜床要點（OPEN BED, NIGHT SET, TURN DOWN）如下：

1.拉上窗簾並攏。

2.開床，將床單疊好放在指定地點。

3.整理水杯、菸灰缸、垃圾桶並補充用品，更換毛巾。

4.送還客衣。

5.將空白早餐訂餐卡斜放在枕頭上，並放晚安卡、巧克力

糖。

6.留床頭櫃燈,其他關熄。

7.查對空房與紀錄表是否相符。

第二節 房務管理部主管的職務

　　房務主管(Housekeeper)其下設有副主管(Assist. H. K.)、領班(Floor supervisors)等。

房務主管的職務

1.監督及指導部屬、檢查房間及公共場所保養及清潔情形。

2.編制部屬之服務日程表、預算、工作報告、保養計畫。

3.接受顧客對房間內之不滿或建議事項及部屬之報告,作適切的判斷與處理。

4.訓練部屬在緊急時避難、訓練新進員工、召集部內會議。

5.確立方針及作業程序。

副主管的職務

1.輔助主管。

2.與主管計劃分配工作時間,俾使每日的工作得以順利進行。

3.移交事項的記載。

4.如發現客人有遺留品,設法儘速送還客人。

5.調查及請領工作上必需之備用品及消耗品。

6.房間內之設備故障、損壞時,即時聯絡有關部門儘速修補。

193

7.檢查部屬之儀容、服裝，指示當天的注意事項。

8.指導在緊急時如何教導客人疏散。

9.定期召開檢討會以便研究改善問題。

10.接受房客之不平，但處理時必須冷靜加以判斷，以免給房
　　客不愉快的印象。

領班的職務

1.必須瞭解自己負擔之層樓所有的事情。

2.檢查打掃完畢的房間，不完善的地方應糾正。

3.房間檢查報告填好後送去櫃檯，上午一次，下午一次，必
　要時可增加次數。

4.根據Arrival Card、Departure Card編制名單。

5.每月月底負責記錄布巾類、備用品的清單。

6.辦理房間消耗品的出庫。

7.向副主管報告房間內應修補的地方。

房間檢查報告

房間檢查（ROOM CHECK）報告，一日要填寫兩次，上午
由十二時到一時以及下午六時到七時，要將各房間的情形記入該
檢查報告送至櫃檯，因櫃檯是根據該項報告來出售房間與核算房
租，所以應該記載正確。其他如有關房間，客人的事有所疑問時
也應一併記入。

通用鑰匙

通用鑰匙（MASTER KEY）是保管每層樓客人財產的鑰
匙，因此領班要特別小心保管。

如有借用情形發生時應互相負責移交清楚。並登記於「借用

通用鑰匙登紀簿」。

　　最好將鑰匙串入鋼製項鍊戴在胸前，以策安全。

　　房務管理部組織圖，見圖9-1。

房務管理部主管的職務

JOB TITLE: EXECUTIVE HOUSEKEEPER

Specific arrangements for necessary cleaning and setting up for social occasions.

Receives room numbers of check-outs (departing guests).

Informs maids of vacant rooms in their assigned areas.

Examines reports of inadequate cleaning.

Inspects rooms for proper cleaning.

Inspects rooms for damaged furniture or missing articles.

Notifies cashier of breakage or missing articles in guest rooms.

Suggests cost of replacing missing or damaged articles.

Assigns work to housemen (moving furnitrue, hanging draperies, etc.).

Inspects public spaces for cleanliness and order.

Adjusts complaints regarding housekeeping service or equipment.

Trains new employees by assigning them to work with experienced workers.

Hires and dismisses employees.

Conducts training meetings for housekeeping employees.

Schedules working hours of all housekeeping employees.

Takes inventory of linen and supplies in linen room.

Supervises mending of linen.

Issues supplies to housemen and maids.

Checks laundry bills for correct charges.

Forwards supply and material requisitions to manager or purchasing agent.

Supervises remodeling.

Confers with manager on colors and arrangements for decorations.

Selects paints, fabrics, furniture, etc.

Supervises work of painters, paper-hangers, etc.

Purchases linens, cleaning materials and supplies.

Prepares written reports for management.

Establishes standards and procedures for work of housekeeping staff.

Prepares housekeeping budget.

Works with purchasing agent to decide on best and most economical
　　supplies：

Orders linen from warehouse.

Trains housekeeping employees individually.

Supervises upholstery shop.

Supervises sewing room.

Arranges for the cleaning of public rooms after meetings.

Issues and supervises the upkeep of all uniforms used by hotel or motel
　　employees.

房務管理部主管的各種名稱：

1.RESIDENT MANAGER

2.ROOMS MANAGER

3.ROOMS DIRECTOR

4.DIRECTOR OF ROOM OPERATION

5.HOTEL MANAGER

6.EXECUTIVE HOUSEKEEPER

7.HOUSE KEEPER

8.HOUSEKEEPING MANAGER

9.DIRECTOR OF SERVICE

10.DIRECTOR OF INTERNAL SERVICE

11.DIRECTOR OF HOUSEKEEPING OPERATION

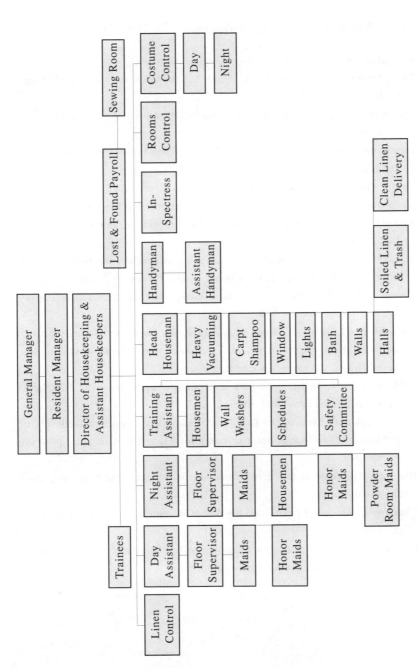

圖 9-1 房務管理部組織系統

197

客房狀況專業用語 Room Status Definitions

Occupied：A guest is currently registered to the room.

Complimentary：The room is occupied, but the guest is assessed no charge for its use.

Stayover：The guest is not checking out today and will remain at least one more night.

On-change：The guest has departed, but the room has not yet been cleaned and readied for resale.

Do not disturb：The guest has requested not to be disturbed.

Sleep-out：A guest is registered to the room, but the bed has not been used.

Skipper：The guest has left the hotel without making arrangements to settle his/her account.

Sleeper：The guest has settled his/her account and left the hotel, but the front office staff has failed to properly update the room's status.

Vacant and ready：The room has been cleaned and inspected and is ready for an arriving guest.

Out-of-order：The room cannot be assigned to a guest. A room may be out-of-order for a variety of reasons, including the need for maintenance, refurbishing, and extensive cleaning.

Lock-out：The room has been locked so that the guest cannot re-enter until he/she is cleared by a hotel official.

DNCO (did not check out)：The guest made arrangements to settle his or her account (and thus is not a skipper) but has left without informing the front office.

Due out：The room is expected to become vacant after the following day's check-out time.

Check-out：The guest has settled his or her account, returned the room keys, and left the hotel.

Late check-out：The guest has requested and is being allowed to check out later than the hotel's standard check-out time.

第三節　房務管理部與各單位之關係

櫃檯

房務部應經常將房間狀況通知櫃檯，以便客人一遷出便可再出售，同時要將住客之行動通知櫃檯以防萬一。

工務組

各種應修理之備品，在其損壞程度未甚嚴重前，應通知工務單位迅速處理，雙方均應在平時努力於維持各種設備於完善之狀態，修理時應避免打擾客人。

餐飲部

餐飲部需要桌巾及制服等均與房務部取得連繫，尤其在大宴會時，應事先安排妥當。房客在房內叫點餐飲時，由餐飲部供應。

會計單位

由會計單位核定帳單及支付薪金，並會同核對庫存品。

採購單位

房務部所需清潔用品及顧客用品均由採購單位辦理，但採購何種品牌、品質及規格應由房務部決定。雙方應研究採購品之特性及成本。

洗衣工廠

　　為確保洗衣物能夠迅速處理，雙方應經常取得密切的連繫，洗衣物應由房務部以標誌辨別，而洗衣單位應小心處理布巾類以便保持其耐久時限及美觀，此外，應協助房務部試驗新製品之耐久力及耐色力。

第四節　服務員應具備的一般條件

尊敬上司及長輩

　　如團體生活的工作沒有秩序之組織是無法相互合作的，故須尊敬上司及長輩。

關心別人

　　你要使他人喜歡你，就得自己先喜歡別人，對別人的事要誠意表示關懷，對他人之事不關心者，他人亦不會關心你，而彼此不能成為真實的朋友。

獲得別人的信賴

　　當同事需要你幫忙的時候，便要樂於幫忙，值班時要於十五分鐘前到崗位，對上司的要求要努力如期完成，並報告工作結果，切勿自以為是，以便獲得別人的信賴。

最好不要發生金錢或物品之借貸關係

　　關於金錢之借貸，貸方絕不會忘記，然而借方卻愈小額越容

易忘記，雖非故意，但無形中卻會疏遠彼此間的感情，導致失去互信，而影響到工作上的配合與協力。

稱讚對方優點

衷心稱讚對方的優點，使他自覺有被尊重的感覺。

做個善聽者

習為聽者，關心對方的講話，習慣做個「善聽者」，細察對方的眼神、容態，把握話題之重點，而適時地加以復誦或請教。

熟記名字

同事、長輩、上司的名字務須記住，對一個人，尤其是不太熟習的人，能經常稱呼出他的名字，彼此將很快產生親密感，故記名字不但可拉近自己與同事間的距離，也是待客的有力武器。

第五節 服務員應具備的特殊條件

健康而且有令人好感之姿容者

當然從事任何職業，皆須有健康的身體，尤其在旅館，由於職務代理困難，當你請假時，將增加同事的負擔，而且非健康者不能有敏捷良好的服務，又良好的姿容能留給客人好的第一個印象。

201

注意修飾者

一個從事服務業的人，懶懶散散、隨隨便便是不能為客人所容忍的。旅館人員，其代表服飾必須保持清潔，每天早晨刮鬍鬚、頭髮等本是理所當然，他如鼻毛、手指指甲也應時時保持清潔，內衣褲、襪子要時常換，領帶要打結整齊，皮鞋要擦亮等等，也應注意。當一個人全身保持清潔整齊時，也會頓感精神煥發，萬事皆如意。

能細心注意瑣事者

做事要非常細心，看了客人的動作要能即時推測洞察客人的要求，自動上前服務，這樣客人必會覺得心滿意足。

親切地待人接物

對人固然要親切，對自己的職務也要親切、熱忱，隨時注意，不斷研究，同時對物也要親切。尤其旅館比其他機構備有更多各式各樣的物品，其破損率與從業人員是否能親切接物，有莫大的關係。

易於適應環境

一般人雖有優秀的才能，精通於各種職務，但當被調到其他部門時，不能即與該部門的人協調的話，工作效率也將會降低。

第六節 服務員服務須知

受領班直接指揮工作

客人一旦進入該客房，即屬於客人之私人房間（Private Room），客人就好比以此築了一道城廓，所以雖是擔任該處之服務員（Room Boy），亦不可隨便出入，更不允許因細小的事情而進入。各房間門戶閉鎖很嚴，除以該房鎖匙開門之外，任何人皆不得進去，這是所謂旅館的隱居處（Privacy）。房間內得以確保旅客安全是旅館引以自豪者，服務員須知道這是客人隱私之權，不可隨便打擾，使客人有賓至如歸之感受。房間不但每日要定時清潔，客人午睡之後，來訪客出去之後，房間也須整理，使客人感到舒適愉快。

瞭解客人的性格及巧妙的遷就其性格

譬如說：有一種人性好整齊清潔，因此親自布置得無微不至，但是他對於自己的布置，絕不容忍別人去移動它，甚至於連碰碰他的東西都不高興。遇到這種客人，打掃房間時便須特別注意，儘可能不去移動他的物品，其他如有怪僻者，要獲得完滿的服務更須時時注意服務的技巧。

清掃的時間以不打擾客人為原則

例如，利用客人用膳、商務或為其他事情外出時間最好。但是星期日因客人外出時間不定，所以須請問客人何時可以打掃房間，以求旅客及旅館雙方的方便。

203

因事到房間，聯想其他服務工作

服務員因事到房間時，要聯想到其他可同時服務的工作，以便減少出入房間的次數，始不致過度麻煩客人。例如，這客人是口不離菸者，可能菸灰缸已裝滿了，應帶新菸灰缸去調換。又如訪客回去以後便須帶盤子去整理玻璃杯。類此，事先考慮的話，本來要二次往復的工作，一次就可以完成，對本身而言也是一舉兩得之服務。

總之，進入房門後，除被吩咐的工作外，還要將四周巡視一番，查看是否有應整頓的東西，養成這種習慣，必能提供舒適和愉快的服務。

注意特別嗜好的客人

旅館中有實施二班或三班或二十四小時制者，所以對特別嗜好的客人要加以注意，以便交代。如對訂菜（Order）有經常不變的嗜好或習慣的，不要忘記交代給接班者，以免客人每次都得做同樣的吩咐，而感到厭煩與不便。所謂服務之一貫性與周延性。

維護旅館的利益

服務員除了接客服務外，不要忘記自己是個旅館從業員，應維護旅館的利益：例如，旅館普通以行李為支付房租的保證，因此若沒有帶行李住旅館的人，或近乎沒有行李時，櫃檯得請求客人先付房租。因此住宿中行李被搬出或發現沒有價值的行李時，要立刻報告領班，由領班再報告櫃檯，以便嚴密注意。又來訪者如果住宿在房間或客人數日沒回來旅館住等事情，亦須報告領班加以注意。

第七節 服務檯

　　大的旅館客房部在各樓設有服務檯（Floor Station或Service Station），它是櫃檯的先驅機構，受櫃檯之指揮或客人之囑託，負責有關房間之服務工作，其他如外出客之來訪者、電話、信息等，亦均由各樓服務人員直接處理，期能圓滿，親切地達成任務。故客房服務檯在旅館服務工作上，與客人接觸的時間最長，次數最多，責任也最為繁重。不過台灣的旅館，各樓服務檯大都屬於房管部門故性質不同。

　　各樓服務檯分別置有領班一人，負責監督並指揮服務員之工作，至於服務員之多寡，則視房間之多少而定，在美國，大概一個女服務員負責十五個房間。領班必須富有經驗，善於領導者，方能勝任愉快。

　　各樓（或兩樓、三樓合用）設有一倉庫，以便放置寢具、清潔用具、簡便餐具及客室需用備品等，倉庫內各物均須照規定位置放置整齊，保持清潔，以使隨時取用。其他並備有冰箱、電爐等，以供應冰水、茶或便利客人夜間所需飲料，如咖啡、果汁、汽水、啤酒、冰塊之類，以期二十四小時皆能保持充足供應的服務。大型旅館有的則另設有房間餐飲設施來向住客提供服務。

　　還有各服務檯對客人已遷出之房間清潔後，應即報告櫃檯，該房間已可出售，其他如客人之動態，亦須隨時向櫃檯報告，經常取得連繫，旅館中常因櫃檯與樓上服務檯聯絡欠佳，而發生引導客人進到未清掃的房間，或客人遷出了而尚未即時清掃等事發生，所以要特別留意。

　　再者，夜間值班人員須特別注意安全工作，如檢查房間的門鎖是否已鎖上，因為有少數客人總會忘記或沒有鎖門之習慣，注

意是否有身分可疑者之出入，以防竊賊或色情狂。客人講話的聲音是否太吵鬧，尤其夜晚喝醉酒後回來之客人，更須特別照料。對於十二點以後，仍在房間逗留之訪客，如要在本店過夜時，必須請其登記並報告櫃檯。

在此順便一提，萬一遇到客人死在房間時，無論是因自殺或其他原因，必須即刻鎮靜地暗中報告直屬上司，以便採取法律上應辦的手續，如通知警局、家屬、衛生機關等。絕勿將此消息與其他同事談論。而應保守秘密，若無其事地繼續你的工作。至於屍體之搬運，宜在夜晚由後門靜靜地搬出，儘量避免讓其他客人或無關的工作人員知道，諸位對此心理上事先應有所準備，以免臨事而張皇失措，驚動其他住客。

各樓服務檯應有日記簿，詳細記載各該樓層每日之工作情形，送請主任批閱。

第八節　接客服務

接待新客

接到櫃檯或服務檯通知客人已經到達房裡時，首先將保溫瓶（Thermos）裝入新鮮的冰水（Ice water），東方人又要為他準備茶水或熱水（客人另有要求時例外），將杯子一起放在盤上，並帶當日報紙一起送到房間。保溫瓶之所以不預先放在室內。是要讓客人知道冰水是新鮮的。進入房間要輕輕敲門，其要領是輕握手拳，以中指節敲之，並說：「可以進來嗎？」如裡面有「請進」的允許後方可進去。有時客人也會不允許的。例如，因旅行疲倦，想立即午睡，他即會回答："No." 或者在門前掛上「不要打

206

擾」之卡片，這時可不能輕舉妄動。進入房間後，先恭敬地對客人打個招呼：「歡迎光臨」、「我是您的服務員」。而後將托盤放在所定位置，再將報紙送上去說：「這是今天的報紙（或晚報）。」；客人若整理著行李時就幫忙他，整理好了問客人：「請問住幾天？」，這雖可由櫃檯通知而曉得，不過以服務員之立場，再問一次亦無不可。知道客人要住一天、二天或二天以上時，對洗衣或其他工作，心裡上便能事先有個準備。而後問：「請問還有其他事情要處理嗎？」如果沒有就請他在必要時，隨時吩咐，然後行禮告退。

如客人初次在某項服務上有了吩咐時須報告領班，並轉告交班之服務員。

擦皮鞋服務

客人的靴普通是晚上放在走廊上待擦，這是歐洲各旅館之習慣，但是穿著髒靴的客人，如在雨天到達者，當他進房間後，如馬上進入浴室時，客人的靴須即時拿去擦。不但為了客人而且可以防止弄髒室內地板（或地毯）（此種實例發生在溫泉休閒旅館特別多）。

一般旅館服務員只替客人擦黑、褐色皮鞋，白皮鞋通常則交由鞋匠擦拭。又收到皮鞋送回時應以小紙條寫上房號。放入皮鞋內以防因忙於其他工作而忘記其房號。

洗衣及燙衣類服務

對客人拿出待洗之衣物一般是乾洗、水洗（Pressing, Dry Cleaning, Laundry）三種。須注意：第一、件數；其次，查口袋有無東西，使客人有精確安全之感；第三、有無掉落的鈕扣、破洞、嚴重的污點、褪色、布質細弱不堪洗濯等。以避免送回來時

件數不足、鈕扣脫落等不滿，引起麻煩。對外國婦人，此等事情要更加注意。

洗衣單（Laundry List）本應由客人自己記入，但客人有的委任服務員詳查後代為記入，故如發現和客人所說的不合時，最好當場改正。外國人對送回來衣物的不足等，會不客氣的要求賠償，故非事先讓其知道不可。有的旅館規定發生賠償問題時，只賠洗衣費的十倍為限，但最好能儘量避免此等事發生。

洗衣物最好在早上送出才能完成的早，故應使客人知道這種要領。又就時間而言，有快洗（Special Service）、普通洗之分：前者早上送去，晚上即可送回。須另加快洗費（Extra Charge）。諸如此類，對快洗、普通洗之時間，價格應記清楚。隨時解答客人對洗衣物之疑問，儘可能給予客人方便。

對依照規定遷出之客人，注意有無洗衣物尚未送回。行李整理後，須檢查房間內浴室、衣櫥、抽屜等，以避免客人遺忘物品，以求服務周到，且可避免以後追送、保管的麻煩；同時注意房間之備用品，如臉巾、菸灰缸等有無不足。對這些東西的不足不能確說惡意，或許客人想留做紀念品而帶走，這時應通知領班善為處理，避免服務員直接對客人講話，而發生衝突。

為避免備品的損失與破壞，時下旅館都公布房內之設備品之市價，以提醒照價賠償。

遺忘物品

遺忘物品的處理：客人Check Out後，房間內發現有遺忘物品時，應記錄在登紀簿（Lost and Found）上，要記明房號、姓名、年、月、日、物品名稱、拾得人姓名，然後交給領班送保管部保管，不得以個人之判斷認為客人不要而據為己有，如客人已離台灣，應等他來信索取，始可寄去。不可自作聰明，按登紀住

所寄去，這樣可能會發生意外。我們有義務替客人保密他的行動。

第九節　房務管理實務

　　近代旅館之投資額九成以上屬於土地、建築物、機械設施與其他裝備，如何保養它卻是一件很困難之工作。機械器具之裝備保養係屬於機械部門工作。但這些裝備之清潔、保養即屬於房務管理之責任。在此節主要論及房間之清潔工作。

　　Housekeeping之工作，如果處理得妥善，客人之健康安全乃獲得保障，進而使他獲得舒適、欣喜，故Housekeeping之良否，與旅館人員服務之是否熱忱，同是決定讓旅客是否日後將再回來住宿重要因素之一。

　　床單（Sheet）之耐洗次數是兩百次，臉巾、浴巾（Towel）和枕頭套（Pillow Case）平均是一百五十次，這些稱為Linen，其應準備數量是使用量之三倍，一組放在房間，一組置於庫房，一組送往洗濯，服務員對公物固不得擅自私用，且必加愛惜，以持耐用。其他清掃用具如布巾車（Linen Cart）（布巾品備品見圖9-2）、掃把、拖把、電動打臘機、真空吸塵機、水桶、刷子、擦拭用巾，應小心使用，用後均應保持清潔，依照規定位置放置在庫房，遇稍有損害，如能自己修理者即時修理完整，不可隨便棄置，至於肥皂、肥皂粉等清潔劑、臘（wax）或鐵絲綿毛等均甚昂貴。亦應依照規定適量使用，切不可浪費，免得增加營業成本。保護、愛惜、節約公物乃是一個優良服務員所應具備的工作態度。

　　每晨打掃房間之前，應注意住客名單及今日擬「遷出」、「遷

入」之房間號碼，以便對打掃房間順序，心理上有所準備，並將
所需之Linen等事先準備好，整齊地放置在布巾車上（或各樓服務
檯庫房），並將打掃用具等備妥，以便工作能順利進行。

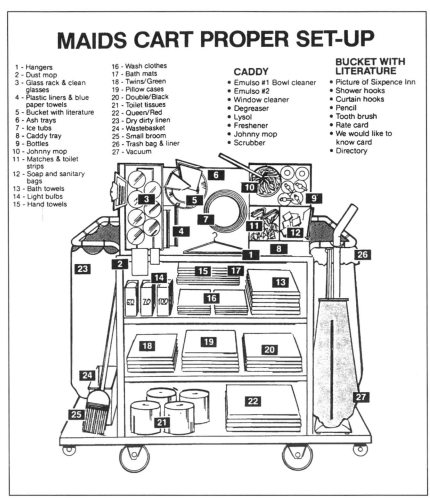

MAIDS CART PROPER SET-UP

1 - Hangers
2 - Dust mop
3 - Glass rack & clean glasses
4 - Plastic liners & blue paper towels
5 - Bucket with literature
6 - Ash trays
7 - Ice tubs
8 - Caddy tray
9 - Bottles
10 - Johnny mop
11 - Matches & toilet strips
12 - Soap and sanitary bags
13 - Bath towels
14 - Light bulbs
15 - Hand towels
16 - Wash clothes
17 - Bath mats
18 - Twins/Green
19 - Pillow cases
20 - Double/Black
21 - Toilet tissues
22 - Queen/Red
23 - Dry dirty linen
24 - Wastebasket
25 - Small broom
26 - Trash bag & liner
27 - Vacuum

CADDY
● Emulso #1 Bowl cleaner
● Emulso #2
● Window cleaner
● Degreaser
● Lysol
● Freshener
● Johnny mop
● Scrubber

BUCKET WITH LITERATURE
● Picture of Sixpence Inn
● Shower hooks
● Curtain hooks
● Pencil
● Tooth brush
● Rate card
● We would like to know card
● Directory

圖 9-2　房務部布巾車備品

床的種類

旅館內最重要的部分是客房，而客房之中最重要的是「床」，旅館內所用的床，大都可分為單人用床（Single Bed）39英吋×81英吋及雙人用床（Double Bed）57英吋×81英吋，但介在其中的叫做半雙人床（Semi-Double Bed），即雙人床的3／4大，所以也叫做Three Quarter Bed，51英吋×81英吋，此種床之特點就是可以當單人床或雙人床之用。

如果由床的構造或用途來區別，還有許多種類，即普通床（Conventional Bed），床底比床架邊稍微低些，中間凹處放入床墊，同時前後有床頭板、床尾板。此外有一種叫Hollywood Bed，跟普通床所不同的是，第一沒有床頭板，有時也沒有床尾板。第二床底與床架上緣同樣高度，故床墊只是擺在床架上。它的特點是第一可以做沙發用，第二是如果將單人床（37英吋×81英吋）二張合併起來可以當做雙人床（Hollywood Twin Beds）之用，就是好來塢式雙人床。

還有一種叫做沙發床（Sofa Bed），大約30至36英吋寬，白天當沙發，晚上可當單人床用。另有一種將Hollywood Bed改良過來的叫做studio Bed（也是沙發床），就是不移動Hollywood Bed，將其緊靠著牆壁，並將枕頭經常放於床上，再蓋上床套當做沙發用，晚上可當床用，這種床最能適合小間房間之需要。因為此種床最初由華盛頓的Statler Hilton Hotel所用，故也叫做Statler Bed。

此外尚有：一、隱藏式床（Hide-a-Bed），即雙人床兼沙發之用，它的床架邊可折疊起來當沙發之用；二、併用床（Duo Bed），白天可分成兩部分，一部分當沙發，另一部分當單人床，到了晚上則可以當雙人床之用；三、門邊床（Door Bed），床頭的部分用鉸鏈與牆壁相連接，白天將床尾往上扣疊，緊靠牆壁，

晚上放下來當床用；四、裝飾兩用床（Space Sleeper），白天可折疊起來靠牆壁做飾架之用，晚上才當床用；五、移動床（COT），即臨時搭架起來的床，通常沒有床架、床頭板及床尾板。用金屬製的彈簧床座及床墊均可由中間折疊起來。床腳附以輪子以便移動，其尺寸大約37英吋×75英吋；六、嬰孩用床（Baby Bed或Baby Crib），即周圍用柵圍豎起來的嬰孩用床。其他尚有較大型的床如KING SIZE BED，長二百公分，寬一百九十三公分及QUEEN SIZE BED，長二百公分，寬一百五十二公分。

做床

房間之打掃在氣候允許範圍內，應先拉開窗簾（Curtain），打開窗戶，以調換新鮮的空氣，然後做床（Make bed），見圖9-3、圖9-4、圖9-5。所謂「做床」就是先取去使用過的毛毯（Blanket）、床單、枕頭套，將彈簧床（Spring Mattress）放正，又床墊若時常放同樣位置，則某一地方因時加重量而致凹下，故有時要將頭與腳的方向互相調換。

在床墊上面放床舖墊（Bed Pad），其上面舖上床單，床單之摺紋，排在床中央部拉平，將伸出床頭部分及左右折入床墊底下，所以這樣做是為了防止睡覺時床單向足方縮下。其上面再舖上一條床單，頭方與床頭齊平，再舖毛毯，頭方離床單二十公分，以便摺上作襟，這樣將毛毯拉平，頭方留下放枕頭的餘地。毛毯與床單左右伸出部分與足方均折入床墊底下。

最後放置枕頭二個，蓋上床套（Bed Spread）。床套之色彩美麗柔和避免用白色床套，以免給人有一種不太相襯的感覺。

1.
將床墊放好在床鋪中央上面,再將下層床單鋪在床上。

2.
將上左角斜摺進去。

3.
將下左角斜摺進去。

4.
將上層床單放在床上。

5.
將毛毯放在上層床單上。

6.
將上層床單反摺蓋在毛毯上。

7.
將上層床單和毛毯輕輕地順著床的邊緣摺放進去。

8.
將上層床單和毛毯斜摺在床尾左邊。

9.
將下層床單斜摺在床腳右邊。

10.
將床單塞進去。

11.
將上層床單和毛毯斜摺在床腳右邊。

12.
將下層床單斜摺在床頭。

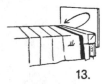

13.
將上層床單摺在毛毯上面後,把它塞進去。

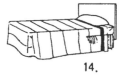

14.
將枕頭放在床頭上。

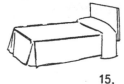

15.
將床單蓋上去,就完成。

圖 9-3　作床程序

圖 9-4　以前作床後必須蓋上「床套」
資料來源：作者提供。

圖 9-5　目前為節省時間只裝飾「床尾」而已
資料來源：作者提供。

開床

做床完畢後，到了晚上六、七點鐘之後，因客人將就寢，故須將床舖重新開床（Open Bed），以便客人可以隨時上床睡覺，其要領是把床套摺好，收在行李架或衣櫥等適當場所，床襟之左方或右方拉開成三角形。至於是左是右則依做床方法和客人從椅上起立要上床時較便利的方向而定。

開床的方法按個別的旅館作法稍有不同，卻都是為了使顧客能安眠而做，各旅館之作法皆有可取之處，自不可妄加非議。

打掃房間

旅館之地板若全舖上地毯（Carpet），則掃除時須先將椅子、咖啡桌、床邊椅等移至一隅，以便吸塵機（Vacuum Cleaner）之吸取塵埃易於進行，有時為避免噪音及省電起見，亦有以毛刷（Brush）代之。毛織品的地毯，不耐過量沙土之黏著，故入口處及擺椅子處，因客人時常踐踏，需要多下工夫。又椅墊、床墊亦可以吸塵機吸塵，以維清潔。

木質地板即先以鐵絲綿擦除黏著地板上之污點，再打掃乾淨即可打臘，約經十分鐘待臘稍乾後，以打臘機或拖把（Mop）摩擦，使板面顯得乾淨、光滑、明亮，又塑膠地板、磨石地板先以中性肥皂水洗刷乾淨後，再打水溶性臘或地板臘，而後加以擦拭，使其乾淨滑亮。椅子、桌子、傢俱的表面、鏡子、電燈罩、圖框、窗門、通風口、冷暖氣機口、牆壁之護壁板等均須以抹布擦拭乾淨。

浴室之清掃

浴缸、洗臉盆須用肥皂加以洗刷。但須注意避免所使用之抹

布、殘片等會塞住排水口，要知道萬一排水管塞住了，不但房間不能出售，而且爲了修理這管子，恐怕其他與此有關連之房間也要閉鎖至修理完成爲止。此乃爲旅館之一大損失，浴室之牆壁、簾子（Shower Curtain）容易黏住肥皂沫而發生污點，故須注意洗刷。至於廁所之清掃，馬桶要將坐板翻上，以刷子洗刷內部、便器外側，坐板表裡清潔後用抹布沾消毒劑加以擦拭，最後以印有清潔消毒完畢（Cleaned and Disinfected）之紙條封上，使客人感到既衛生又清潔，致而產生安全感。

清掃浴室時要注意不要使水流到房間地板上，又清掃完後要將全室各處以乾布擦乾，不可有水分存在。並將客人物品照原來位置排好，最後將新的面巾、浴巾放整齊，肥皂、嗽口杯等均應照規定位置放好。

又銅器類非擦得光亮的話，客人很容易認爲工作不夠審慎周密。不但銅器類，連制服之銅鈕子也需擦亮。擦後需把銅油擦拭乾淨，手觸到才不會有臭味。

其他注意事項

客人已遷出的房間，書桌的抽屜（Drawer）內東西要全部拿出清掃後，照規定將信紙（Writing Paper）、信封（Envelope）、電報紙（Cable Form）其他如旅館簡介等文具備品填補充分。清掃後不許留有前客之遺留物或寫過的便條、小紙片，若有那些東西的話，就是其他部分再整潔，這桌子仍要被懷疑是否曾經清掃過。

又服務員須經常注意房間有無蚊蟲、蜘蛛、蟑螂、蛀蟲等損壞傢俱或地毯的害蟲，有時應使用噴灑殺蟲劑消毒。

以上所述大都是客人遷出後房間之清掃方法，但在客人住宿期間亦沒有什麼特別的差異，只是整頓客人的東西時要注意應盡

量順從客人之原意整頓，不要任加搬動，如在整理床舖時應注意客人有無將貴重物品遺忘在枕頭邊、毛毯下或壁隅，如果撿到，應交還客人，客人未讀完的書，在翻開之頁要夾以紙籤，丟在字紙簍之外的紙屑片，也可能是重要的備忘錄，故整理時不要任意捨棄。應檢查紙片的內容，如此順應客人的需要去工作，以謀求客房之清潔、舒適、條理與井然有序。而且前節所述選擇客人不在時打掃，其所需時間依房間之大小而定，普通以二十分至二十五分鐘為宜。

客人時有調換房間（Change Room）之要求，如住在臨街之房間者，因不慣於街道之吵雜噪音，要求遷移至裡面的房間等，客人到櫃檯要求後決定換房間時，原服務員與新移入之服務員應共同將客人的東西搬出，移到房間整頓好，原服務員須將所要注意各點轉告新服務員，使客人不必再重新作同樣的指示。

旅館除房間之打掃清潔外，對走廊、地下室之地板（水泥）、樓梯，以及工作人員專用處所，公共場所通路、旅館周圍等亦須注意時時保持清潔，以免將泥土、沙塵等帶入房間，總之，旅館之清潔工作要確立一定之打掃順序與方式、時間，工作人員應互相協助，一致遵照旅館管理之方針與標準，徹底達成工作，以保持良好之清潔與衛生。茲將房間清潔工作順序及檢查方法及項目列表於後，以供參考。

房間清潔工作順序

（一）準備

1.布巾車：將布巾車整理乾淨，把所應使用之Sheets、Towels、Bath Mat Pillow Case等布巾和文具類、消耗品類等整整齊齊地排置在車上。

2.工具：在乾淨的小水桶裡放乾擦布一條、濕擦布一條、刷子一個、塑膠泡綿一塊、清潔劑罐子一個，整齊地排置在指定的位置，以便打掃房間之用。

3.大型垃圾桶把蓋子蓋好，放於指定位置。

4.各服務員上班後即先查看客房狀況控制盤（Indicator）和Room Report（Daily），以便明瞭自己所負責房間情形，決定打掃順序。

5.打掃住客房除掛有打掃卡或特別吩咐者外，應利用住客外出時間。

6.遷出房間儘量先打掃清潔，報告領班（或記入Room Check簿），以便通知櫃檯出售房間。

（二）進入房間

1.以中指關節處敲房門（不可用key），並聲稱Room Boy Service，等客人允許後啓門進入。如客人尚在房間，應退出（工作前先把「服務員工作中」之牌子掛在門前）。

2.把門打開著直至打掃完畢。

3.把燈光完全打開，試看是否應更換燈泡。

4.把玻璃窗、紙窗、布簾全部打開，以便空氣流通。

5.空調開關撥正中央位置，並注意是否故障。

6.試聽收音機是否故障。

7.注意房間設施是否毀壞或遺失物品，有則報告領班處理。

8.如有客人遺留物品應交領班處理。

（三）打掃房間

1.把Room Service餐具全部取出，並送回餐飲部門。

2.把菸灰缸的菸蒂倒在垃圾桶（不可倒入馬桶內），並洗乾淨。

3. 把所有垃圾桶和其他雜物拿出倒在大垃圾桶，應注意是否有客人的物品夾在裡面，垃圾桶經擦拭後放回原位置。

4. 把髒布巾全部收取以一條床單包起來，取出放在布巾車的袋裡（Soiled Linen Beg），以便集中送洗。

5. 依照規定方法做床，床墊（Mattress）應每星期調頭一次。發現床舖墊（Bed pad）髒時，應隨時送洗。

6. 清潔傢俱和木製品：

（1）擦拭所有傢俱、木製品、抽屜裡面，並應檢查是否有客人遺留品。桌椅腳部或凹陷處應特別注意擦拭乾淨。

（2）擦拭電話機，並定期以酒精消毒之。

（3）椅墊、布簾以刷子清潔之，遇有污點以清潔劑洗刷乾淨。

（4）木器部分定期塗傢俱油擦亮。

7. 銅器部分除每日以擦布擦拭外，定期用銅油擦亮。

8. 玻璃窗先以濕布抹擦後再以乾布擦拭。

（四）打掃衣櫥

1. 擦拭衣架子、掛衣桿，並注意衣架是否夠用。

2. 擦拭衣箱、地板，並把拖鞋、擦鞋布、洗衣袋排好。

3. 注意電燈開關是否故障。

（五）打掃浴室

1. 清潔日光燈、大鏡。

2. 以Sponge洗刷洗臉盆及大理石架、肥皂盒和玻璃杯碟子。

3. 已清出房間之玻璃杯（Room Tumbler），應換上經洗滌套有已消毒紙條包上。（註：玻璃杯之洗滌方法：一、水瓶及玻璃杯須用肥皂水或清潔劑洗滌；二、用清水沖洗；

　　三、整個泡在含有消毒劑之溫水中浸二分鐘，一加侖水中
　　　　加入一湯匙Clorox消毒劑，取出後置於架上晾乾，切勿用
　　　　毛巾擦拭）

4.洗刷牆壁磁磚，把肥皂沫、污點等洗乾淨。

5.洗刷Shower Curtain及Rubber Mat。

6.以濕Sponge撒上清潔劑用力擦拭浴缸。

7.以刷子擦洗馬桶內部後，用來蘇爾消毒之。

8.洗馬桶外面和坐墊、蓋子，然後以印有Cleaned & disinfected紙條封上。

9.擦洗地板清潔後，應使全浴室都是乾的，不可有水分存在。

10.水龍頭等金屬品以乾布擦亮，必要時用銅油擦拭之。

11.排置毛巾類、肥皂、衛生紙、刀片盒、衛生袋等規定備品。

（六）補充客用消耗品

依照規定補充文具用品（見表9-2）及其他有關物品。

表 9-2　　房間文具一覽表

信紙（大）	十張
信紙（中）	十張
信紙（小）	十張
信封（大）	四張
信封（中）	四張
明信片（一式）	四張
意見表	二張（單人房一張）
鉛筆	一支

（七）打掃地板

地毯以真空吸塵器吸淨。壁角、傢俱、床底應特別注意清潔。

（八）其他

假如住客遷出後，這個房間有一天以上空房時間時，應行大清潔如地毯污點之洗刷、牆壁之擦拭，並請工務組將應修部分修繕，使房間的設備清潔能經常保持一定的水準以上。

房間檢查法

（一）臥房檢查

1. 「房門」：首先試一試鑰匙孔，然後敲敲門，以確定裡面並沒有人。插入鑰匙，注意轉動是否靈活。看看把手及掛鉤是否適當可用。確定門的鉸鍊不會出聲或卡住不動，假如是這樣，使用機油及「助滑劑」。記下需要工程人員加以注意之所有物件。

2. 「天花板」：注意天花板之情況檢查灰泥有無裂縫，小水泡表示上方有漏水的地方，看看天花板上是否有菸垢，角落裡是否有蜘蛛網，或是否需要清潔。注意天花板上的燈，並確定適當瓦特數之燈泡能照常發亮。一切附屬裝置必須保持清潔。

3. 「牆壁」：檢查牆之情況，是否需要油漆、洗刷，或變換顏色，看看嵌邊和護壁板上的灰塵是否已被除掉。注意門框和空氣調節器開關四周是否沾有手印。對牆壁的檢查也包括下列各處：

   （1）帳簾：應該清潔而懸掛優美，注意支桿的情況，務使上面沒有灰塵和黑菸。

（2）窗簾：必須經常保持清潔，並懸掛適宜。按照需要經常更換，因爲僅需要幾分鐘即可，而對房間幫助甚大。

（3）電燈開關：檢查是否有手印。

（4）畫框：應該擦淨灰塵，並使玻璃光潔耀眼。

（5）百葉窗：應該清潔並易於拉動，繩子和帶子亦應保持清潔。

（6）空氣調節器：應該調至適當溫暖並保持之。

（7）牆上鏡子：必須適當懸掛上面應無痕跡或手印。

（8）窗子：注意其清潔及窗鎖情況良好，確使它們能容易開關。所有斷掉的窗框吊帶均應立即報告。

（9）窗口遮陽篷：確使保持清潔，備有良好的拉繩，易於摺疊收放自如。

4.「傢俱」：應該和牆壁同時檢查，走進房間後向右轉，並以反時鐘方向環繞室內工作。

5.「床」：應該鋪疊完好，床單上應絕對沒有皺摺、穢物或污點。每張床均應保持平穩，注意床套和帳簾顏色的配合。

6.「椅子和沙發」：確定彈簧均已固定堅牢，座椅扶手未曾鬆脫。檢查座墊是否有隱藏灰砂及紙屑之處。它們應放置整齊，圖案應向上。

7.「櫥櫃」：應放置穩定牢固。頂面應清潔。發現鬆脫或失落之抽屜把手，應即報告。抽屜內應隨時舖上乾淨墊紙。

8.「電燈」：在一間客房裡，電燈通常包括天花板燈、床頭燈、桌燈、梳台上方之燈，通常還有立燈。注意所有燈泡是否良好。

9.「燈罩」：必須使其接縫放在後部，並與布上條紋成一直

線。

10.「床頭几」：應置有每日清潔及每周消毒一次之電話機。

11.「書桌」：書桌通常被認爲是代表一家旅館風格的象徵。確定它們已經置放平穩、抽屜把手情況良好、外表整齊清潔。抽屜內應墊以大小適合的白紙，並放有規定的文具用品。

12.「地面」：應以眞空吸塵器徹底清潔。檢查床舖下面和大型傢俱後面是否有灰塵，假如地毯需要染色或修理，應即報告。確定置放在地面的所有電線均係情況正常良好，無磨損或接觸不良情事。地毯邊緣的護壁板嵌邊上應無灰塵，門框應洗淨。

（二）浴室檢查

浴室應該保持得一塵不染。注意天花板、牆壁和地面的情況，報告必要之油漆、牆壁洗刷或灰泥裂縫修理。浴盆及抽水馬桶必須十分清潔，注意緊靠臉盆後面的牆壁，臉盆之下方亦應保持清潔——不要忘記坐在浴盆中的顧客能夠看到這個地方。淋浴水管應無灰塵並應擦亮，很多女顧客把她們的衣服掛在這些水管上，她們對上面的灰塵將不能原諒，淋浴蓮蓬頭應擦亮、藥品架內部應洗淨、架子上的污點應清除。肥皂盒應清潔，裡面不得有碎肥皂塊和肥皂水，檢查各項浴室用品是否齊全。

（三）衣櫥檢查

牆壁必須有一新穎清潔之表面。架子上應一塵不染，應有送衣袋及足夠之衣架。假如壁櫥有自動開關的電燈，應確定該開關正常、燈泡未曾損壞。

（四）走廊及大廳檢查

對每層樓梯前面走廊的每日檢查是樓層領班重要工作的一部

分。走廊應該整齊有序，清潔不亂，並隨時保持如此。檢查菸灰缸是否清潔。

大廳應每日檢查，按照規定，地毯每日應以真空吸塵機清潔一次，檢查走廊電燈，出口處電燈及消防栓燈，如有損壞燈泡，即叫電工更換。桌子、宴會座椅、奇形怪狀的傢俱，以及掃帚、提桶，或其他用具，不應出現於大廳，使外觀紊亂。

（五）報告待修品

將需要電工、鉛管工、木工或工程師，檢查修理的一切物品記下，並報告房務管理員辦公室，資料要清楚，以免把所報告的房間號碼或物品損壞情形弄錯，修理後一定要加以檢查，必要時得作第二次報告，不斷檢查，直到房間恢復整齊為止。

當旅館財產遭到破壞時，應立刻向房務主任報告，以便採取適當步驟，為被破損毀壞之物品提出必要之控告。注意打碎或打破的鏡子、被沾上污點的地毯、室內裝飾品被燒處、損壞的椅子、打破的電燈、遺失的毛巾等等。傢俱甚為昂貴，其被損壞所遭受的損失，遠超過所收的房租，一份正確而完整的損壞報告是最重要的。房內不妨掛上主要設備的時價表，遇有旅客損毀財物時，要求照價賠償，並將損毀物歸賠償者所有。

房間女服務員的工作

房間女服務員所負責清潔的房間數及工作範圍是根據下列四項條件分配：

一、旅館的大小和接待住客的方式。

二、有若干洗浴缸。

三、有多少服務員。

四、每一個人的服務範圍及工作時間。

大型的旅館，每一房間女服務員要管十二個房間，並有洗澡間的女工幫忙她工作，小型旅館的房間女服務員每人要管十二到十五個房間，還有兼管理洗澡間的女工幫助她工作，但是一般旅館，因為旅客的雜務很多，且客人起來很早，實際上也不能管理這麼多房間。

負責每個房間和附近走廊的整潔。

她要向領班報告經管房間的住客動態及工作情形。

布巾管理

管理員必須要知道布巾的尺寸（見表9-3）、質料和數量，及旅館裡需要的最低限度儲藏量。

採購前必須詳細探詢價格後再決定，必要時可先試驗其材料品質的好壞和是否耐用。

製作檯布之尺寸應配合桌子的大小，其長度應放下來四周圍碰到椅子為標準。

製作毛巾時，長與寬的比例為二比一。

布巾的儲藏，要乾燥、有光線，應分別存放，並隨時充實儲量，以利供應。

布巾儲藏量以下列條件為決定標準：一、多少床舖；二、每天客房利用率的統計；三、估計布巾耐用的時間；四、規定多少時間換洗一次；五、重新洗滌的布巾有多少；六、臨時額外旅客的增加；七、修補布巾需要時間。

平常每一床位，應備有三至五套的布巾。一套在用，一套放在儲藏室備用，一套在洗，一套備額外應用。如布巾的儲藏量少，則用的次數必多，損壞的程度亦一定很快，所以布巾的儲藏量應該多備為上策。

表 9-3　標準布巾類尺寸

Bed Items	Size in inches
Sheets	
Twin	66×104
Double	81×104
Queen	90×110
King	108×110
Pillowcases	
Standard	20×30
King	20×40
Pillows	
Standard	20×26
King	20×36

Bath Items	Size in Inches
Towels	
Bath Sheets	36×70
Bath	20×40
	22×44
	24×50
	27×50
Hand	16×26
	16×30
Washcloth	12×12
	13×13
Bath mat	18×24
	20×30

Napery Items	Size in Inches
Napkins	17×17
	22×22
Tablecloths	45×45
	54×54
	64×64
	54×110
Place mats	12×18
	14×20
Runners	17×variable lengths

房間檢查項目

客房檢查表，見表9-4。

（一）臥房檢查項目

1.門鎖	2.門的鉸鍊	3.天花板
4.天花板之電燈	5.牆壁	6.門框
7.空調管制器	8.帳簾	9.玻璃窗簾
10.開關	11.掛圖	12.放熱機
13.百葉窗	14.空調調節表	15.壁鏡
16.窗門	17.窗簾	18.床及床頭板
19.椅子沙發	20.衣櫥、冰箱	21.電燈燈罩
22.床頭几	23.電話簿	24.電話
25.書桌及文具	26.地板	27.床底下
28.傢俱背後	29.地毯	30.電線、手電筒
31.門的緩衝器	32.壁紙	33.行李架
34.茶几	35.收音機、電視	36.備忘錄
37.菸灰缸	38.洗衣單	39.垃圾桶
40.文具用品聖經、佛經		

（二）浴室檢查項目

1.天花板	2.牆壁	3.地板
4.浴缸、防滑踏墊	5.臉盆	6.蓮蓬
7.臉盆底下	8.浴室扶手桿	9.藥品架
10.玻璃杯	11.肥皂盒	12.肥皂水或肥皂
13.衛生袋	14.水龍頭	15.馬桶
16.電燈	17.鏡子	18.淋浴掛帘
19.大理石之臉盆架	20.臉巾、毛巾	21.浴巾、腳墊
22.廢刀片盒	23.衛生紙、化粧紙	

227

（三）衣櫥檢查項目

1.牆壁	2.衣櫃上下	3.洗衣袋
4.掛衣架、衣刷	5.自動開關電燈	6.擦鞋布
7.拖鞋、鞋把	8.房客須知	

（四）各樓接客廳檢查項目

1.電梯前之接客廳	2.菸灰缸	3.地毯
4.電燈	5.是否有任何工作工具阻礙走廊	

有關客房管理實務參考資料（見表9-5、表9-6、表9-7、表9-8）。

住宿須知

本飯店為謀房客本身之安全與便利，特訂定下列應注意事項，務請賜予合作為禱。

1. 本飯店備有保險箱專供貴客寄存財物之用，請將貴重物點交櫃檯保管，否則如有遺失，恕不負責。代管之物件，如因不可抗力之災害損失時，本飯店不負賠償責任。

2. 貴客外出時，請將房間燈火熄滅，並將房門鑰匙交櫃檯保管，以策安全。

3. 貴客遷出後，如有郵件需本飯店代轉，請將通訊處通知櫃檯。

4. 貴客如有親友來訪，請先與櫃檯聯絡，按照政府規定，每晚在十一時後，訪客進入房間，不論男女一律必須登記備查。

5. 每日清晨八時前及晚間十時後，請勿高聲談話，以免擾及鄰室安寧。

6. 請勿在房間內洗燙衣服烹調食品。

7. 除電動剃刀及電褥外，請勿在房內使用其他電氣用具，以免發生危險。

8. 本飯店嚴禁攜帶獸畜進入。

9. 嚴禁在本飯店內吸食毒品及不正當之娛樂。

10. 請勿攜帶臭腐或易燃之物品進入。

11. 攜有違禁品或患精神病、傳染病之旅客恕不招待。

12. 請愛護本飯店一切用品及設備，如有損毀須照市價賠償。

13. 如需臨時保姆照顧嬰孩，請與櫃檯接洽。

14. 如發現遺失物品，請即報告櫃檯。

15. 請勿在床上吸菸或將點燃之香菸置放於傢俱上，必須將火柴及菸蒂完全熄滅，始行丟棄，以免發生危險。

16. 貴客遷出時，請將行李點清楚，以免遺落。

17. 貴客因故離店，如期間不超過十日者，可將行李免費寄存在行李間內，惟貴客須自負遺失責任。

房租收費

1. 本飯店房租訂價因房間之大小、設備及位置不同而各異，貴客惠顧請先向櫃檯查明訂價，然後登記。否則一經開始使用房間即須按照該房租金收費，雖占用時間不足一日，乃按全日租金計算。

2. 本房租金每日定為新台幣＿＿＿＿＿元整，每增收一人另加收＿＿＿＿＿元，另加服務費百分之十。

3. 貴客如需在房內供應餐點及飲料，須照價另加百分之二十。

4. 自投宿起至翌日正午十二時止為一日計算，逾時如欲繼續使用房間，請與櫃檯聯絡，超出時間在六小時以內者，按半日房租計算收費。下午六時後遷出者，按全房租計算收

費。爲避免臨時擁擠起見，貴客惠顧請先訂妥房間。如欲延長住宿日期，煩請事先通知櫃檯。

5.帳單一經面呈，敬請即付。

6.本飯店不代兌換私人支票。

緊急事件之處理

1.如遇火警發生時，請即撥「0」號通知電話接線員。

2.貴客離開房間，務請將房門關上。

3.請留意安全門及安全梯之位置，如遇火警時，請保持鎮靜，萬勿慌張，致發生錯亂。

4.貴客身體不舒服或發生急病，請撥「6」號電話，自當代請醫生或作必要措施。

表 9-4　客房檢查表
ROOM INSPECTION CHECK LIST

日期Date：＿＿＿＿＿＿＿　　　　房間Room：＿＿＿＿＿＿＿		
檢查者Inspected by：＿＿＿＿＿＿		
客房 ROOM CHECK LIST	是 YES	否 NO
門鎖情況良好Door lock work properly？	☐	☐
電燈開關正常Light switches work properly？	☐	☐
窗門玻璃清潔Window glass clean？	☐	☐
窗簾掛得垂直而拉展順利Drapes straight and work properly？	☐	☐
冷氣開關良好Controls for air conditioning work properly？	☐	☐
冷氣濾塵器清潔Air conditioning filters clean？	☐	☐
燈罩清潔及垂直Lamp shades clean and straight？	☐	☐
床舖整理正確Beds correctly made？	☐	☐

床套鋪得完整Bedspreads straight？	☐	☐
睡枕鬆軟Pillows fluffed up？	☐	☐
椅墊清潔及完整UphoIstery clean and in good shape？	☐	☐
牆壁清潔無蜘蛛絲Walls clean and free of cobwebs？	☐	☐
牆有裂痕Walls scratches？	☐	☐
行李架穩妥無損Luggage rack in good condition？	☐	☐
抽屜推拉正常Furniture drawers slide easily？	☐	☐
電話情況良好Telephone working？	☐	☐
衣櫃門開關容易及無聲Closet doors open easily and quietly？	☐	☐
牆壁清潔Walls clean？	☐	☐
冷氣槽清潔Aircon ducts clean？	☐	☐
走廊板安放妥當Pannels for shafts are placed properly？	☐	☐
走廊木板清潔及打臘Around corridor wooden skirting clean polished？	☐	☐
走廊窗頭板清潔Window wooden edges around corridor clean？	☐	☐
浴室設備BATHROOM CHECK LIST		
浴室膠墊或安全膠條Bath mats／safety strip？	☐	☐
廁板兩面清潔Toilet seat clean both sides？	☐	☐
水廁底部清潔Underside of lavatory clean？	☐	☐
浴室異味全消Bathroom free of odors？	☐	☐
沐浴帳簾掛桿平滑無損Shower rod in good condition？	☐	☐
水喉漏水Faucets leaking？	☐	☐
沖廁系統正常Flushing System？	☐	☐
沐浴帳簾清潔Shower curtains clean？	☐	☐
磁磚乾潔無水漬Water spots in tile？	☐	☐
清潔毛巾充足Good supply of towels？	☐	☐
男女裝衣架各半打12coat hangers：（6L&6M）	☐	☐
乾淨菸灰碟及火柴數量充足Enough clean ash-trays with matches？	☐	☐
窗簾緊閉Drapes closed？	☐	☐
床套清潔無漬Bedspread clean and free of stains？	☐	☐
燈泡操作正常All light bulbs work properly？	☐	☐
衣櫃內清潔Wardrobe inside clean？	☐	☐
自動飲料機清潔Bell captain unit clean？	☐	☐

冰塊充足Enough ice-cubes？	☐	☐
需要溶雪否Needs defrosting？	☐	☐
房間清潔CLEANING CHECK LIST		
梳檯面Dressing table top？	☐	☐
床頭架Bed headboards？	☐	☐
梳粧椅Arm-chairs？	☐	☐
畫架頂Tops of picture frames？	☐	☐
窗簾頂箱面Tops of curtain boxes？	☐	☐
電視正常T.V. in good order？	☐	☐
電視螢光幕清潔T.V. screen clean？	☐	☐
鏡Mirrors？	☐	☐
所有抽屜All drawers？	☐	☐
衣櫃內格Closet sheIves？	☐	☐
衣櫃掛桿Closet rods？	☐	☐
電話Telephone？	☐	☐
燈及燈罩Lamp & shades？	☐	☐
燈泡Light buIbs？	☐	☐
窗緣裝飾Window cornice？	☐	☐
電鍍水龍頭光潔如新Chrome sparkling	☐	☐
廁板安穩Toilet seat firm？	☐	☐
一切附屬裝置穩固Fixture firm	☐	☐
磁磚破裂Broken tiles？	☐	☐
廁座無污漬Toilet bowl is free of stains？	☐	☐
鏡面無污漬Mirrors are free of stains？	☐	☐
冷氣出口清潔Aircon grill clean？	☐	☐
牆及天花板清潔Walls & ceilings clean？	☐	☐
肥皂盛器清潔Soap bowl clean？	☐	☐
必需物品SUPPLIES CHECK LIST		
請即打掃牌Please Make Up Room sign？	☐	☐
請勿打擾牌Do Not Disturb sign？	☐	☐
備忘卡Tent cards？	☐	☐
酒店服務指南At Your Service directory？	☐	☐
客房餐務菜譜Room Service menu？	☐	☐

文具Stationery？	☐	☐
房間資料應用文具齊全Compendium properly stocked？	☐	☐
洗衣袋Laundy bags？	☐	☐
水杯，攪拌棒Glasses stirrers？	☐	☐
電話指南及聖經Phone book and bible？	☐	☐
塑膠廢紙籃Plastic wastepaper basket？	☐	☐
木製廢紙籃Wooden wastepaper basket？	☐	☐
擦鞋紙Shoe shine cloth？	☐	☐
廁紙兩卷Toilet Tissue（2 rolls）？	☐	☐
保安措施告示牌Security stickers？	☐	☐
窗框Window frame？	☐	☐
床底地面Floors under beds？	☐	☐
角落處地上Floors in corners？	☐	☐
窗頭板Window wooden edges？	☐	☐
走廊竹簾Corridor bamboo drapes？	☐	☐
窗簾掛好Curtains are properly hooked？	☐	

REMARKS：

商業服務中心小冊BMC Brochure？	☐	☐
逃生圖Fire escape plan？	☐	☐
拍紙簿Writing Pad？	☐	☐
芥灰盅Ash-trays？	☐	☐
全新充足肥皂Full supply of soap？	☐	☐
火柴Matches？	☐	☐

表 9-5　清潔工作所需時間估計表

工作類別	地點	時間
打掃	小房間	每二十分鐘一千平方呎
打掃	無障礙之走廊	每十分鐘一千平方呎
打掃	樓梯	每十二分鐘四十至五十級
水拖	無障礙地帶	每十分鐘一千平方呎
濕拖及清洗	較無阻礙地帶	每三十分鐘一千平方呎
機械擦洗	無阻礙地帶	每小時一千平方呎
真空吸塵器吸收	無阻礙地帶	每四十五分鐘一千平方呎
濕氣		
打臘	無阻礙地帶	每三十分鐘一千平方呎
機械磨擦	無阻礙地帶	每十五分鐘一千平方呎
擦淨灰塵	各辦公室	每十分鐘一千平方呎
水擦灰塵	各客房	每十二分鐘一千平方呎
浴室清潔	浴盆地面	每小時五百平方呎
牆壁清洗		每小時四百平方呎
窗戶清洗		每八小時六十至八十個窗戶

表 9-6　髒污清除表

髒污	種類	程序
油性物質	牛油、油脂、油、搽手霜、原子筆油	移開黏著物，塗上乾洗液；使地毯乾燥；假如必須再塗上溶劑，使地毯乾燥後輕刷毯毛。
油質食物動物物質	咖啡、茶、牛奶、肉汁、巧克力、血、蛋、冰淇淋、醬油、沙拉醬、嘔吐	移去黏著物，吸去液體並刮去半固體，塗上清潔劑，醋及水的混合溶液；使地毯乾燥塗上乾洗溶劑；使地毯乾燥並輕刷乾毛。
食品澱粉與糖	糖果、飲料、酒類	吸去液體或刮去半固體；塗上清潔劑，醋及水的混合溶液，使地毯乾燥再塗上溶液如必須的話；使地毯乾燥並輕刷毯毛。
污點	水果斑點、可洗墨水、水便	
重油脂口香糖	口香糖、油漆、柏油、重油脂、口紅、臘筆	移開黏著物，塗上乾洗液；塗上清潔劑，醋及水的混合溶液，再塗乾洗液，使地毯乾燥並輕刷毯毛。

表 9-7　地面保養表

地面類別	清潔劑	打臘及磨光
瀝青花磚	稀薄之中性肥皂溶液，人造清潔劑或除臘劑——依照廠商之指示使用。	臘類或聚合體類水乳劑。
橡皮	最好用人造清潔劑——依照橡皮製造業協會之建議。	臘類或聚合體類水乳劑。
塑膠	任何良好之肥皂、清潔劑或除臘劑。	臘類或聚合體類水乳劑、清潔磨光兩用臘溶劑。
油氈	中性肥皂、清潔劑、除臘劑，勿用強鹼溶液。	臘類或聚合體類水乳劑、清潔磨光兩用臘溶劑。
膠泥	中性肥皂、清潔劑、或除臘劑。	臘類或聚合體類水乳劑，可以乾擦而不用臘。
軟木	限密閉的地面——中性肥料，人造清潔劑，或除臘劑避免使用過多的水。	清潔磨光兩用臘溶劑、臘類或聚合體類水乳劑，限用於密閉良好的地面。
木質	限密閉的地面——肥料、人造清潔劑、除臘劑，少用水。	清潔磨光兩用臘溶劑、臘類或聚合體類水乳劑，限用於密閉良好的地面。
磨石子	限密閉的地面——無鹼性人造清潔劑，勿用肥皂。	清潔磨光兩用臘溶劑、臘類或聚合體類水乳劑，限用於輕硬化及中和的地面。
黏土或陶製花磚	中性肥皂、人造清潔劑或除臘劑。	清潔磨光兩用臘溶劑、水乳劑，限用於輕硬化及中和的地面。

235

表 9-8　房間完成工作紀錄表

房間號碼	窗子	牆壁	地毯	帷幔	傢具	寢具	浴室
101	1/6清洗	30/6清洗				5/7換新床墊、席夢思、泡沫橡皮膠	
102	1/6清洗		1/7濕洗	15/7換新金色纖維玻璃	16/16換新亞麻色丹麥時新品		
103	1/6清洗	3/8油漆一層62號PLEXTONE（金色）					20/8牆壁清洗
104	1/6清洗	4/8油漆一層94號PLEXTONE（綠色）	10/7換新MASLANC-APROLAN（綠色）				

第十節　夜勤工作人員注意事項

　　一、巡查房間、安全門、安全梯及注意未歸之住客和晚間來訪客人之進出情形。

　　二、對於防火、防盜等安全問題須特別注意，並應瞭解緊急措施。

　　三、發現可疑人物及影響房客安寧情況時，應即報告夜間主管處理。

　　四、對喝酒大醉或生病之住客應加以特別保護，並防發生意外。

五、發現住客有神智喪失、精神萎靡、情緒激動者（女房客較多），應特別監護，並報告夜間主管，以防未然。

六、房客交待事項，如早晨喚醒、早餐服務等，除應登記於日記外，並應通知總機等有關部門接辦。

七、夜勤人員如遇緊急事情，必須暫時離開崗位時，應經夜間主管允許臨時派人接替始可離開。

八、嚴禁媒介色情或協助他人媒介不良行為。

九、交班時需將夜勤動態，詳細交待清楚後始可下班。

第十一節 保防工作

一、注意旅客交談有無反政府的言論。

二、注意有無攜帶反動書刊、傳單等情事。

三、注意旅客及同伴有無行動詭譎、衣著及其身分有不相稱情事。

四、注意國外來台觀光旅客及其他人員，言行可疑，是否有刺探我國家機密之情事。

五、注意長期投宿、行蹤詭譎來往分子複雜，房門緊閉，不敢大聲談話者。

六、注意深夜偷聽廣播者或有攜帶無線電收發報機嫌疑者。

七、注意打聽政府要員行止者。

八、高談闊論，涉及國家機密者。

九、三五成群，行蹤可疑者。

十、身分來歷不明，揮霍無度與不良分子為伍者。

十一、注意攜帶武器或危險可疑物品進房者。

十二、注意攜帶走私、漏稅或違禁物品、毒品、危險物品者。

以上發現可疑之「人」、「事」、「物」應立即與主管報告處理。

第十二節　消防常識

一、儲存客用火柴，應儘量放置於通風處以策安全。

二、如發現住客使用熨斗、電熱器、電爐、電鍋、蠟燭時應隨時加以勸阻。

三、注意住客之菸蒂務必熄滅後，始可倒入垃圾桶內。

四、安全梯及通道，應經常保持暢通，不得任意封閉、加鎖或堵塞，安全門之自動鎖應經常檢查，以免故障而無法開啓，阻礙疏散。

五、養成勿隨地亂丟菸蒂的習慣。

六、經常檢查滅火器之噴嘴是否堵塞，藥劑是否過期。

七、如房內之警報器突然發響，應迅速檢查，是否發生意外，切勿驚慌，必要時通知有關單位協助。

八、注意工人前來修理冷氣、水管等銲接工作，以免不慎將火燭導入迴風管而發生火災。

九、住客外出時，應隨即進入房間檢查，以防菸蒂未熄而引起火災。

十、發現客房或其他地方之電線絕緣體破損時，應隨時通知工務人員更換。

十一、停電時應準備手電筒，以防萬一。

十二、電器發生故障，應及時通知工務組修理，以免引起電線著火。

十三、電器插頭務必插牢，不使鬆動，以免發生火花，引燃

近旁物品。

　　十四、電視機、收音機內部塵埃厚積時，應即時清除，否則容易使絕緣劣化發生漏電，引起燃燒或爆炸。一根菸蒂，一枝火柴頭如隨意亂丟，均可引發一次大火災，所謂：「星星之火，可以燎原。」不可疏忽。

館內介紹

YOUR ACCOMMODATION

Whether your accommodation be Standard, Medium or Deluxe, the price quoted is based on the European Plan-excluding meals. A maid will clean your accommodations and change the linens daily. If you would like to sleep late, a "Do Not Disturb" card is provided in your room to hang on your door knob. This will insure your privacy. When you leave the hotel during the day, please leave your room key at the front desk. When retiring you may leave a call with the operator (Dial "O") and she will awaken you by phone at the desired hour. Should you wish any special service-bed board, sewing kit, special pillow, typewriter, stenographer-please inquire of the operator by phone.

MAIL AND MESSAGES

As you check in to the hotel your name will be put on our information register, so that you may receive all mail, messages and telephone calls. Your mail and messages will be placed in your key box at the registration desk. A copy of all telephone messages, special delivery and package notices will be placed on your room door.

ROOM SERVICE (food & beverage)

Food and beverage service in your room is available from early morning until late evening. Dial "5" on your room phone for this service.

LAUNDRY AND DRY CLEANING

Laundry and dry cleaning of your clothes can be handled by one-day service. Please dial "6" and place the items to be cleaned in the Servidor compartment on your room door before 8:00 A. M. laundry begs and lists are in the desk or dresser drawer. All cleaning and laundry will be returned to your room.

TELEPHONE SERVICE

Direct dial telephones are available in your room for calling both in and outside the hotel. Attached to the phone is a special directory for in-hotel "service" numbers. If you require further assistance, dial "O" for the operator.

ADVANCED RESERVATIONS

During your stay here, we may be able to help you in making hotel reservations at your next stop. The Hotel maintains a teletype network to its sister hotels in the Hotels system. This is a complimentary service. When a reservation is made via this system to another Hotel, your reservation will be confirmed and guraranteed.

第**10**章

• •

人事與訓練

第一節 員工的職業心理

俗言：「為政在人」尤以旅館業既屬服務企業。以人力發揮其最高的服務，使旅客有「賓至如歸」之感為其最高宗旨，人的因素如此重要，確能左右整個旅館營業的成敗。

今日旅館的經營已經堂堂進入新的紀元，非擁有高度的技術與才能的人材是無法迎頭趕上時代的需要了。

新兵經過三個月的教育訓練成了二等兵，然而司令官與二等兵是無法從事戰鬥的，必須從優秀的幹部做為基幹才能所向無敵，百戰百勝。因此如何羅致人才加以訓練並使其能夠安居樂業，已成為觀光旅館當前的急務。

然而許多旅館經營者雖然花費不少寶貴的時間與心血，辛辛苦苦培養訓練出來的人才，竟然由於人事管理制度的不健全，往往造成員工大量的流動，對旅館來講確屬一大損失。

員工之所以不安於工作而想離職他遷，必然有他們潛在的原因，旅館當局應耐心去探究其真正緣由，以便採取適當的對策，才能做到完善的人事管理。而其事業才能由安定而繁榮。

一般說來使員工對自己的工作感到滿意與否，有約略下列幾個因素：

一、工作內容適合自己的興趣。

二、自己的工作受社會人士的重視。

三、主管對員工的待遇公平，並能夠瞭解員工的工作內容與情緒。

四、自己的待遇與同事比較起來是否平等，與一般社會水準是否相差不遠。

五、物質原因——工作場所的環境是否舒適乾淨。

六、精神原因——目前的工作與公司的方針是否符合自己的要求。

至於員工之所以離職他遷，不外因為：

一、工作不適宜：公司方面未能做到恰當的安排，未使每人適才適用，發揮個人的潛在能力。

二、缺乏指導與訓練：公司未能指示工作方向或目標，亦不加以訓練。員工自然不關心工作而產生不滿。

三、待遇問題：員工並不是對薪金的多寡直接產生不滿，而與同事比較是否同工同酬，作到公平的地步。

四、團結合作：公司未能使員工全體的目標與公司的目標配合一致去達成共同的目標。

五、其他小原因：

1.主管本身不懂工作，也不關心工作。

2.主管不重視部屬。

3.主管交代的工作不適合部屬的興趣。

4.沒有晉升的機會。

5.主管對部屬有偏見。

6.主管把別人應負的責任推到員工身上。

7.員工不能信賴主管。

8.主管或同事不肯指導工作。

9.對員工所作工作不表示謝意。

10.員工膳食不充實。

11.主管只關心自己，根本不關心部屬和顧客。

12.主管本身無能。

13.員工的建議不被接受。

基於以上種種原因要阻止員工離職他遷，必須做到：

一、調查員工之不滿，認為可以改善的應立即加以改善。

二、將人事管理的制度文書化，使每個員工徹底瞭解。

三、應將人事方針、規則、手續明確印成手冊分配各員工遵守。

四、使員工徹底瞭解公司的組織與使命。

五、指導方針、培養人才、提拔幹部。

六、明確劃分工作、分別權責、分層負責。

第二節　管理者應有的態度

美國密西根管理研究所曾經作了一次調查，即將管理者之型態分為三類：第一類謂之生產中心型、第二類為從業人員中心型以及第三類之混合型。

所謂生產中心型的管理者，是指管理者認為要完成其所屬部門之工作，應由管理者本身負主要責任，至於他的部屬，為了完成工作，只要默默無言地，按照主管所指示之命令逐行工作就是。

換言之，這種管理者認為一切由他作決定或下令，同時不斷從旁監視部屬是否認真的執行自己所決定之事項或命令。

第二種管理者，亦即所謂從業人員中心型的管理者。他們認為既然自己的部屬在從事實際工作，應由部屬本身去判斷工作，而且由部屬負主要責任。

管理者的主要任務並非下命令，而是要調整部屬的工作。並維持和和氣氣的工作環境。

過去的一般觀念，總是認為工作的推行，由管理者嚴格監督部屬去推行才能順利完成，不容有所疏忽，以致工作人員不集中精力而造成懶散的現象。

但是，根據美國密西根管理研究所所得結果，卻顯示從業人員中心型的管理方式，反而能夠發揮工作的效率而提高其生產性。他們認為採用生產中心型的管理方式，不但違反了現代的理論與時代的潮流，其結果只有降低生產性。

筆者認為一個良好的管理者，應使工作人員本身負起提高生產性的責任，也就是應該採用從業人員中心型的管理方式。當然，這並不是說從業人員中心型是個十全十美的方式。這就要看管理者本身是否能夠視環境之如何，去配合他自己的管理法了。

最好的管理法是要看工作內容的如何與部屬要求的程度以及配合管理者本身的能力加以隨機應變。

換言之，一個主管人員要能夠隨時順應部屬的工作意欲，配合環境之需要，從旁加以懇切指導，隨時提供完成工作所需之情報，去協助完成其工作。

但所謂隨機應變並非指主管人員可以隨時任意變更其態度或無主意的意思。主管人員對部屬的評價必須抱有他自己的主見，也就是就主管人員應考慮部屬工作負擔能力，不可讓部屬負起其能力所不及或遠不及其能力之工作。

要而言之，在不使部屬過度疲勞之範圍內，讓他盡情去工作，管理者並非站在支配部屬的地位，而是協助部屬。

並非自己動手代部屬工作，而是從旁協助其順利完成工作。

一方面不僅要瞭解部屬，同時要讓部屬知道管理者確實地在努力瞭解他們。

一個優秀的管理者不但對部屬之能力有確切的評價而且要有信賴部屬的胸襟。

綜合以上所言，一個具有現代觀念的旅館管理人員，應不斷努力以更客觀的立場，去觀察部屬，然後根據這些客觀的分析，在管理者與從業人員之間建立彼此間的信賴感，而在這種信賴感

之下，讓從業人員自己認為他們是具有「自主性」的工作者，這樣才能夠圓滿達成所預期的工作效率。

第三節 你也是未來的經理

旅館工作人員以及有志於此業的青年們，只要富有進取的精神，奮發向上的熱忱，莫不關懷自己的前途，也莫不嚮往於將來能當一個多彩多姿的經理。然而，由於缺乏經驗及先進之指導，往往成了迷途的羔羊，徬徨不知所措，更不知如何修身、求學，去充實自己為前途開闢一道曙光。

旅館是一種包羅萬象規模宏偉組織複雜的現代化綜合企業，一個優秀的經理必須能夠將人、事、時、地、物等各種要素密切配合起來，加以適切的運用，用他的人格、才智、能力去團結群力，推動整體，發揮最高的管理效果。

當然一個經理是無法萬能的，我們暫把現任的旅館經理分為五種類型，其中有的長於某型，有的兼備數型之優點，各有專長，無法一概而論：善於交際的（交際型）、強於推銷的（推銷型）、精於專業知識的（專業型）、長於人事管理的（人事型）、富於經營管理的（管理型）。

從上述五個型，不難看出一個經理應具備之條件，換言之，他應該具備：一、專業的知識；二、管理的才能；三、實際的經驗；四、高尚的人格；五、更要有外語的能力及六、財務的知識。簡而言之，一位成功的經理，必須能把上述的要素，融合於一身。因而在此為追求這一目標的青年們，擬定一份經理訓練計畫表（見表10-1），這一份計畫表，僅著重於業務上的知識，其他應具備的條件就得靠自己努力、智慧，不斷去追求、體驗、改

表 10-1　旅館經理訓練計畫表
HOTEL MANAGER TRAINING PROGRAM

第一個月 FRONT OFFICE 櫃檯	第二個月 FRONT CASHIER 出納	第三個月 ROOM 客房	第四個月 RESTAURANT BAR 餐廳、酒吧	第五個月 BANQUET KITCHEN 宴會、廚房	第六個月 MANAGEMENT 管理階層
旅館全盤的研究。 組織系統之認識。 旅館服務的基本概念。 旅館與旅行市場之關聯研究。 客房推銷計畫。 櫃檯與其他部門之協調。	管理重點之把握。 旅館會計制度、外幣知識。 旅館內傳票處理，信用卡、應收未收帳款等之研究。 與其他各部門之協調、會計部門之連繫。 櫃檯與出納綜合管理。	客房清潔、保養、服務等之研究。 人員配置，臨時人員僱用與控制。 布巾類、傢俱、消耗品之管理。 櫃檯、會計、採購、房內餐飲服務、修膳、保養單位之協調。 客房部門之綜合管理。	主要餐廳、各餐廳、酒吧實地研究。 服務方法、人員配置、訂價與成本之研究。 廚房、餐具室、烹飪經過之研究。 廚房、採購與倉庫之協調。 廚房臨時工作人員之僱用及控制。	宴會場所、服務、訂席、推銷計畫之研究。 各種宴會方式之研究。 廚房工作人員與廚師間之協調及管理。 餐飲部門之綜合管理。 成本與薪資之控制。	採購、倉庫、會計、財務、警衛、停車場、館外設備之管理。 電機、鍋爐、技術系統之管理。 人事總務、務之綜合管理。 總經理辦公室、秘書室、研究計畫室、研究之協調。
DEPARTMENT COST CONTROL 各部門成本控制			FOOD & BEVERAGE COST CONTROL 餐飲成本控制		TOP MANAGEMENT 最高階層之管理

進、充實。

這份旅館經理訓練計畫表，也可視爲教學的參考資料，更可做爲你進修的指南，由此可以全盤瞭解整個旅館的業務概況。只要你有信心、有把握、有毅力，向此目標勇往邁進、奮發向上的話，相信必能達成你最終目標——未來的經理——願共勉之。

第四節 員工訓練及職位分類

員工訓練及職位分類相關內容，見表10-2、表10-3。

第五節 管理者應有的認識

認識我們的任務

一、提供最好的服務給顧客。

二、提供安定的生活給員工。

三、提供合理的投資報酬給投資人。

四、提供社會的福祉給大眾。

以上是我們旅館業的任務，爲了要達成這些任務，我們必須要有良好的管理制度，去發揮最高的功能。

管理人員的基本工作

管理人員的基本工作是：計畫、編組、協調、督導及管制，使所有員工、金錢、材料、方法及機器能夠發揮最高的功能，簡言之，管理的目的是要集結眾人的力量達成共同目標。

表 10-2　員工訓練

	業務	事務	接客	管理	調理
初級	待客技巧 商品知識 推銷技術 廣告知識 收款要領 櫃檯登紀 會場布置 業務推廣	事務用品管理 現金保管 帳票與手續 會計、統計 資料整理	接待方法 商品介紹 現金管理 貴重物品保管 服務要領	物品管理 布巾管理 清潔要領 建築物營繕知識 巡邏要領 保安管理	餐具洗滌 食材洗滌 食品盤點 解凍要領 餐具保管 配膳 殘肴處理 安全衛生 出庫手續 菜單知識 採購驗收
中級	推銷技巧 市場調查 商品管理 廣告技術 抱怨處理	社會保險 文書處理 經營數學 勞動法 安全衛生 成本管理 財務會計	推銷技術 團體客接待方法	消耗品管理 盤存 備品管理 倉庫管理 清潔管理 傳票管理	作業分配 在庫管理 烹飪法 成本知識 調味技術 食品知識
高級	客房分配 顧客管理 商品設計 推銷計畫 資料管理 盜竊處理 交涉要領 租店管理 推銷預測 廣告計畫	經營數學 財務會計 帳務管理 人事管理 事務管理 稅法 資金運用 拾得物管理 預算、決算 附屬營業管理	抱怨管理 口才訓練 業界動態	倉庫管理 租店管理 保安管理 資材管理 成本管理	食品管理 安全衛生管理 作業改進 作業分析 成本分析

表 10-3　職位分類

初級人員	中級人員	高級人員
1.外務作業：	1.一般性：	General manager
Bell man	Secretary	Manager
Elevator operator	Accounting clerk	Front office manager
Apprentice telephone	Bookkeeper	Controller
porter	Accountant	Executive housekeeper
2.餐飲：	Night auditor	Catering manager
Bus boy	2.客房：	Chief steward
Bar boy	Room clerk	Executive assistant
3.廚房：	reservation clerk	manager
Vegetable preparer	assistant housekeeper	Sales manager
Kitchen helper	sales representative	Convention manager
Storeroom helper	Telephone operator	Resident manager
Warewasher	3.餐飲：	Personnel Director
4.工務：	Kitchen steward	Auditor
Plumbers helper	Baker	Chef
Electricians helper	Roast cook	Chief engineer
Oilers helper	Wine steward	Banquet manager
5.文書：	Waiter captain	
Typist	waiter	
Clerk	Hostess	
6.會計：	Head waiter	
File clerk	Vegetable cook	
Checker	Bartender	
7.洗衣：	Receiving clerk	
Washer	4.工務：	
Extractor	Plumber	
Presser	Electrician	
	Oiler	
	Carpenter	
	Painter	
	Upholsterer	

業務人員的工作是：採購、銷售、金錢處理、維護勞務，及運輸等工作。如果管理不能盡其功能，則業務無法增進效率，目標就無法達成，因此旅館管理的成果是由一群同心協力的人們創造出來的。所以我們必須先要有一套管理「人」的哲學。因為「人」是管理的原動力。

確立新的觀念

要使顧客滿意，必須先促使服務顧客的員工感到滿意。企業的目的雖然在於賺錢，但要想真正賺錢必須先使員工敬業樂群，提高工作效率，去促使顧客滿意，顧客的滿意，才是我們管理的成功。

管理人員應有的特性

1. 要有良好的見解與員工同甘共苦，盡力克服一切困難。
2. 要能瞭解自己的責任，充實自己的學識，才能有所改善，有所進步。
3. 做事要先確立目標，要有貫徹到底的精神。
4. 以身作則、平易近人、領導態度要謙虛，才能獲得員工的信任與尊敬。
5. 對員工要有信心，不濫用權力。權力就像儲蓄的金錢，用的越少，則存的越多，要知道權力是存於責任之中，只有善盡責任，才能充分發揮權力。
6. 多聽取意見，作為改進之參考，民主制度下的領導並不是單行道，上帝給我們兩隻耳朵，就是要我們多聽取人們的意見。

總之，管理是一種控制人們的觀念之行為，成功的管理是要能夠做到影響他人的思想和行為，並能改變他人的人格，管理要

素,見圖10-1。

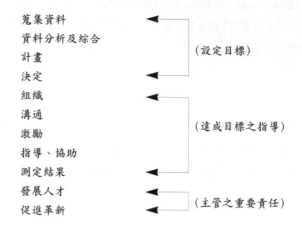

蒐集資料

資料分析及綜合

計畫

決定　　　　　　　　　　　　（設定目標）

組織

溝通

激勵　　　　　　　　　　　　（達成目標之指導）

指導、協助

測定結果

發展人才

促進革新　　　　　　　　　　（主管之重要責任）

圖 10-1　管理要素

第**11**章

業務推廣

第一節 ｜旅館行銷策略

現在是一個企業策略與企業形象定位的時代。企業經營已到了組合策略、企業、定位、行銷、市場研究、競爭情況的總體戰爭。

旅館行銷策略為行銷決勝的最高指南與作戰方針，而定位為競爭優勢之利基，市場則為目標客層。易言之，行銷就是在創造市場之優勢與顧客的需要，進而企劃將產品或服務成功地帶入目標市場，並開發動態的市場推廣活動。如能掌握現代行銷的觀念，作策略性的規劃與因應，必能在市場上創造新的價值，以持續有效的市場活動。

旅館由於所在地點的不同，自然會影響到各種不同市場的類別、旅客住宿的動機、市場需求的數量、市場的潛力及變化的趨勢。同時，因為旅館的投資屬於資本及人力密集，回收緩慢，固定費用又高，產品又是由建築設備及服務相加組合，因此，需求波動極富彈性，更重要的是不能隨便變更現存的硬體設備，所以在行銷方面，明確的市場定位已成為一個重要的策略。定位的訣竅在於有效地運用市場環境，如果運用得當，旅館的產品就能獲得獨特的地位。

訂定細分市場組合策略，以便決定目標市場

旅館行銷的最基本策略是要確定對本身最好、最有利的細分市場組合，作為旅館重點招徠的顧客，同時，以這些顧客的需要作為開發產品及推銷產品的基礎。

在選擇目標細分市場時，先要進行市場調查，瞭解主要能吸引哪一種細分市場，該市場歷年來需求量大小，其發展趨勢，在

調查顧客類別時,更須分析其他旅館近年來,接待各類顧客人數,住宿的人天數,平均消費額及收入,然後再決定選擇在本地區產品需求最大,最有潛力,平均消費額比較大的細分市場,作為我們的目標顧客。

選擇目標市場時,也要分析本身的企業理念、文化及本旅館的產品、經營情況、設備的特色、服務項目、質量的特點,價格及員工的銷售能力與服務水準,以便選擇最適合本旅館的細分市場,如果,本旅館的設備和服務都是本市最高級的,那麼就可以吸引高收入的細分市場,此外,也要對競爭者的狀況,強弱點加以分析,才能決定是否有能力與競爭者爭取這些市場或另外開創新市場。

確定不同的市場類別,其所採取的產品政策、價格策略銷售途徑及推銷政策也就不同。因為行銷組合必須建立在市場定位及旅館形象定位的基礎上,才能強化目標市場的戰力。

塑造自己獨特的形象,以便定位

定位是行銷成功與否的關鍵。公司產品如未籌劃周詳,其他行銷活動將無多大助益。旅館根據所選擇的目標顧客類別後,應即確定其在顧客心目中的獨特形象。確定形象時,先要研究目標顧客的特性,分析旅館的地點、裝潢、設備、服務和價格的特點以及與其他旅館比較在行銷方面的長處與弱點。

一般可以根據下列幾點去確定自己產品市場形象:

(一) 為顧客提供利益

如最方便,或有最大的會議廳,或最豪華的,或服務經驗最豐富等。

（二）根據價格及品質

如最經濟實惠、最現代化的，或服務水準最高的。

（三）根據產品類型

如會議中心的旅館，全套房的，或家庭式的，度假式的。

（四）根據競爭者狀況

如比其他旅館更接近名勝古蹟，或購物中心，或價格較低。

形象確定後應設法將這種形象，傳達給目標顧客，使能深刻地在他們的心目中建立起強烈的印象。須知成功的塑造形象是產品行銷一項有力的工具。事實上，任何一個傑出的行銷策略的核心，必定是一個傑出的定位策略。因為現代的行銷可以說是一場定位的戰爭。

產品組合策略

旅館為了吸引顧客，應設計各種組合產品，所謂組合產品就是二個以上產品的組合，而以一個價格銷售。其類別根據銷售的需要、顧客對象、旅館產品和服務的特色去組合各種顧客需要的產品。如果旅館能推出一種極為紮實而有創意的產品，並能與適當的人士建立穩固的關係，產品的形象就會自己建立起來。

（一）根據顧客類別

1.商務顧客組合產品。
2.會議組合產品。
3.家庭組合產品。
4.蜜月組合產品。

（二）根據不同時間

1.周末包價產品。

3.淡季度假產品。

4.節慶產品。

（三）根據特殊活動

1.運動比賽組合產品。

2.選美欣賞。

3.古蹟巡禮。

4.烹飪研習。

5.其他。

開發產品應注意：組合產品的名稱、組成項目、定價，推出時間及推廣方式。

建立顧客關係策略

旅館為求生存，必須先認清市場的結構，然後再與市場中的關鍵公司和個人建立良好的關係，這些都要比廉價的政策、高明的推廣手段，甚至進步的技術更為重要，因為市場環境的改變能迅速地影響價格及技術，但是緊密的關係卻能持續更久。

建立顧客關係策略包括：一、建立顧客資料檔案；二、銷售員的訪問、電話及通信推銷；三、根據顧客需要，安排特別服務；四、舉辦各種活動宴會或成立俱樂部，加強關係，聯絡感情。

聯合行銷策略

為應付激烈的競爭，提高知名度及增加客源，各旅館紛紛聯合起來，成立各種聯合組織，如訂房聯銷、共同推廣宣傳促銷，或與觀光機構、航空公司、旅行社、遊覽公司、手工藝品業、休閒遊樂業等共同舉辦旅行交易會、展示會、推廣酒會。此外，應

積極參加地區性、國際性等各種組織，以便推廣，並參與開會、研習會、展示會等活動，也是現代旅館行銷上的一個重要策略。

結論

當今台灣的旅館業已堂堂邁入國際行銷大戰的時代裡，其經營成敗，完全取決於「行銷策略」。因為成功的旅館，必須在這場激烈的戰場中，找出自己求生存的空間──「市場定位」，才能獲得競爭優勢及市場利基。

不過，傳統的行銷原則，已不再能適用於這個多變的世界，新的行銷策略是要將產業及市場的急遽變遷，納入策略中，特別強調關係的建立而非產品的推廣，強調觀念的溝通，而非資訊的傳播，強調新市場的開發，而非現有市場的瓜分。這是未來行銷策略的主流。

第二節　宣傳資料

宣傳之好壞，影響一個旅館的營業成績與聲譽頗為重大。但一般人往往僅片面地重視廣告，而很容易忽略了宣傳所占的重要性。宣傳與廣告的根本差異在於廣告必須由企業主支付一筆代價刊登紀事，然而宣傳係由企業者自動地免費提供活動、新產品或新知識等之資料與消息以供宣傳之用。

宣傳之資料既由企業主所自動提供者，其所給予讀者或觀眾之印象，自然比之廣告來的更為強烈、深刻而且較可信賴。因此它是現在社會，維持公共關係中，最具有力量的工具，旅館的宣傳資料，只要稍加注意，隨時隨地都可以發現頗具價值而且引人入勝的資料。

宣傳個人之資料

    1.家人之生日。

    2.家人之婚宴。

    3.當地要人舊地重遊之消息。

    4.夫婦宴請貴賓之消息。

    5.夫婦結婚周年紀念。

    6.全家出外旅行。

    7.家中孩子升學或留學。

    8.家中孩子獲獎。

    9.家中孩子回國度假。

    10.家庭參加其他重要活動之消息。

宣傳員工之資料

    1.聘請新進員工。

    2.員工之康樂活動，如野宴、遠足和旅行等。

    3.員工參加運動比賽。

    4.公司建立員工福利新制度。

    5.員工參加進修或訓練。

    6.員工參加有關旅館之會議。

    7.員工有特殊表現而接受表彰。

    8.員工之升遷。

    9.員工組織研究會或進修會。

    10.員工參加其他重要活動。

宣傳管理方面之資料

    1.建立服務顧客新制度。

2.建立新式的帳務制度。

3.購買最新設備或廚房用具。

4.整修或擴建新旅館。

5.旅館開幕紀念。

6.參觀旅館設備或器具展覽或參觀旅館用品製造廠。

7.旅館接受政府或地方團體表揚。

8.其他在管理方面有所改進之事項。

宣傳學術方面有所貢獻之資料

1.旅館刊物發表本旅館學術上之論文。

2.參加其他縣市或外國旅館管理級研討會。

3.在協會中被選爲重要委員。

4.發表言論或專題演講。

5.出版書籍或刊物。

6.出國考察參觀或進修。

7.其他參加學術界之重要活動。

宣傳參加地方團體活動之消息

1.在地方團體擔任要職。

2.被選爲地方代表或人民代表。

3.捐款建設地方。

4.救濟貧民活動。

5.舉辦其他有關社會活動。

館內活動資料

1.國際會議之舉行。

2.政府顯要人物之蒞臨。

3.外國團體來訪。

4.華僑回國觀光,或參加國家慶典。

5.展覽會之舉行。

6.酒會之舉行。

7.學校派員參觀旅館。

8.其他引人注目且有宣傳價值之活動。

第三節 如何爭取國際會議

台灣正在發展觀光事業之高潮中,應該注意到如何招徠更多的國際會議,以便推廣會議市場及增加商務旅客的來源。

要舉辦一個成功的國際會議,必須依賴三方面的共同協力與合作,才能順利達成:一、負責辦理國際會議之職員;二、大飯店之職員;三、國際會議局之職員。

第一項所謂負責辦理國際會議之職員,也就是直接辦理該會議內容之買方。第二項所指的是大飯店的業務推廣部負責人,業務推廣單位組織,見圖11-1。換言之,就是提供會議所需之住宿設備或場所之賣方。介乎上述兩者之間之國際會議局職員也就是代表舉行會議之都市,而致力於推銷該都市會議設施的重要負責人員。

國際會議局之職員實為各種團體組織之中心。其屬員包括政治的、宗教的、公共團體、醫學、工商業或從事觀光事業等團體在內。

這些團體或組織有時定期或不定期舉行會議。其主要目的在於檢討研究如何誘致更多的國家會議在他們自己的都市內舉行。

一般所謂國際會議之舉行,大概需四、五天時間,開會準備

工作檢查，見表11-1，飯店在會期中不但收入增加，尤以餐飲方面之收入更為可觀。

國際會議之舉行，不僅要視其內容，由於來自各地的許多人匯集一堂，尚可促進友誼之交流，與繁榮該地區之經濟並提高政治地位，因此，負責辦理國際會議之職員應在各方面，盡最大努力以期有豐碩之收穫。

適合舉行國際會議之場所，至少必須具備下列之條件：一、該地是否擁有充足之會議設備，尤以旅館是否具有強大的收容力，以便容納參加會議之人員；二是否設有國際會議之專辦機構，以便提供最詳細而完整之資料。

在美國以國際會議馳名於世之都市，諸如紐約、芝加哥、舊金山及夏威夷等均設有國際會議局，專責辦理招待國際會議之事務，實值得作為我們借鏡。

其全名應為CONVENTION AND VISITORS BUREAU，該局係由各種觀光有關行業之人員選出代表參加而組成的。其目的不但要大家聯合起來同心協力發展該都市之觀光事業，同時致力於招徠更多的國際會議。

那麼站在飯店的立場，到底應如何去爭取國際會議的舉行呢？一般說來，飯店用來招徠個人客的方法是利用雜誌與報紙的廣告最為普遍，如欲招徠團體客人則依賴旅行社之密切的合作，然而爭取國際會議之最有力機構卻是國際會議局。在美國，除了規模較大之會議必須通過舉行會議地之國際會議局之事前慎重安排與努力外，其他的一般中、小型會議則須依賴飯店之直接努力推銷。

為應付此種需要，飯店除應備有一般旅客用之宣傳摺頁外，更應齊備專為國際會議用之詳細目錄，其設計必須外表美觀大方、內容豐富、詳細周到、圖文並茂，包括會議場所之照片，平

面圖及詳細說明文字等琳瑯滿目，應有盡有。

　　國際會議之招徠，除依靠上述三個機構之努力外，必須該都市之政府機關與人民團體，以至於市民之熱忱支持與合作才能順利達成的。

業務推廣經理	接待組	宴會組	會議組	顧客資料組	廣告宣傳組	公共關係組	餐飲推銷組	館內推銷組

圖 11-1　業務推廣單位之組織

表 11-1　開會準備工作檢查表
Convention Planning Guide and Check List

1.ATTENDANCE

☐ Total number of convention registrants expected

2.DATES

☐ Date majority of group arriving

☐ Date majority of group departing

☐ Date uncommitted guest rooms are to be released

3.ACCOMMODATIONS

☐ Approximate number of guest rooms needed, with breakdown on singles, doubles and suites

☐ Room rates for convention members

☐ Reservations confirmation: to delegate, group chairman or association secretary

☐ Copies of reservations to: ＿＿＿＿＿

4.COMPLIMENTARY ACCOMMODATIONS AND SUITES

☐ Hospitality suites needed-rates

☐ Bars, snacks, service time and date

263

☐ Names of contacts for hospitality suites, address and phone

☐ Check rooms, gratuities

5.GUESTS

☐ Have local dignitaries been invited and acceptance received

☐ Provided with ticket

☐ Transportation for speakers and local dignitaries

☐ If expected to speak, even briefly, have they been forewarned

☐ Arrangements made to welcome them upon arrival

6.EQUIPMENT AND FACILITIES

☐ Special notes to be placed in guest boxes

☐ Equipment availability lists and prices furnished

☐ Signs for registration desk, hospitality rooms, members only tours, welcome, etc.

☐ Lighting-spots, floods, operators

☐ Staging-size

☐ Blackboards, flannel boards, magnetic board

☐ Chart stands and easels

☐ Lighted lectern, Teleprompter, gavel, block

☐ P.A. system-microphones, types, number

☐ Recording equipment, operator

☐ Projection equipment, blackout switch, operator

☐ special flowers and plants

☐ Piano (tuned), organ

☐ Phonograph and records

☐ Printed services

☐ Dressing rooms for entertainers

☐ Parking, garage facilities

☐ Decorations-check fire regulations

☐ Special equipment

☐ Agreement on total cost of extra services

☐ Telephones

☐ Photographer

☐ Stenographer

☐ Flags, banners, Hotel furnishes, U.S. Canadian, State flags

☐ Radio and TV broadcasting

☐ Live and engineering charges

☐ Closed circuit TV

7.MEETINGS（Check with hotel prior to convention）

☐ Floor plans furnished

☐ Correct date and time for each session

☐ Room assigned for each session：rental

☐ Headquarters room

☐ Seating number, seating plan for each session and speakers tables

☐ Meetings scheduled, staggered, for best traffic flow, including elevator service

☐ Staging required-size

☐ Equipment for each session (check against Equipment and Facilities list)

☐ Other special requirements(Immediately prior to meeting, check)

☐ Check room open and staffed

☐ Seating style as ordered

☐ Enough seats for all conferees

☐ Cooling, heating system operating

☐ P.A. system operating；mikes as ordered

☐ Recording equipment operating

☐ Microphones; number, type as ordered

☐ Lectern in place, light operating

☐ Gavel, block

☐ Water pitcher, water at lectern

☐ Water pitcher, water, glasses for conferees

☐ Guard service at entrance door

☐ Ash trays, stands, matches projector, screen, stand, projectionist on hand

☐ Teleprompter operating

☐ Pencils, note pads, paper

☐ Chart stands, easels, blackboards, related equipment

☐ Piano, organ

☐ Signs, flags, banners

- [ ] Lighting as ordered
- [ ] Special flowers, plants as ordered
- [ ] Any other special facilities
- [ ] Directional signs if meeting room difficult to locate
- [ ] If meeting room changed, post notice conspicuously
- [ ] Stenographer present
- [ ] Photo grapher present (immediately after meeting, assign someone who will)
- [ ] Remove organizational property
- [ ] Check for forgotten property

8. EXHIBIT INFORMATION

- [ ] Number of exhibits and floor plans
- [ ] Hours of exhibits
- [ ] Set up date
- [ ] Dismantle date
- [ ] Rooms to be used for exhibits
- [ ] Name of booth company
- [ ] Rental per day
- [ ] Directional signs
- [ ] Labor charges
- [ ] Electricians and carpenters service
- [ ] Electrical, power, steam, gas. water and waste lines
- [ ] Electrical charges
- [ ] Partitions, backdrops
- [ ] Storage of shipping cases
- [ ] Guard service

9. REGISTRATION

- [ ] Time and days required
- [ ] Registration cards; content, number
- [ ] Tables: number, size
- [ ] Tables for filling out forms; number, size chairs
- [ ] Ash trays
- [ ] Typewriters, number, type

☐ Personnel-own or convention bureau

☐ Water pichers, glasses

☐ Lighting

☐ Bulletin boards, number, size

☐ Signs

☐ Note paper, pens, pencils, sundries

☐ Telephones

☐ Cash drawers number, size

☐ File boxes, number, size

☐ Safe deposit box (immediately prior to opening, check)

☐ Personnel, their knowledge of procedure

☐ Policy on accepting checks

☐ Policy on refunds

☐ Information desired on registration card

☐ Information on badges

☐ Ticket prices, policies

☐ Handling of guests, dignitaries

☐ Program, other material in place

☐ Single ticket sales

☐ Emergency housing

☐ Hospitality desk

☐ Wastebaskets

☐ Mimeograph registration lists (if delegates fill out own registration cards)

☐ Set up tables away from desk

☐ Cards, pencils in place

☐ Instruction conveniently posted

☐ Tables properly lighted (During registration, have someone available to)

☐ Render policy decisions

☐ Check out funds at closing time

☐ Accommodate members registering after desk has closed

10.MUSIC

For： ☐ reception   recorded or live

   ☐ banquet   recorded or live

267

☐special events　　　　　　recorded or live.
Shows
　☐entertainers and orchestra rehearsal
☐ Music stands provided by hotel or orchestra

11.MISCELLANEOUS（entertainment）

☐ Has and interesting entertainment program been planned for men, women and children

☐ Baby sitters

☐ Arrange sightseeing trips

☐ Car rentals

12.PUBLICITY

☐ Press room, typewriters and telephones

☐ Has an effective publicity committee been set up

☐ Personally called on city editors and radio and TV program directors

☐ Prepared an integrated attendance-building publicity program

☐ Prepared news-worthy releases

☐ Made arrangements for photographs for organization and for publicity

☐ Copies of speeches in advance

第四節　如何成為一流的旅館

　　一流的旅館不一定要有富麗堂皇、氣派豪華的設備、高樓大廈的建築，也不一定要具備多彩多姿的夜總會或游泳池，更不一定要有繁多的房間，索取高昂的房租。那麼究竟什麼才是一流旅館必備的條件？請你逐條的答覆以下各項目，試看如能達到百分之八十以上分數，那麼你的旅館就可稱得上是一流的旅館了。

　　簡言之，必須具備：

　　一、賓至如歸的環境──優雅的風格，安適的氣氛。

二、盡力迎合顧客的需要——服務熱忱，顧客至上。

三、能夠時時應付任何情況——注意周密，巨細靡遺。

四、更要有科學的管理及企業的經營才能——企業精神、專業知識。

五、最後經理必須要有藝術的眼光、商業的手腕——不斷創造新風格，隨時革新改進。

何謂一流的旅館

（一）到達旅館的接待

　　1.大門入口，交通通暢，無擁塞的情形。

　　2.門口格式高雅、整潔。

　　3.門衛替客人開車門。

　　4.門衛協助由車上搬下行李。

　　5.門衛查看車內有無遺留物。

　　6.門衛搬行李是否小心。

　　7.門衛制服美觀整潔。

　　8.門衛機敏小心，姿勢及接客態度良好。

　　9.行李員在門口等候歡迎否？

　　10.行李員如何問候客人，態度如何？

（二）櫃檯作業

　　1.接待員在櫃檯否？

　　2.精神飽滿否？制服如何？

　　3.如何問候？有無微笑歡迎？第一印象如何？

　　4.接待員應付敏捷、迅速否？

　　5.接待員有無將筆遞給客人？服務熱忱否？

　　6.接待員有無確認訂房？

7.登記卡有註明房租否？

8.登記後接待員有無將客人的姓名轉告行李員？

9.行李員有無隨時在旁等候，準備搬運行李？有無稱呼客人
　名字？

10.行李員服務熱忱否？制服如何？留言及郵政物有無投送錯
　誤？

（三）房務管理

1.第一印象如何？（清潔、快適、吸引、友善的氣氛）

2.房內有無怪味？

3.行李員有無介紹設備，有無說任何話？

4.行李員是否將行李放於行李架？

5.行李員有無檢查房內設備。

6.行李員有無詢問：「其他還有什麼事？」

7.行李員有無索取小費之表示？

8.備品是否齊全？

9.冷暖機控制如何？

10.隔音如何？

（四）電話服務

1.要求Morning Call時接線生有無重複「時間」、「房號」及
　最後道聲「晚安」。

2.叫醒服務時聲音、語調、態度如何？

3.至少在停留時間內打六次電話給各部門，試探：一、接電
　話時間要等多久？二、態度如何？

4.由外面打電話冒充別人找你自己，看要等多久？

5.回飯店時，直接回房內，打電話去服務中心要Bell代買香
　菸或報紙，試看行李員會不會同時將你的留言帶上來。

6.妳的傳言有無抄錯？傳達錯誤？

7.外語能力如何？

（五）詢問服務

1.詢問有關交通工具、手續、價錢、時間？

2.詢問名勝古蹟。

3.詢問商場或購物中心。

4.供餐地方，是否先介紹自己的飯店。

5.故意找最忙的時候去問一些資料，探其服務態度如何。

6.外語能力如何？

（六）餐廳服務

1.門口裝飾美觀吸引否？

2.領班或領台員在門口候客否？

3.找位子要領如何？訂菜需要多久？

4.訂菜時有無記在傳票上？

5.員工態度、清潔、制服、精神如何？

6.餐具布置如何？餐具磨光否？有缺口、乾淨否？

7.有無建議特別菜食？

8.有無推銷飲料？

9.餐食美味可口，份量如何，溫度適當否？

10.餐食供應遲延時，有無說明原因、道歉？有無經常供應冷
冰水？

11.點心來前，桌上是否收拾乾淨？BGM如何？

12.在餐廳內聽到廚房之雜亂聲音否？

13.服務生有無問客人對於餐食之批評，是否請客人再度光
臨？

（七）遷出手續

1.叫行李員來搬行李需要多久？

2.行李員接電話時，有無自稱「行李員」？

3.故意打開皮箱蓋，他是否會協助？他是否巡視房間檢查是否有遺留物品。

4.付帳前出納員有無問明「姓名」、「房號」並問剛才有無發生賒帳交易？

5.遷出手續有無拖延時間，帳目對否？要回鑰匙否？

6.請再度光臨否？

7.行李員協助搬行李否？放在車上否？態度如何？

8.行李員或門衛問你往何處而傳達給司機否？

第五節　歐美的旅館經營

一般人往往喜愛將歐洲與美國的旅館混為一談，故只以「歐美」一詞代表他們的全部，其實歐洲與美國的旅館不但在建築、設備等方面，即使在管理與服務上面也不可相提並論。茲舉出他們主要不同者，作為今後有意建築旅館的同業改進之參考。

歐洲的旅館：大部分的旅館均以他們悠久的歷史及傳統的文化為背景，建築古色古香，富麗堂皇的豪華旅館。

不但旅館的建築本身已具有美術價值，即使所裝飾之傢俱、備品都充滿著古代的情調，令人掀起懷古之情愫。因此顯露著高雅的風格。

喜用陳舊樸實的設備或機械，如空調設備、電梯及廚房用具等以增特有之風趣。

在管理方面，雖然努力於經營合理化，但仍然停留在過渡的

階段，而且一般旅館從業人員還是甚為保守。

服務態度誠懇、親切，真所謂無微不至，以餐廳之服務為例，多以在人前炫耀其豐盛的美食，並以彬彬有禮的服務來取悅顧客，使人心滿意足，稱讚不絕。

房租並不像美國那樣昂貴。

惟目前所遭遇之問題是如何將設備近代化，而仍然要維持其傳統的優美服務方式。

至於美國的旅館就大不相同了。

他們對建築物及設備之投資，始終不脫離商業眼光，故不作浪費的設備與無謂的裝飾，因此給人一種平淡無味的感覺，不誇張而只求實用。

旅館內雖不敢裝飾具有價值高昂的藝術品或傢俱，但是儘量使用新穎的材料，造出別出心裁的裝飾品倒是值得稱讚與仿傚。

為節省人工，及提高工作效率，不惜大量投資於現代化的機械設備。

經營合理化，尤對各部門之收支計算、人工費用及餐飲成本之管理非常嚴密而透徹。

服務較為機械化，只講究速度，故淪為形式化。以餐飲為例，一切只求標準規格，雖然「質」與「量」保持一定水準，但沒有多彩多姿的變化，因此如想吃一些稍微出色的餐食則索價甚高，由於工會的關係，東部的服務較西部更差。

一般說來，房租較歐洲為貴。

總之，美國的旅館值得我們可取之處為：他們之經營合理化及旅館商品化。

綜合以上各點，歐洲的旅館雖然各有千秋，值得我們借鏡的地方頗多。今後我們所要建築的旅館應該採用：

一、美國的科學管理制度——管理制度化。

　　二、歐洲傳統的服務精神——服務至上化。

　　三、我國人濃厚的人情味——顧客至上化。

　　四、富有中國文化色彩之裝潢—— 建築美術化的一種匯合中、歐、美精華於一爐的旅館。

第12章

現代化的管理與電腦的應用

第一節) 電腦化作業

前言

今天由於人類消費觀念的改變，生活的型態與旅遊的方式也隨著發生了極大的變化。觀光客期望旅館能夠提供更富有多彩多姿的各種休閒活動與商業服務；另一方面，由於觀光事業的發展神速，旅館到處林立，不但同業間的差距越來越明顯，競爭也更加激烈。處在此種變化多端的環境下，旅館正面臨著新的挑戰與考驗，所以非重新檢討其經營管理方式不可。如何迅速獲得正確的經營資訊與動態，供作推廣策略的參考，如何節省開支、精簡人員、降低成本，同時對更多顧客提供迅速而正確完美的服務，以滿足他們各種不同的需求，所以實施電腦化作業已成為迫不急待的潮流，有關櫃檯作業，見圖12-1、圖12-2、圖12-3、圖12-4、圖12-5。

電腦化作業範圍

一個較具規模的旅館，其電腦化作業大致上可分為前檯作業與後檯作業兩大系統，茲分述如下：

（一）前檯作業系統

包括客房作業系統、餐飲作業系統與俱樂部會員管理系統。

1.客房作業系統
  （1）訂房作業系統。
  （2）櫃檯接待系統。
  （3）客房帳務管理系統。
  （4）夜間稽核作業系統。

（5）房務管理系統。

（6）電話總機作業系統。

2.餐飲作業系統

（1）餐飲作業系統。

（2）餐廳出納作業系統。

3.俱樂部會員管理系統

（二）後檯作業系統

1.人事薪資系統

（1）人事管理系統。

（2）薪資管理系統。

2.財務會計系統

（1）一般會計系統。

（2）管理會計系統。

（3）應收與應付帳管理系統。

（4）股務作業系統。

3.物料管理系統

4.資產管理系統

硬體與軟體之選擇

（一）在硬體方面

　　由於旅館作業屬於二十四小時全天候作業性質，而且是一種長期投資，因此價格不應列為首要因素，而應特別考慮供應商的商譽、持續經營的決心，以免發生支援無著而無法繼續使用之情況；為了二十四小時作業的需要，旅館業必須採用不停止的硬體系統，或是具備二十四小時服務制度的供應商之機器，否則夜間出了差錯就全盤皆亂了。

（二）在軟體方面

　　軟體公司也是近年來才把旅館業列入業務開發重點，因此，旅館業在電腦軟體的應用上尚不很完善。一般說來，若選擇軟體公司從事設計，軟體公司之成員是否具有充分的旅館業經營經驗是非常重要的，若欠缺旅館經營經驗，將無法設計出適用且具效率的系統，且軟體發生問題時，解決問題之能力也將較薄弱；同時，由於軟體文件的學識尚未成熟，在軟體公司人員流動性甚高的今天，軟體供應商全公司成員的經驗更需要考慮，如果只有極少數人員負責此項業務，一旦這些人員離職，軟體的維護與售後服務的程度就難以預期了。若成立電腦中心自行開發系統，則在技術、時效、成本等方面，也有許多問題存在，需要相當的決心和毅力才行得通。因此，不論採行委託軟體公司設計或購買套裝程式，或自行開發之方式，須衡量本身的環境和能力，妥善的做最適切的選擇，此種選擇，並無絕對而明顯的標準，不過規模大的公司實可嘗試自行開發以尋求最適用之系統。

作業系統簡介

（一）前檯系統

　　1.訂房系統。

　　　（1）個人訂房。

　　　（2）團體訂房。

　　　（3）空房查詢。

　　　（4）訂房資料修正。

　　　（5）訂房確認。

　　　（6）訂房取消。

　　　（7）訂金處理。

（8）庫存空房管制系統（ROOM INVENTORY CONTROL）。

（9）房價及房型管制。

（10）年內住店旅客查詢（旅客歷史檔）。

（11）訂房資料查詢。

（12）到達旅客預測。

（13）每日訂房報告及分析。

（14）客房資料主檔。

2.接待系統

（1）預先排房系統。

（2）個別訂房旅客遷入。

（3）團體訂房遷入。

（4）未訂房旅客遷入。

（5）旅客資料修正。

（6）換房處理。

（7）延日處理。

（8）暫時遷入處理。

（9）旅客姓名查詢。

（10）每日住店旅客名單。

（11）每日遷出旅客名單。

（12）每日訂房未到達旅客名單。

（13）VIP旅客名單。

（14）每日預定遷出旅客名單。

（15）房間狀況查詢。

（16）旅客留言處理。

3.旅客帳務系統

（1）個人旅客遷出結帳。

（2）團體遷出結帳。

（3）保留帳務。

（4）帳務登錄。

（5）交班出納報告。

（6）信用卡帳務處理。

（7）簽帳審核。

（8）旅客帳務查詢。

（9）房間別帳務查詢。

4.房務管理系統

（1）房間狀況輸入與查詢。

  ・有人住。

  ・已結帳。

  ・可出售。

  ・清潔中。

  ・保留。

  ・修護中。

（2）特殊旅客房間查詢。

  ・貴賓。

  ・加床。

  ・不可打擾。

  ・領隊。

  ・注意。

  ・招待。

（3）旅客資料查詢。

（4）當日預定遷出旅客查詢。

（5）當日到達旅客查詢。

（6）房間飲料費（ROOM BEVERAGE）登錄。

（7）失物招領。

5.電話總機系統

（1）旅客姓名查詢。

（2）團體旅客查詢。

（3）電話費登錄。

（4）留言系統（電話或電視）。

（5）當日進出旅客查詢。

（6）當日將到達旅客查詢。

6.夜間稽核系統

（1）房租自動登錄。

（2）餐飲收入稽核。

（3）房價審核。

（4）結轉後檯。

（5）結束每日營業。

（6）每日科目別收入彙總表。

（7）每日各科目明細表。

（8）收入帳分析。

．團體。

．個人。

．折扣。

．簽帳。

．跑帳。

．招待。

．公帳。

．自用。

．預收。

．信用卡。

（二）餐飲出納系統

1.點菜單登錄。

2.結帳處理。

3.房客簽帳處理。

4.簽帳審核。

5.出納交班處理。

6.餐飲收入分析。

7.房客資料查詢。

8.信用卡帳務管理。

9.員工帳務處理。

電腦中心主管的職責

一、直接向決策階層負責及報告電腦化作業的進度與現況。

二、瞭解管理階層各主管的職掌。

三、企劃及管理資訊中心之有關業務：

1.召集資訊中心有關人員。

2.資訊中心安全措施。

3.使用者教育訓練。

4.人員及工作分配。

5.資料管制。

6.報表產生及分析。

7.協助、監督使用者作業程序。

8.問題之解答。

9.硬體負荷之追蹤。

10.資料中心用品之控制。

四、根據公司的作業方針，領導電腦作業人員完成任務。

五、協助其他部門提高作業效率。

六、檢討及評核作業效果。

七、疏通作業瓶頸。

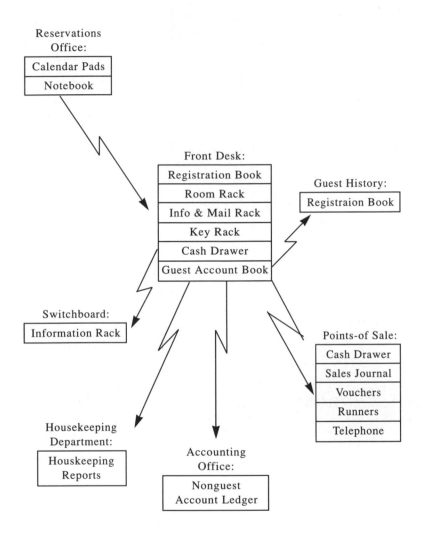

圖 12-1　全手工化 75～100 間櫃檯作業

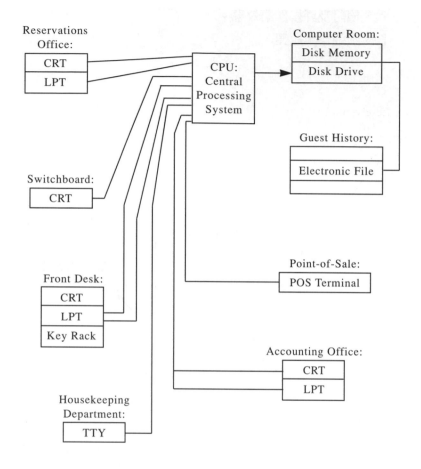

圖 12-2　全自動電腦化250間以上

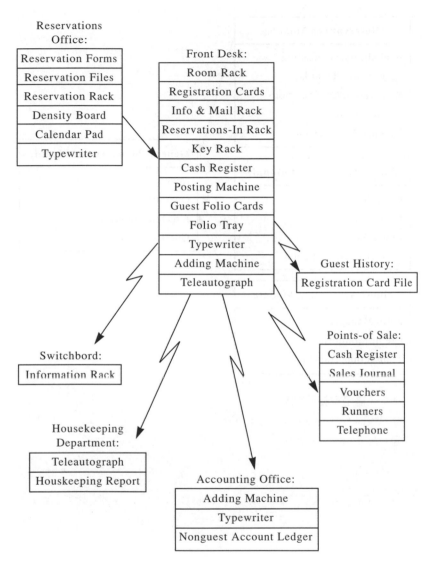

圖 12-3　櫃檯作業方式半自動化100～250間

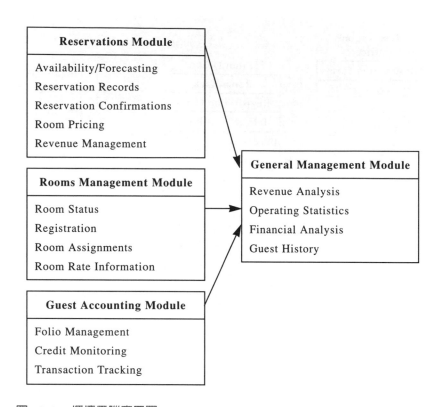

圖 12-4 櫃檯電腦應用圖
Front Office Computer Applications

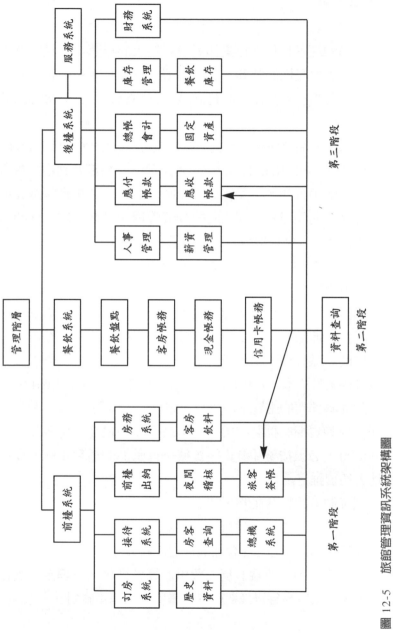

圖12-5 旅館管理資訊系統架構圖

第二節 美國旅館的統一會計制度

　　旅館的經營比任何行業都需要更鉅大的投資，而且其資本的回收，更需要長期的時間，所以必須要有一套完整的長期經營計畫。如長期需要的預測、財務計畫、長期資金收支計畫等的綜合計畫。

　　美國旅館協會所採用的統一會計制度（UNIFORM SYSTEM OF ACCOUNT FOR HOTEL）是以確立全旅館的利益計畫為出發點，並賦予各部門，如客房、餐廳、酒吧、會議廳等應達成的利益目標，期能達到各部門的經營與管理的最終目的。同時，在其一貫作業中，又可獲得經營上所需各種寶貴資料。

　　這一制度的重點在於加強各部門的利益管理，所以應以設定目標為出發點。

　　換言之，必須根據旅館的設備投資、配股，償還借款等資料先行設定全旅館的利益目標，並參照過去的實績與各種因素，將應達成的利益目標分別賦予各部門主管去負責達成，再根據此一利益目標衡量成本，薪資及其他經費等因素去設定銷售的目標。

　　如此各部門的主管不但負有「銷售」、「經營」及「利益」的責任，同時也握有控制的權限，但最重要的是在實施各部門的管理制度時，必須按著「計畫→實績→行動」的循環步驟，周而復始地去切實推行。

　　這種制度的利點在於：

　　為達成所預期的利益目標，各部門主管對「銷售」、「成本」及「經費」的意識必然更會加深而提高警覺。

　　既然對各種「收益」及「費用」等各細目，管理至為嚴密，累積起來就很容易獲得長期經營計畫所需的基本資料。

因「銷售」與「利益」的管理，齊頭並進，隨時可檢討並控制經費的開支。

由於採用同樣的統一會計科目，容易與同業間比較經營的效率，故能站在更客觀的立場去分析本身的經營能力以求改進。

第三節 現代化的管理制度

組織與管理在旅館的經營中有如車輛的兩輪，組織為體，管理為用，必須相輔相成，才能達成共同的目標。

所謂「利益管理」，不僅要求各部門的主管負責「銷售」多少，或「收益」多少，而是要各部門先設定正確的利益目標，並要各部門主管負責達成該目標的責任，再以此目標與實績互相比較、檢討，以便發現經營的缺點隨時加以改進。

利益管理的業務內容是：

銷售分析

根據各部門的銷售資料，就可製作各部門、各項目的銷售分析報表，再據此報表，更可獲得各部門的日計、累計銷售額，同時又可看出各部門在總收入中所占的百分比，以考核他們的業績，以便採取適切的對策。

應付款的管理

旅館所採購的材料，按其特性可以分成兩大類別，即一、採購後直接交給現場使用的「直納品」與二、採購後先交給倉庫，再由倉庫出庫的「貯藏品」二種。前者如餐飲材料、生鮮物品、瓶罐類、食物等。後者如消耗品（布巾類、備品）事務用品等。

根據採購日報表可以製作應付帳款餘額一覽表，進而更能建立付款計畫及資金周轉計畫。

庫存品的管理

由倉庫發出多少材料是倉庫管理不可或缺的重要資料，根據這些資料就可以製作各部門損益計算的基本資料。

各部門的損益計算

根據各部門的經費可以分析其開支是否妥當，並可以隨時採取對策加以控制。

應收帳款的管理

根據應收帳款的資料，可以製作每一顧客的應收帳款日報表，同時更能看出顧客的利用次數及付款實績，在月底並可製作請款單及應收帳款餘額一覽表，作為嚴密防止壞帳的發生。

財務管理

根據收支傳票、轉帳傳票、記帳後，尚可自動地製作餘額試算表、損益計算表、貸借對照表等財務報表以便正確地明瞭財務狀況。

市場分析報告

從第一項到第六項都是管理上所需的資料，這些資料不但可以提高各部門對成本的認識，更可加強內部的管理，以達成利益管理的目的。收入的多寡，可以左右利益的高低，而如何增加利益，就非依賴嚴密而正確的市場調查報告不可了。其最簡單的方

法是根據顧客的登紀卡來製作，如顧客的年齡、性別、住址、住宿目的、房租、餐飲內容等資料都是寶貴的市場分析資料，也可作爲將來推廣的參考。

總而言之，如能善用適合於旅館的最新電腦，再配合採用美國旅館的統一會計制度，那麼要達到旅館的現代化管理將不是一件困難的事。

當然，這種會計制度並不非削足適履均可適用於任何一家旅館的，但是，可以按各旅館的規模、組織的特性，稍加修改，就可運用，因爲它畢竟是根據旅館的共同會計原理所建立起來的一種制度。

第四節 經營旅館的新觀念

今天，人類的觀光活動，隨著交通工具的發達與經濟的改善，而日趨充沛蓬勃，旅館對社會所提供的服務項目，就更是包羅萬象了。隨著其功能的複雜化，旅館的地位更形重要。它提供的項目有：如一、住宿設備；二、餐飲設備；三、社交設備；四、育樂設備；五、人物與情報的提供服務。換言之，「旅館是提供多目標商品與服務機能的綜合活動場所。」若再將旅館的新定義界定爲只供旅客住宿與餐食，已屬歷史的陳跡。這種特殊形態的商品與一般商品所不同的特點是：

一、多機能性。
二、瞬間產消性。
三、非儲存性。
四、非流通性。
五、非伸縮性。

291

六、季節多變性。

七、土地農耕性。

八、事前無法評價性。

換言之，這種商品是將各種機能綜合起來，成為整套的合成商品提供給顧客，因此很難配合顧客個別的需要，而且要顧客本人來店時才能提供服務的商品，且其中一部分商品當場即形消失，更進者，這種商品是不能轉售給別人，同時商品的數量在建築當時，已便被限定為受季節的變化、生意起落不常，因此很難做正確的預測，加之，商品附著於土地上，必須要顧客前來購買，最後還要等到顧客住過後，才能批評其價值與感受。

以上是旅館的特性，但是更重要的是，旅館對國家所負的重大使命。旅館對國民外交的推動、社會經濟的繁榮、工商貿易的推廣、就業機會的增加、外匯收人的提高、國民身心的調節，皆有輝煌的貢獻，從事旅館業者，實可引以自豪。

因此，先進國家的旅館，在管理上精益求精，在服務上力求精進，在制度上日趨完備，甚者在建築設計上力求日新月異，是以，旅館事業已成為一個人類邁向新時代的標誌。

往年，台灣的旅館經營者，常忽略了市場的動態、趨勢。今後必須加強市場研究與調查，以配合旅客的需求，提供完美的服務。因為社會的進步，將會使人生的觀念與態度隨之而不斷改變，社會型態的變化，是由於受到下列幾項因素而起的如：一、國民所得的增加；二、休閒時間的增多；三、教育水準的提高；四、生活方式的改善；五、交通工具的進步；六、人口都市的集中；七、社會的工業化。

這些因素，必然影響了人類的消費觀念，除了食衣住行外，人們尚渴求高尚的育樂享受與別具個性的各種休閒活動，以便在工作之餘，調劑身心，期能發揮更高的工作效率。為適應新時代

的人類生活，未來的旅館經營，亦應具備下列的功能：一、獨特化；二、科技化；三、健美化；四、休閒化；五、教育化；六、資訊化。認清了旅館事業的特殊性及發展趨勢與經營方向後，我們應及早確立營業方針，訓練各種管理人才，建立完善的科學管理制度，加強市場行銷，改善設備，發揮眞誠服務的特色，樹立高雅獨特的風格，以順應世界的觀光潮流。

縱然人類的行爲，一切都在改革進步中，然而唯一不變的是旅館工作人員的工作熱忱，卻永遠是抱著爲人類提供舒適與親切的服務，使顧客有賓至如歸之感受，甚而流連忘返。

相信各位對於旅館的作業已經有了一個明確的認識，只要各位樂於與人協調合作，抱著「人生以服務爲目的」的信念，勇於接受訓練及鼓勵性的挑戰，精益求精，勢必有一番的作爲。

旅館是觀光事業的中堅，沒有旅館就沒有觀光事業，而沒有旅館的服務人員的努力不懈，與堅韌不拔的精神，也不可能會衍生良好的旅館事業。

如何使旅館經營得善，全賴從業人員之不斷努力與不斷改進。希望大家堅守崗位，全力以赴，並時時刻刻記住下列十個「S」之信條，那麼相信必能圓滿達成任務，而成爲一個優秀的旅館從業人員，前途必定是光明燦爛，而台灣必將成爲一個國際休閒度假、開會與觀摩的觀光寶島。

十個「S」之經營基本信條

1.對內確實督導工作（SUPERVISION）。

2.對外加強推銷業務（SALES）。

3.對旅客提供優美的環境（SURROUNDINGS）。

4.對旅客付出最大的熱忱（SINCERITY）。

5.對旅客作到周到的服務（SERVICE）。

6.對旅客提供安全的保障（SECURITY）。

7.對旅客展露微笑（SMILE）。

8.讓旅客獲得衛生設備（SANITATION）。

9.讓旅客享受迅速的服務（SPEED）。

10.讓旅客帶走由衷的滿意（SATISFACTION）。

　　總之，唯有在顧客滿意的條件下，旅客才能來而久留，去而復返，旅館才能獲致合理的盈利，營業才能欣欣向榮。

第13章

研究、改進與發展

第一節 興建旅館前的市場調查

二十一世紀是個大變動的時代。今天不僅僅是政治制度在變、經濟結構在變，人們的思想意識觀念以及社會制度也都在變化著，更重要的是我們本身是否也在求變、求新、求進步？

旅館經營者在面臨著科技知識的猛進、商場競爭的劇烈及國際情勢的紛亂等種種錯綜複雜的情況下，是不能僅憑直覺、臆斷去經營，而必須採取妥善的經營管理及市場行銷的技術，以便訂立增進滿足消費者需要的政策，作為經營的最高目標。

行銷過程的四個階段

從市場行銷的觀點來看經濟發展的過程，在工業革命後可分為四個階段：

（一）生產導向階段

由於當時的企業家只關心如何針對產品及服務的缺乏而去增產物品及提供服務的關係，因此強調在生產貨物、提供服務以後再制訂銷售政策。

（二）財務導向階段

後來由於經營者發現獲利的方式在於產業與財務的合併，故對於財務的管理特別重視。

（三）銷售導向階段

經過大量生產後，發現了需求的缺乏。即銷路成了問題，因此不得不講究推銷術、包裝術，並且重視了廣告的效果。

（四）行銷導向階段

在科技與社會急遽突變的時代來臨後，經營者瞭解到真正獲利的途徑是必須滿足消費者的需要，因此一切活動均以滿足消費者的需求外，應以增進消費者的福祉為主。

目前我們旅館經營的方式大概處於第三階段的末期。這可由許多的旅館業者在興建旅館時不重視市場的需求而只是將土地、資金盲目投資這一點就可加以證明。而先進國家已逐漸地步入了第五階段——社會導向階段——亦即開始重視了觀光污染、保護消費者、失業救濟及國民教育等社會問題。

市場行銷活動與研究

所謂「行銷」與推銷並不是同一意義。推銷只是單純地將工廠的產品送到消費者手中就算了事。而行銷活動中的產品的供給，並非依照工廠能生產什麼製造什麼產品來推銷給消費者；而是要事前分析、調查消費者需要之後再有計畫地去製造適合消費者需要的產品。

在行銷中，還要設法刺激消費者的心理，使之興起強烈的需求慾望，再以適當的產品使之滿足。像這樣地從消費者需要的事前調查活動，經過產品的計畫、推銷的措施到滿足消費者的需要與福祉，才加以生產，同時投資者亦能獲得正當利潤的整個過程，就是所謂的行銷活動。

市場行銷研究係為制定及執行市場行銷策略所作之全面調查及研究，包括：產品研究、市場研究、銷售政策研究及銷售推廣計畫研究。

旅館是觀光事業發展的基盤。我們事前必須要客觀地、有系統地、廣泛而深入地調查。再根據縝密周全的調查結果來訂定市場行銷的策略，以達到我們經營的目標。

　　有鑑於比，這裡就僅以有關興建旅館前的市場調查及應辦事項，提供給有意經營旅館的人士們作爲參考。

　　一般說來興建旅館前的市場調查可分爲下列步驟（見圖13-1）：

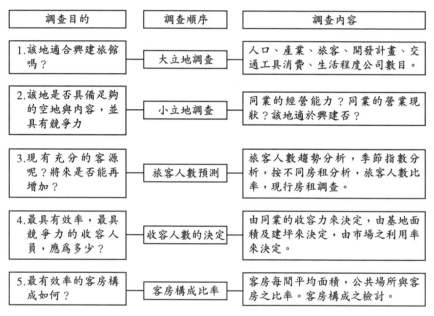

調查目的	調查順序	調查內容
1.該地適合興建旅館嗎？	大立地調查	人口、產業、旅客、開發計畫、交通工具消費、生活程度公司數目。
2.該地是否具備足夠的空地與內容，並具有競爭力	小立地調查	同業的經營能力？同業的營業現狀？該地適於興建否？
3.現有充分的客源呢？將來是否能再增加？	旅客人數預測	旅客人數趨勢分析，季節指數分析，按不同房租分析，旅客人數比率，現行房租調查。
4.最具有效率，最具競爭力的收容人員，應爲多少？	收容人數的決定	由同業的收容力來決定，由基地面積及建坪來決定，由市場之利用率來決定。
5.最有效率的客房構成如何？	客房構成比率	客房每間平均面積，公共場所與客房之比率。客房構成之檢討。

圖 13-1　**市場行銷研究調查**

　　茲再就其細節說明於後：

（一）大立地調查

　　大立地調查項目應包括：

　　1.當地人口有多少？

　　2.有無增加？

　　3.屬於何種都市型態（如商業型都市、觀光型、消費型、政治型或生產型）？

4.有無開發計畫？

5.將來發展性如何？

6.每年觀光客有多少？

7.有無增加？

8.由何地來？

9.來此目的何在（商務、娛樂、觀光或政治）？

10.利用何種主要交通工具？

11.附近有多少車站、港口？

12.附近有多少銀行？

13.有多少行業設有總公司、分行或營業處？

14.當地生活水準如何？

15.消費水準如何？

16.物價水準如何？

17.季節變動如何？

（二）小立地調查

小立地調查內容應包括：

1.距離車站有多遠？

2.面臨主要道路寬度如何？

3.面臨主要道路有幾面？

4.廣告塔高度容易看到否？

5.總面積有多少？

6.地價如何？

7.建蔽率如何？

8.有多少面積的停車場？

9.附近有銀行、公司、遊樂街否？

10.各公司會大力支持利用否？

11.適合設立各種附帶設備否？

12.目前競爭對象旅館的住用率如何？

13.距離競爭對手的旅館有多遠？

14.距離主要交通終點站近否？

15.如要出租給他人，對方也能經營否？

16.建築成本便宜否？

17.將來有發展前途嗎？

（三）競爭對手旅館調查

競爭對手旅館調查應包括：

1.收容人數多少。

2.住用率如何？

3.房租訂價如何？

4.交通方便否？

5.顧客能安心住宿否？

6.服務如何？

7.停車場的容納量如何？

8.建築物設備是否維持良好？

9.立地環境如何？

10.顧客的批評如何？

11.平均房租單價多少？

12.固定的常客多否？

13.有增建計畫否？

14.知名度如何？

15.餐飲部門收入高否？

16.有無附帶設備？

17.經營能力如何？

以上是以興建一家商業性的旅館為例。假如要興建其他類型

的旅館，只要將調查的項目略爲變動一下就可以應用了。

如果能夠根據上述五個步驟做有系統的、客觀的及廣泛而深入的調查，自然會得到可靠的調查資料以作爲提供決策者的正確指標。

總之，市場調查的最後目的乃在於研擬一套健全的市場行銷策略，用以達到經營旅館的目標，亦即增加供給顧客的需求與獲得正當的利潤。

最後筆者要引用管理學者彼得·杜雷克先生的一句話，作爲我們企業家座右銘：他說：

「企業的目的只有一個切實的定義，那就是製造顧客。」
又說：「如果這一定義成立的話，那麼企業家只有二個任務——一是市場行銷，另一則是革新！」

第二節　旅館開幕前的行銷活動

前言

旅館是一個多采多姿，包羅萬象的服務企業，從無中生有的籌劃階段，直到一座美倫美煥的飯店落成開幕呈現在我們的眼前，這期間必須經過一段漫長而艱苦的歷程與無數人的心血的結晶。

常言：「無旅館就無觀光事業。」那麼，也可以說「無行銷」也就「無旅館」了。

旅館的行銷就是要創造市場之優勢與顧客的需要，進而作整

體的企劃，將旅館的產品與服務成功地打進目標市場，並開發動態的市場推廣活動，以維繫企業的存續以至於發展。

旅館開工後，即面臨二大項要展開的工作！

（一）行政工作

1.尋覓適當的辦公處所。
2.僱用人員。
3.裝設電話等通訊設備。
4.辦公設備與用品。
5.設置客房訂房控制簿。
6.宴會訂席控制簿。
7.各種報表。

（二）行銷工作

1.擬定開幕前行銷計畫。
2.設定初期的收入預估。
3.指定廣告及公關代理商。
4.劃定團體訂房配額及責任。

在完成可行性研究後，已決定每一個房間的建築成本，並經投資者、經營者，及市場調查專家共同會商決定客房總數及共同目標時，應在開幕前二十四個月前指定總經理之人選。

此時，總經理即應配合建築計畫進度，編造開幕前行銷計畫，首先他將接到：一、預估的財務報告表（十年間的）；二、開幕前的預算；三、設計圖；四、旅館未來的特色說明及五、會議紀錄等文件。他將依據這些資料，選定市場組合及開發行銷組合。因為行銷組合是企業在目標市場上開發產品、服務與市場的策略性行銷四個P的組合、不但可達成旅館的目標與行銷目標，同時，最重要的是能夠滿足顧客的需求和期望。

開幕前二十四個月

此時，總經理即開始行政管理及行銷活動：先尋覓適當的辦公處所、招募主要職員：如秘書、業務經理等，然後準備市場行銷預算，同時、開始市場行銷活動：一、決定要蓋成哪一種型態的旅館；二、以哪些大眾為對象；三、寫明旅館的經營理念（使命與目標）；四、選定推廣、傳播媒體及宣傳活動，以便決定市場區隔定位作為銷售活動的指針及決定市場組合。

通常所謂行銷活動，主要的五個範圍為：一、如何決定目標市場；二、如何企劃產品；三、如何為產品訂價；四、如何分銷產品；五、如何推廣產品。

例如，決定服務對象為：星期一至星期四為個別商務客，公關代理商或一些專員以為配合進行工作。另一方面，讓開幕前工作小組的主管人員參加各種團體為會員，以便提高公共形象及知名度，如參加旅館協會、觀光協會、市商會、國際會議協會、扶輪社、青商會或獅子會及婦女會等。

由於行政業務的增加，更應增設電話、電腦等辦公設備。業務部門，要有完整的作業手冊，檔案管理系統。並出動人員拜訪顧客、引誘業務。總經理除應查閱例行的行政報告外，特別注意業務部的拜訪紀錄、臨時訂房紀錄等報表，並針對著目標市場作廣告。尤其是會議團體的訂房，很早就應作準備。

開幕前十八至六個月

這期間為屬於第二階段的行銷活動

1.應準備更詳細的市場行銷步驟與計畫。

2.編製員工職責記述書。

3.重新劃定訂房配額。

4.銷售行動計畫（除原有的工作小組人員外，提供新進業務員作為行動的指針）。

5.重新調整市場區隔。

6.查看長期性訂房業務是否符合期望。否則應加強爭取短期性訂房業務。

7.由於工程進度，更接近開幕日期，廣告應更明確地指出開幕日期及進一步的說明。

8.業務員出差次數增加，主要在爭取訂房業務及其他更確定的生意。

9.對各行業加緊推廣工作。

10.贈送紀念品及簡介資料給各公司行號主管及秘書。

11.正式設定訂房配額。

12.複審內部管理制度，查看各種報告是否如期提出。

13.再度查核旅館內各種標示牌。

14.重新檢討商品計畫。

開幕前六個月至開幕

1.集中全體力量於行銷活動。

2.每一部門應有銷售行動訓練計畫。

3.全部門出動，集中火力，作全面銷售攻擊戰。

4.確定開幕時邀請參加酒會的名單。

5.餐廳各部門、籌劃各別部門的銷售計畫。

6.餐飲部經理，拜訪報社餐飲專欄記者，以便提高知名度。

7.重新明確客房目標市場（個別客及團體客）。

8.加強對旅行社及短期性市場的銷售行銷。

9.大力爭取學校、政府機關、體育團體等業務，並邀請他們參觀解說。

10.編定郵寄名單。

11.遷入正式辦公處，訂定各部門公文來往流程，尤其應加強
業務部、客務部及餐飲部門之聯繫工作。

12.設立爭取會議業務的協調部門。

13.公告房租、折價贈券及會員活動等節目。

14.考核及評估每一個業務員的成果。

部分開幕

1.加緊對當地之業務拜訪活動。

2.增加人員以便引導參觀旅館設備。

3.加緊拜訪旅行社。

4.確定俱樂部會員人數。

5.邀請外地旅行社及代理商來館參觀。

6.加強餐飲各部門推銷活動。

正式開幕

1.籌劃正式開幕工作。

2.加緊行銷全面攻擊活動。

3.計畫邀請參加宴會名單。

6.封面廣告、特別強調特色及顧客利益。尤其是餐飲部門的
廣告。

5.正式開幕後，三個月內，實施開幕後行銷活動之總體考
核。尤應考核員工接待顧客的服務態度，以便改進及調
整。

6.重新調整行銷計畫，以符合開幕後的實際需要。

7.業務部門應建立館內招待顧客的時間表，並繼續加強業務
推廣工作。

8.設立會前及會後之考核制度（會議協調部門）。

9.蒐集顧客對旅館的評語資料。

10.設定顧客檔案資料。

11.邀請貴賓、旅行社、商社、航空公司及同業等主要人員參加午宴。

12.訂定支付旅行社佣金制度，確定如期支付以維信用。

未來的旅館行銷計畫

1.開發五年期的市場行銷計畫。

2.此一計畫應以周詳的市場調查及競爭對象調查爲基礎。

3.再依調查市場結果，進一步決定「定位聲明」，以便編定銷售行動計畫、廣告計畫及推廣計畫。

總之，行銷計畫即經營實戰策略，是探討經營努力的方向及達成經營目標的方法。

在編定行銷計畫時，應經常記住將下列實戰內容包括在內。即：一、情勢分析；二、行銷目標；三、行銷策略；四、行銷方案及五、行銷預算。

旅館商戰的成敗取決於「市場定位」與「競爭策略」。尤其目前台灣的旅館業已進入戰國時代，我們應組合實戰推銷，滲透促銷與戰略行銷，作整體設計與企劃，才能克敵致勝！

第三節　旅館的新市場──國際會議

會議與旅館的關係

一般所謂〝CONVENTION〞可大致分爲兩種：一、由同業

及性質相同之法人或個人為會員的協會所辦的會議；二、由企業組織所主辦，而其對象為推銷人員或來往廠商的會議。前者為ASSOCIATION CONVENTION，而後者稱為COMPANY MEETING。

協會主辦的會議，百分之七十為二百人以下參加者為多，但公司所主辦的會議則百分之八十為一百人以下參加者較為普遍。由此觀之，這些會議不一定都要在大型的旅館舉行。所以有許多中型旅館也在爭取商務旅客的光臨，藉以吸引會議的生意。

旅館經營者正式重視招徠各種會議在旅館內舉行的不過是始自一九五〇年代的事。這以前，旅館為儘量避免由於會議的舉行以致打擾一般的住客，只有在淡季時，為彌補收入之不足，才把爭取會議的生意視為一種臨時性的行銷措施。

但隨著現代社會活動的日漸活絡，各種會議也迅速激增，因此，許多旅館也開始注意爭取會議能夠在自己的旅館舉行，以便增加營業的收入。到了一九六〇年代末期，在大規模的旅館裡舉行的會議，竟占該旅館營業收入之百分四十。今天，有些旅館的總收入之中，竟有百分之九十來自開會的收入。

在美國真正以會議型的姿態出現的旅館為一九六三年開幕之紐約希爾頓大飯店，今天在美國利用率較高的旅館，大多屬於會議型的旅館。

由於會議的召開，無形中也增加了旅館內客房部門及餐飲部門的收入。因此，對於遊樂地之度假性旅館來講，利用淡季爭取會議的生意已成為當然的事，而大型的旅館為了增加利用率及提高收入，也設有專任的會議推銷人員及服務人員，千方百計在努力爭取國際性的會議。

將來的會議趨勢

在美國開會的風氣如此盛行的主要原因，係美國民族天性喜愛開會討論。由於人種眾多，為便於統一各方面的意見，開會成為他們彼此溝通意見的重要手段。其二為參加開會者的費用大多由企業組織負擔。甚至於連參加者太太的費用也可以招待。再者，航空公司或旅館對於參加者的眷屬都有特別優惠的服務來促銷。

據推測，將來公司所主辦的會議，將會比協會所主辦的增加率要高，而且公司主辦的會議形態也將由過去的大型演講會改變為以參加者為主體的研習會，同時所利用的場所亦以連鎖經營旅館者為多。

根據最近康乃爾大學所作調查，利用旅館的目的可分為：

商用：52.3％

開會：24.2％

私用：4％

享樂：17％

其他：1.7％

換言之，旅館的收入當中有四分一是來自開會的收入。例如，全美餐旅協會在舉行年會時，同時舉辦貿易商展藉以推銷展覽會場內的展覽舖位，而將其收益作為協會基金。

至於公司主辦的會議，其特色為開會次數、時間，以及地點等不固定性，因此會議推銷人員也就無法利用過去的推銷紀錄作為行銷的參考。一般而言，用於推銷會議的基本利器是靠廣告，直接郵寄，以及個別訪問，但對於公司主辦的會議，情形就不同，推銷員必須直接與負責計畫會議的市場推廣主管相接觸，同

時推銷的要領是要讓對方瞭解旅館的立場是要協助他們舉辦一次成功的會議，而非在推銷房間與餐飲的生意。因為負責籌劃開會的單位最關心的是旅館有沒有精通於籌辦開會的專責職員，以及社會一般人對該旅館的批評如何，更重要的是，旅館能否從頭到尾與負責開會的單位密切合作，促使會議順利進行。

　　會議種類雖然有形形色色，但站在旅館的立場，無用諱言地，是希望能招徠消費頗多的會議。例如，消費額最多的首先應算是產業界的會議，因為參加者的所得高，同時除了會議本身又要舉辦餘興節目、宴會、酒會、舞會等節目，自然會增加消費額。其次就該是醫生或律師等之專業會議，然後就是扶輪社及其他敦睦性的會議。這種會議的特色是次數多，較有固定性，最後是大學教授等有關科學研究會議，其他尚有退伍軍人、勞工會，或女性的會議、教育界等之會議。但這些消費額並不算高。

如何辦好國際會議

　　主辦開會單位對於旅館的安排所不滿的事項綜合起來有：

　　一、萬一開會日期有所變更時，旅館無法配合以調整。

　　二、由於旅館本身之設備、服務等之說明資料缺乏翔實，事先不易作具體的計畫。

　　三、旅館對外部詢及有關會議時，無法給予迅速、滿意的回答。

　　四、推廣經理、會議服務經理與旅館其他部門的協調欠佳，尤其是櫃檯好像是個獨立單位，有關開會的事，一問三不知。

　　五、旅館的請款手續繁雜而耽誤時間，且有時計算錯誤。

　　如上所述，旅館在推銷會議業務時應站在四個單位中間，從中與各方密切協調，儘量給予協助合作，即協會本身、旅館、展覽會場布置專家、主辦展覽會之單位，此外，對於交通工具之安

排、婦女活動節目的計畫、特別餐飲之提供、演講人員之選擇、協助招收會員等應以主辦者立場給予大力支持與協助，俾能圓滿召開會議。

總之，要經營各式會議業務的旅館應具備下列條件：

一、旅館的建築必須具有會議型的外觀與規模。

二、大廳內要有較寬的空間足以接待大量的會議參加者。

三、要有專設的會議場所，不像以前將宴會廳或餐廳臨時充當會議之用。

四、除大型會議廳之外，應備有各種不同形式的小型會議廳。

五、客房內的設備應較一般旅館的要寬大些，且備有沙發床，以便參加會議者隨時能夠在房內聚談小飲。

六、應考慮到參加會議者的太太，將化粧間稍微與床舖隔離。

七、旅館應設有專人負責照顧會議的業務，如服務經理或會議協調人員等。

八、旅館除備有一般旅客用之宣傳摺頁外，更應齊備專為舉辦會議用之詳細目錄，外表美觀、內容豐富、圖文並茂，包括會議場所之照片、平面圖及詳細說明。

九、經常與爭取國際會議之最有力機構——國際會議局——取得密切連繫，以便獲得開會的最新情報。

第四節　基層人才的職前訓練

判斷一家旅館的經營業績與服務水準的因素固然很多，但是基層人員的訓練程度、服務熱忱與敬業樂群的精神實為影響經營

成敗的主要關鍵。

　　近年來，由於政府與民間的積極推動與努力，觀光事業的發展至為興盛，到處可見都在競相興建旅館。因此旅館基層人才的需要已成為一項刻不容緩的事實，何況人才的訓練與培育並非朝夕之功。於是各旅館無不在積極的網羅優秀的基層人員施以嚴格的訓練，期能造就適合於本身旅館獨特典型的基本人員，以迎接新的觀光時代的來臨。

　　有鑑於此，茲謹將日本飲譽世界的帝國大飯店對於新進員工如何地施以職前訓練，使他們具有專業知識與技能，而能發揮人盡其才的宏效，為公司爭取榮譽的種種措施略為介紹。

　　該飯店每年約在十月初招考目前仍在學的大專學生，十月中旬發榜，十一月初就開始分發第一期的函授講義給經錄取而仍在學的未來員工，讓他們事先有個心理準備。內容有：旅館的沿革與設備的介紹、旅館專用英語會話、旅館的組織與員工手冊、旅館的營業項目、員工通訊、第一次函授教育的感想。

　　十二月初又寄發第二期講義。內容是：各種職務的介紹、敬語的用法、主管人員對新進人員的期待、問候近況、學長的鼓勵信、員工宿舍的介紹。

　　一月初發出第三次講義內容是：餐廳的介紹、問候信、對問候信之答覆、長官對他們的期望、員工通訊、學長的鼓勵信。

　　最後，在二月初寄發最末一期的講義，即報到時應填寫的各種表格、員工通訊。

　　如此，經過四個月的函授教育以後，於三月間畢業大專就向公司報到，公司再予實地訓練四個星期，前兩星期採用集中訓練，第一周的主要課程為旅館服務人員應具備的基本條件，其次介紹公司的沿革以補充函授的不足、薪水制度、組織概況、各種福利措施。第二周的訓練內容更為具體。如英語會話、電話應答

禮貌、西餐用餐禮節、接客須知等等。除由講師講解外更配以電影、幻燈片，以提高學習的興趣與加深印象。

在此二星期的集中訓練時間，公司就可依據學員的工作興趣、教育背景、學習能力以及性向，判斷他們適合於哪一部門的工作，以便分發各部門再施以二星期的個別現場訓練及指導。

經過上述共計五個月的職前訓練，個個基層人員就可踏上第一線擔任服務的工作。

採用這種訓練方式，我們可以發現有下列的幾個優點：

一、社會教育與職業教育同時併進，養成員工身爲旅館的服務人員對社會應盡的責任感、使命感與榮譽感。

二、集中訓練與個別訓練並重，可培育通才的幹部。

三、函授教育配合實地訓練，說明精神教育與專業教育兩者的重要性，同時也加強學習的效果。

四、訓練採用之通訊、講授、視聽工具、實地研究、個別指導、綜合討論，不但加強記憶更加深印象，提高學習興趣。

五、在學期間，員工事先已對旅館的概況有個全盤的瞭解，所以對自己未來的工作已養成信心。

六、由於函授期間，在不知不覺當中，公司與員工之間思想的溝通使彼此間建立了濃厚的友誼與情感，亦加強了員工的信賴感。

總之，訓練有素且足以應付當前旅館業所需的優秀基層人才是我們當前最爲迫切的課題，希望同業們能及早重視，根據需要，妥作長期而有效的訓練計畫，不可再有臨渴掘井、施以惡補的現象。如此我們才能適應今後觀光事業發展的新潮流。

第五節　如何改進旅館作業

旅館是一個包羅萬象、多彩多姿的新天地，變化無窮的小世界，是旅行者家外之家、度假者的世外桃源、都市人的城市中的城市，是國家文化的展覽櫥窗、國民外交的聯誼所與社會的綜合活動中心。

櫃檯是旅館的神經中樞、旅館對外的代表單位，也是旅館對內的聯絡中心，其業務複雜、責任繁重。所以處理要求慎重、迅速、正確，服務必須親切周到，因為櫃檯的管理之良否，直接可以影響整個旅館的聲譽。

因此，欲求旅館管理的合理化、科學化、現代化，就必須先從旅館的基本作業——櫃檯的作業著手改革。

櫃檯部門的管理

最近歐美先進國家為期求櫃檯管理之完善，紛紛先由健全其組織起步，其目標在於：一、提高推銷效果；二、加強人事輪調制度：三、重視三C即溝通（COMMUNICATION）、協調（COORDINATION）及合作（COOPERATION）。就是將訂房業務或推銷業務與接待業務三個單位加以合併，使各單位在作業上能更加密切配合，隨時能夠溝通、協調及合作，旨在提高客房的推銷能力及效果，而出納與接待，在組織上雖隸屬於不同部門，但在人事交流上，採取人員互調制度，以便養成雙方對彼此之業務加深認識。如此，不但能培養通才的人員，又可提高服務水準。

除上述二個特色外，特別強調組織上要反應迅速、富有彈性、便於聯絡協調及責任分明。

訂房部門的管理

「訂房」（RESERVATIONS）實爲一家旅館顧客的來源，也是財源。因此訂房業務管理之嚴密與否，可以左右旅館的營業之盛衰與成敗。所以特別要著重電話應接禮貌，注意推銷技巧，記錄求正確，聲音求柔和，動作求迅速，尤其重要的是要防止訂房錯誤之因素，以保持「訂房控制表」的準確性。

一般錯誤的發生因素不外是：聽錯、證實不精確、到達時間、姓名、聯絡地點、住宿條件、支付條件，以及控制表本身抄錄錯誤所引起。其次就是要加強取消訂房的管理。一般訂房組的通病是只注重接受訂房而疏忽了取消訂房的控制，以致發生客房銷售不均的現象。改善之方法，在於觀念上，訂房組與接待組必須要認識訂房管理的重要性。而在作業上，必須雙方時時刻刻密切配合、連繫，客房一有變動或調動，雙方應即聯絡予以必要的調整或修正。

接待業務及分配房間

接待業務（RECEPTION）之良好與否，實爲決定服務程度的標準，也是判斷一家旅館信譽的重要關鍵，何況旅館經營的最後使命乃在於提供完美的服務。因爲旅館的「商品」就是服務。

櫃檯單位的主角可以說是接待員與房間分配員（ROOMING）。他們必須：一、以推銷員自任、不但要懂得推銷術，更要瞭解公司的經營方針、商品知識。更重要的是要關心房務部門管理的作業，並經常取得連繫；二、加強接待禮節，以及三、重視與顧客及內部各單位間的溝通與協調。在作業上要改進下列各點：

（一）進館、離館手續

進館、離館手續（CHECK IN & CHECK OUT PROCEDURES）作業改進要點如下：

1.顧客資料要保持正確完善。

2.進、出時間要詢問明確。

3.房間號碼及鑰匙號碼要詳細核對。

4.注意鑰匙的保管。

（二）住宿條件之變更

住宿條件之變更（ROOM CHANGE & RATE CHANGE）作業改進要點如下：

1.變更房間、變更房租、住宿期間的變更等應妥善處理。

2.任何變更必須與訂房組聯絡，即行修改訂房控制表，以免遺漏而發生錯誤。

3.最好設置一本變更房間申請登紀簿（ROOM CHANGE REQUEST BOOK），以便房客要求變更房間時，按其申請順序予以登記，一有空房立即通知遷調，以免遺忘分配房間與指定房間（ROOM ASSIGNMENT & BLOCKING）。

4.要特別注意指定給貴賓及同一團體、同一家眷，或身體特殊人物的房間，儘量予以方便與安全為原則。

5.分配房間時要注意顧客的要求、性格、喜好，儘量要提供滿足他們所需要的。

詢問服務的管理

一般旅館分為：有關房間的詢問、留言的服務、旅館內的詢問服務（INFORMATION SERVICE）及有關市內詢問的服務。

其中，有關留言的服務特別重要，但一般的通病是由於詢問服務員抄錄在留言條上的字太潦草，或內容紀錄不正確，以致傳達發生錯誤，留給顧客很不良的印象。

至於館內及市內詢問服務，平常就應準備齊全的資料，尤其對自己館內的活動消息，如各部門的營業時間、開會場所時間等都要記憶清楚。詢問服務員有如一部百科全書，必須作到有問必答，有答必對，方能盡責。

服務中心的管理

服務中心（FRONT SERVICE、UNIFORM SERVICE）乃是旅館的一面大鏡子，它是站在接待顧客的第一前線，也是給顧客留下第一印象的地方。故英文把這一個部門叫作FRONT SERVICE，而台灣則慣用SERVICE CENTER。歐美人常說："A BELL MAN IS A FUTURE HOTEL MAN"，就是說服務中心的服務員就是將來成為旅館經理的幹才。今天很多歐美有成就的經理大部分都由基本的服務員幹起的，也由此可見旅館重現這一部門的理由，我們把它譯成：「服務中心」，正表示我們特別關心「服務」。

要改進這一部門應從訓練開始，要培養服務員：

一、瞭解旅館全盤的業務。

二、改善對話、禮節態度行為。

三、加強接待實務的基礎訓練。

四、強調在職訓練的重要性。

總之，近年來一般顧客對櫃檯服務的批評是冷淡、機械化、業務化、商業化、沒有禮貌、沒有笑容……。

的確，這些都是真心話，尤其是我們中國人素來被稱讚為好客的民族，富有人情味的國民，不過正如我常說的，我們雖有滿

腔的誠懇與好客的精神，卻深藏在心底中，缺乏表現力，所以不容易露出微笑給人一種親切感與親近感，以致被外人誤解，實在太冤枉了。真正完美的服務應該是：內心的誠懇加上外表的微笑（SERVICE=SINCERITY+SMILE）。不斷地創造並提供適合時代需要的服務才是旅館真正的使命。

第六節 旅館的建築計畫

要興建一家旅館首先必須確定先決原則，那就是：一、應該適應現代社會的需要；二、要有妥善的財務計畫；三、旅館的地點必須適中；四、要有明確的經營目標與政策；以及五、具備現代化的建築設計及健全的組織。

然後，依此原則分析內外部的各種因素：一、外部因素：地區發展的狀況、新的觀光資源、計畫中的觀光開發、交通路線的變化、休閒活動的趨勢。簡言之，就是要調查分析市場的動向、地區的特性及旅館的立地條件；二、內部因素：如何去確保資金的來源、如何去獲得所需的員工、如何去訓練及教育員工。

經過慎重調查分析內外各種因素後，認為可行時。才進行建築計畫，建築計畫大概可分為：一、建設計畫；二、資金計畫；三、人員計畫。本節主要涉及建設計畫，至於資金計畫及人員計畫擬另文討論。

建設計畫

應先深入調查及檢討市場動向、地區特性及立地條件。

明定旅館的經營內容：是以經營客房為主，或以餐飲為中心，甚或以休閒活動設備為吸引力，或是經營綜合項目等，再決

定設備規模。以上均應依照投資效率、地區社會的特性、顧客的種類及收容人數等因素詳加分析始能確定投資規模。

檢討具體的基本設計，如客房及餐廳部門的設備標準、室內裝潢、布置，以及建築構造的基本設計。

投資計畫：應根據營業計畫編造，內容包括：土地取得費用、備品費用、建築費用、開業宣傳費、開辦費、不動產取得費、不動產登記稅、設計費、營業用特殊設備及雜費。

一般旅館的總投資金額的內容及分配為：

土地	10%～20%
整地費	1%～1.5%
建築費	40%～50%
傢俱設備	15%
設計費	5%
財政稅	10%
生財器具	1.5%～2%
開辦費	4%
存貨	1.5%
周轉金	1.5%

這裡想進一步專就建設計畫中，應加注意的要點提出供作參考。

一、必須站在保全環境的立場及合乎社會需求為興建旅館的先決條件，同時綜合檢討，包括：需要與供應的平衡、產業結構的變遷、物價和消費的動向、原料的供應情形、競爭對象的調查、公共場所的利用狀況、該地區的風俗習慣、交通現況。

其中應強調經營方針與建築觀念及技術三者的密切配合，才能使將來的經營邁向穩定的軌道。

二、立地條件之適中與否。即可左右經營成敗之一半，應慎

重加以選擇，其餘的成功要素就取決於建築形態、效率、平面計畫的正確性及建築費用的有效控制。

三、決定規模及基本構造：房間數的決定應根據市場調查、分析、預測、立地條件、需要量、員工人數、服務範圍、管理型態、經營政策、顧客類型、季節變動，及服務方式等因素作決定。

決定房間數的參考（見表13-1）。

房間數決定後，下一步就要決定房間的大小、設計、配置、色調及客房部有關部門的面積，公共部門以及管理部門等的面積與各部門相互間的連繫問題。

表 13-1　不同房間數適合類型

房間數	適合類型
10～20間	適合於家庭式經營。一般客棧、旅社、公寓或小型汽車旅館屬於此類。
50～70間	可由外面僱用經理獨立經營或可做爲大型連鎖公司的附帶設備旅館。
100～150間	具有更佳的立地條件，並設有獨立的餐廳或快餐廳，將來即使要增加房間，只要增加少數員工即可應付。
150～300間	爲度假旅館及汽車旅館的代表性旅館，適合辦旅行團，並設有足夠的餐廳、休息大廳、酒吧及娛樂設備，如游泳池等。
200～300間	適合度假地的許多豪華旅館，此類旅館，具有充分表現其個性化的氣氛與環境，並可提供廣泛的各種設備，如專用海灘、高爾夫球場、特別餐廳及治療設備等。
400間以上	大都爲市中心的旅館，並可以提供綜合性服務與設備，諸如國際會議廳、中小型會議廳、宴會場、特別餐廳（除餐廳與快餐廳除外），以及其他各種設備。
700間以上	有大型的國際會議場所及展覽會中心。同時也有大規模的綜合設備，如購物中心，各式餐廳及其他娛樂設備。

319

普通營業部門與非營業部門之面積分配比例為四比六，而每一層樓應有多少房間可由防火的設備觀點上，即依房間的面積、建築方式、樓梯位置、高度、防火設備及當地標準來決定。每樓自二十間到三十五間最理想。如由房務管理的立場看，那麼自十四間到十六間的加倍數最為理想，因為每一個清潔服務員所負責管理的房數為十四間到十六間，如果每一層樓有二個服務員就是二十八間到三十二間為宜。

此外，應以高度的判斷力去確定餐飲設備的規模、數量、種類、面積、氣氛，尤其應注意服務動線的合理化，廚房作業動線的組織化與簡化及與倉庫間的聯絡，以便嚴密控制餐飲成本。

在分配公共場所時應注意下列原則：

一、客房部門與公共部門的分離。

二、如係平面建築以分為別棟為佳。

三、如係高樓建築，則以一至三樓為公共部門。

四、如頂樓風景特別優美時，可將餐廳或酒吧設於頂樓，並使用專用電梯。

同時也應注意客人與員工的動線分隔問題：

一、分別設置客人與員工及材料搬運出入口。

二、住客與外客動線的分離。

三、管理部門與客人動線的分離。

總之，建築設計必須先完成上述各項基本準備工作後，才能開始基本設計，然後概算收支，確定將來之經營目標、綜合檢討技術上的問題。

至於建築費用內容所占比例，雖因旅館的營業方針、策略、立地條件各有所不同，但大體上其分配標準如下：

建築工程	50%
空調工程	16%

給水排水衛生工程	9％
電器工程	8％
傢俱窗簾地毯	8％
電梯工程	4％
廚房洗衣設備	3％
其他雜項工程	2％

今天由於人類消費觀念的改變，遊客渴望有更高尚的育樂設備與別具風格的個性化享受活動，因此旅館應提供高級化、個性化、多樣化、育樂化及綜合化的一貫服務商品，以應付時代的挑戰與考驗，因此在建築設計時，必須加以慎重考慮、精細設計，才能樹立獨特的風格與適應時代需要的旅館。

第七節　興建旅館進度的控制

旅館投資的特性

旅館的設備投資與一般企業的投資，在原理原則上並無不同。只是一般企業以投資在生產商品的「生產設備」為主，而旅館則直接在「商品」本身。所以旅館的設備投資，要比一般企業的設備投資。更須慎重考慮計畫周密，才能達到預期的效果。

構成旅館的主要商品是環境、設備、餐飲及服務。但必須要在這些商品中，附加獨特的經營方針及配合時代需要的機能、格調及價值，始能發揮其特色。如果沒有具備獨特的個性，其商品與服務，在現時代中已無法生存，更不能吸引顧客的喜愛與競爭的能力。

旅館的投資，不但需要一次投入鉅額的資金，而且需要長期

的回收時間，也許是十年至十二年不等。然而，所興建的建築物與設備，卻常因時代急遽變化，商品的經濟價值也隨著陳舊化。以至於縮短其生命的周期，這也就是旅館必須要不斷加以更新設備的理由。

此種傾向，在經濟成長快速、社會變化多端的今日，由於消費的價值觀趨向多樣化、複雜化，更爲顯著。

鑑於上述旅館商品的投資特色，旅館籌建的成功就須依賴事前周密的計畫與管制。

計畫進度

根據以往的經驗，由旅館的市場調查開始，以至開幕爲止，期間最短二年，最長四年以上。所含之硬體及軟體內容複雜、包羅萬象。

旅館的設備投資計畫，可大別分爲二個階段：

(一) 調查計畫至開工的階段

這是從「無中生有」最困難的一個階段，爲了要執行現計畫，資金的調度成爲必備的條件，將來經營成功與否百分之八十已在這個階段決定：

1.調查、分析、構想階段

主要的目的在於確認該項事業是否可行。換言之，就是將經營者的理想與構想，藉著所蒐集的各種調查資料，加以證明是否可以成立這個事業，相反地，依據調查資料來構成自己的理想與抱負，一般設定爲三個月，但事實上，一年前即應有初步的構想。

當然，重點在於周密的調查與分析，千萬不能以個人的主觀判斷。必須多聽第三者客觀的意見。尤應成立計畫小組，延聘顧

問、專家及設計者參與其事，以便能集思廣益順利進行。

調查主要內容：

（1）大項目：

‧經濟、景氣動向。

‧國民生活動向。

‧金融情況。

‧休閒及業界動向。

（2）小項目：

‧有關顧客方面：市場調查、地域調查、競爭同業調查、未來預測。

‧有關建築方面：建地調查、建築物調查、建築條件、法令規範。

‧有關經營方面：資金調度、過去實績及現狀之比較、營業實績、財務狀況借貸狀況、組織、人事、現狀等。

根據上述之調查分析，來充實構想內容，再予綜合性的調整，並將構想方針化、具體化，作最後的定案。其中最重要的是選擇適當的設計師。

設計師的選擇條件：

一、確實能瞭解經營者的方針。

二、對旅館設計具有經驗及良好實績者。

三、品德良好，信用可靠，觀念正確者。

四、辦公室、內容充實者。

旅館的設備投資等於對固定資產的投資，應慎重其事，絕不可大意，不可因設計者係朋友關係。或因其建築物美觀，或係著名建築家等原因即聘用。須知設計師永遠是建築技術者，絕非商品的推銷者。

2.企劃計畫階段

這個階段是要將經營者的構想與方針在圖面上，具體地顯示出來，所以必須讓設計者徹底明瞭經營者的經營理念，構想與方針。不能只告訴設計者，因為要興建旅館，所以請他繪圖面而已。所謂企劃，必是充分能表達經營者的構想與方針，才能產生優秀的產品。

（1）軟體：

　　·確定旅館的個性。

　　·顧客對象、房租、等級。

　　·營運及服務方式。

（2）硬體：

　　·設備規模：總面積、樓層數、容納人數。

　　·設備內容：客房種類、公共場所配置、後台設備。

　　·投資規模：投資金額、建築器材、開業資金。

　　·實施時間：開工、開業、休業期間。

如何將構想與方針充分地表現在建築技術上，那就得完全依賴設計者的能力與經驗，通常這個期間很重要，需要八個月左右，經過無數次的討論、修正與調整。必要時，尚應由不同的觀點，擬出不同的計畫再加以選擇，但也不要因為檢討的時間過長。而失去積極的態度與良機。

最重要的是，如圖13-2所示，由各方面加以判斷及檢討。

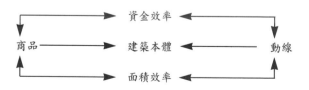

圖 13-2　　旅館建築企劃

　　例如，商品雖然好，但面積太大或規模雖大、容納人數卻太少等、檢討每一計畫，再由營運角度：投資金額方面配合修正，如此循環檢討後，反映於計畫。有時因受到某些條件的限制，無法盡善盡美，必須容忍。不過容忍到某程度，就得靠判斷，而這個判斷就依據詳盡的調查，分析結果。

　　投資過大，並非良策，但投資過小，也會有悔不當初的情況發生，必須慎重選擇。

　　3.融資、計畫具體化、準備階段

　　將構想、方針圖面化，不斷加以檢討、修正完成後即撰寫建設計畫書，作為今後經營的基準，並據以開始資金的調度。須知，即使有最完整的計畫，如果沒有充足的資金，即等於紙上談兵。這個期間，一般設為五個月。但實際上，也許會拖延至六個月甚至於一年。

　　資金調度的關鍵，在於如何說服金融機構。故必須要有完善的建設計畫書。

　　建設計畫書內容至少應包括：

　　一、設備投資的理由。

　　二、設備內容說明、面積、項目。

　　三、建設所需資金明細與調度方法。

　　四、建設後之收支預測。

　　五、長期經營計畫（十年）。

　　六、過去實績、各種分析資料。

　　七、圖面。

　　總之，要涵蓋過去檢討的結果，其中較成問題的，過去的實績與新計畫間的差異，以及住用率設計與消費單價的決定，故必須檢討附足以說服金融機構的完整資料，尤其是要具備完善的計畫，及經營者堅定的信心與誠懇的態度。

　　另一方面，就最後決定的平面圖，再度確認其面積分配、配置及動線等，旅館機能（見圖13-3）。檢討細節後，作爲實施設計的準備階段。

　　整體及各部形象與細節：

　　一、藝術設計、氣氛、等級。

　　二、電氣、照明、開關、電視、電話、舞台。

　　三、設備、節約能源對策、特殊設備。

　　四、後檯部門：辦公室、廚房、倉庫、餐具室、員工使用部門。

　　其他傢俱、器具、館內標示公共場所命名等，必須與整體的形象、格調及等級互相密切配合加以處理。

　　4.實施階段

　　一旦融資確定有了著落，即可開始實施設計。

（1）實施設計：以人工作業爲主，約需三個月，無法再縮短。實施設計完成後，必須聽取詳盡的圖面說明。目的在於確認過去所檢討的各種事項，是否完全在圖面上一一顯示出來，否則往往在興建完成後，才發覺與原來的構想不符，此時已無法補救。

（2）業者的選擇：在提出有關機關申請核准前，就要選定業者，然後簽定合約，規定工程期限、支付條件及業務範圍等，尤應特別限制工程期限及完工後的維護事宜。

（二）開工至開業階段

　　第一階段是由無生有較困難的一個階段，故期限可有緩衝的餘地。但這個階段必須嚴格控制，因爲在這期間，必須處理有關開業所需要的一切業務，所以工作內容更加詳細與複雜。尤應特別注意，一面檢討「總合計畫表」，另一方面又要檢討「建設所需

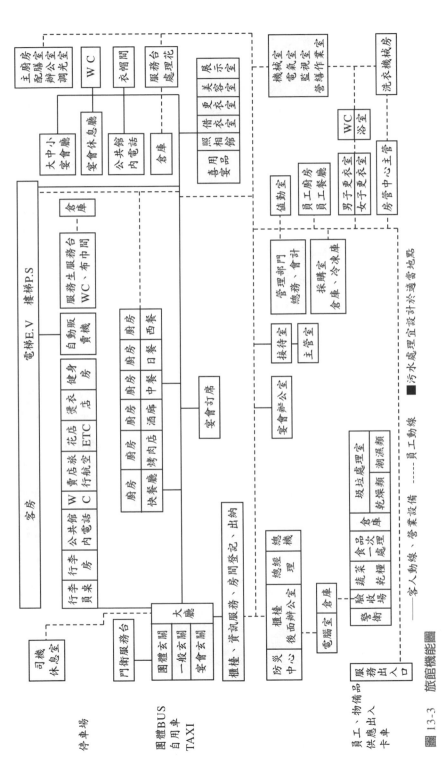

圖 13-3　旅館機能圖

327

資金」及「支付計畫表」，工作相當繁重。

1.業務內容與進度

    （1）建築部分：建築期間，視規模大小與困難程度，雖然有所不同。但一般需要一年，其中架設，土木工程，基礎約一百二十天軀體約一百五十天。修整、完工一百天。

          經營者，如只顧到工程，就無法進行其他業務，所以必須將工程委任設計者負責處理，不過雙方要定期檢討、追蹤進度、修正、調整並作成書面紀錄，同時，更要檢討其附屬設備，如電話、廚房、特殊設備等。

    （2）器具、備品：先決定數量、配置、配合整體的形象、格調及等級予以設計，並索取比價單，作成比較表。再與業者商討議價，然後發包，大部分的器具與備品應在工程進行的中段期完成發包。

2.營運方針

這個階段需將所有的方針具體化，比如要不要提供房內餐飲服務？方法又如何？人員如何安排？以及帳單的設計等等，諸如此類，應在工程期的前半段作檢討而在後半段就要具體化。

3.業務推廣

開業的成功與否？完全有賴業務推廣進行如何而定。大體上說，工程進行的前半段，屬於辦理公共關係的期間，而後半段就要全力以赴，作好業務推廣工作。該項工作的成敗直接影響開業後初年度的營業狀況與收入至鉅。開工後再來檢討有關企劃已經太晚，應在計畫準備階段就要研擬企劃推廣的方法，一旦開工就應將企劃案具體化。總之，在工程進行的前半段，先處理器具與備品，而在後半段就應專心傾力於業務推廣工作。

至於建設所需資金及支付計畫，應經常核對當初的預算，因

為設備投資，稍有疏忽，往往會超出預算甚鉅。

結論

投資旅館其資金龐大，但回收緩慢，在營運期間又須不斷提高服務品質、耗資更新設備，以維國家信譽與國際水準。加之，成本負擔沉重，因此興建旅館前應慎重考慮其先決原則：一、是否適應當前社會之需要；二、是否有妥善的財務計畫；三、地點是否適中；四、是否有明確的經營目標與政策；五、是否有現代化的建築設計及健全的組織。必須根據調查內外各種相關因素後，認為可行，才可以著手興建。

同時，經營者，除了應具備優越的經濟頭腦，豐富的經驗之外，觀念的革新、新知的吸收、現況的改良，更是必備的理念。

第八節 旅館行銷的新方向

今天的世界是個變化無窮、動盪不定的時代，自然環境在變動，世局在劇烈的演變，無論是經濟結構、思想觀念或社會制度，一切都在變，連我們本身也在求變。

我們面對著這種變化多端、錯綜複雜的環境，必須冷靜下來，找尋一個正確的經營方向，所以要周而復始不斷地研究「市場行銷」（MARKETING）。因為它告訴我們："WHERE TO GO？WHAT TO DO？"正如雪萊頓大飯店的董事長曾經說過：「一個成功的經營者，在英國要懂得財務管理，在德國要知道生產管理，但在美國就得研究市場行銷了。」

我們先從市場行銷的觀點來看經濟發展的經過。自工業革命之後，可分為三個階段：

第一個階段就是生產導向的階段，也就是生產者只關心如何增加產量，並沒有考慮其銷路。

第二個階段是財務導向的階段，管理者認為只要將產業與財務密切配合，就可獲利。

第三個階段是銷售導向的階段，因為大量生產的結果，不得不講究如何去推銷。

今天經營者才發覺以上這些都是行不通的。企業要真正地獲利，必須製造滿足消費者所需要的產品，那就必須研究行銷管理。因為銷售，只是單行道，行銷是雙軌道。先調查消費者需要什麼，然後去製造他們所需的產品，一切活動，應以滿足消費者為出發點，增進消費者最大的福祉為最終目標。

目前工業國家都已經邁入社會導向的階段，就是重視如何防止觀光污染，及保護觀光客的安全與權利。然而反觀我們，卻仍然停留在銷售的時代。這一點，可從我們的經營者，不瞭解市場的實況與需求，或盲目投資經營旅館以致於旅館過剩，而到處殺價，形成旅館的戰國時代，邈不相涉惡性競爭等，現況可以窺其全貌。

我們要知道，出售產品的四個要素是：產品本身（PRODUCT）、價格結構（PRICE）、銷售路線（PLACE）、推廣策略（PROMOTION）。

但今天我們的產品並沒有創新、沒有特色，又沒有個性，所以失去了吸引力，我們的價格，沒有經過分析、調查，所以到處殺價。我們的銷售市場，百分之六十限於某些市場，至於推廣策略，看看我們的旅館有幾家在國際上建立他們的信譽、知名度及形象？

那麼我們應該怎麼辦？市場行銷就是告訴我們往那一方向走，並且應該怎麼做。

讓我們回憶一下，旅館商品內容演變的經過吧！

在六〇年代時，五百間旅館算是大型的，他們的商品是：氣氛（ATMOSPHERE）、客房（BED）、餐飲（COFFEE）。

但是到了七〇年代，一千間的才能算是大型的旅館，他們商品的內容，更加充實、豐富、多彩多姿。那就是：吸引力（ATTRACTION）、商業中心（BUSINESS CENTER）、國際會議（CONVENTION）。

然而進入八〇年代時，其內容又有了一大改變與創新。即：行動（ACTION）、旅館變成了新興的都市（BOOMING CITY）、地區、社會的活動中心（COMMUNITY CENTER）。

而房間數量要有一千五百間的才能屬於大型旅館。九〇年代將成為：活動的社會（ACTIVITY SOCIETY）、繽紛的樂園（BLOOMING PARADISE）、資訊的世界（COMMUNICATION WORLD）。

再看看旅行的形態，五〇年代是屬於批發商及暴發戶的旅行客。六〇年代則是招待旅行的團體；七〇年代又是一般性的旅行團。然而八〇年代又成為青年的一代及商業兼觀光的時代，也就是說：從五〇年代的大眾化旅行經過六〇年代的集中化旅行以致於七〇年代的遠程化觀光，今日已堂堂進入多樣化旅行的全民觀光時代了。

另一方面我們也可從太平洋旅遊年會所標榜的主題不難看出旅行的演變，即：

五〇年代的口號為：推廣觀光事業（SELLING TOURISM）。
六〇年代：如何使觀光客滿意（MAKE TOURIST SATISFIED）。

七〇年代：發現特色（EXPLOIT THE UNIQUENESS）。

八〇年代：消費者是唯一值得我們所關心的，即消費者重視價值觀與個性化（CONSUMER THE ONLY PERSON WHO REALLY MATTERS）。

九〇年代：走向地球（GOING GLOBAL）代表全球性觀光時代的來臨。

由以上的引證，可以將目前旅館市場所面臨的課題歸納爲五個C來代表：

一、旅館市場多樣化（COMBINATION）。

二、旅館建築個性化（CHARACTER）。

三、旅館經營連鎖化（CHAIN）。

四、旅館管理電腦化（COMPUTER）。

五、旅館競爭激烈化（COMPETITION）。

因此，我們的市場行銷重點，應該是：

一、採取個性化的戰略：由自己旅館的環境、立地、建築、餐飲、價格、服務及其他方面去建立本身的特色與個性。

二、重視無形價值（INVISIBLE VALUE）的提供。如知名度、等級、氣氛、信譽、格調以及形象等等。

三、加強對旅行社、航空公司的對策，採取聯合推廣業務的策略。

四、內部的管理應該考慮本身的規模及體質，簡化組織，加強員工訓練與管理、作業電腦化，並研究如何節省開支，控制成本。

五、尤其應該特別要留意外部環境的變化。如能源危機、觀光污染等之嚴重性。

　　總之，顧客所追求的是眞正具有價值觀、滿意感及強烈個性化的商品，亦即品質與價值的競爭時代。所以如何提高我們的價值及品質是我們大家共同努力以赴的目標與責任。但我們旅館經營永不變的哲學是：以保護旅客的生命、財產的安全與權利爲大前提，以誠懇的服務精神，提供最高品質的商品，使顧客有賓至如歸的感受。

　　如何分析自己的商品特色，以爲市場定位？（見表13-2、表13-3）。

表 13-2　自我分析商品特色表

What am I？

-resort

-hotel

-inn

-hotel

-condominium

-motel

How large am I？

-number of guestrooms, types

-number of guests I can accommodate

-number of restaurant seats

-meeting space availability, banquet rooms, exhibit area

-how many guestrooms can be assigned to group business

Where am I located？

-distance to airport, downtown, other modes of transportation

-distance to industrial centers, major attractions

-by what highways do my customers arrive

-how large is the city

-how large are neighboring cities

-closest competitors: names, distances, and number of rooms

How established is my business ?

-What percent is repeat

-What is my image in the community

-What is my position in the marketplace

-What months, days, and hours is my business best

-how much is referral business

-What upcoming changes might affect my business

-is business seasonal

In what condition are my facilities ?

-age: old and run-down or modern and clean

-condition of exterior, main entrance, parking area, grounds, lobby

-condition of guest rooms, hallways, public space, recreation areas

-how much is spent on maintenance and repairs

-condition of furnishings, mattresses, linen, audiovisual equipment

What recreational facilities are offered ?

-golf course, swimming, lawn sports, boating, skiing, tennis

-what facilities are nearby

-what new facilities might be considered

-historic, scenic, and amusement attractions in the area

-what is the atmosphere

-quiet, ritzy, fast

-moving

-what natural advantages do I have, artificial attractions, unique features

How good are my restaurant and lounge ?

-menu, specialties, food quantity, coffee, salads, soups

-decor, glassware, china, silver

-quality and quantity

-control procedures

-am I using the right-sized glasses: wine, rock, highball

-how good is competitions food, entertainment, service

How service-minded are my employees ?

-front desk, cashiers, room attendants, servers

-how many complaints and compliments, and their frequency

-employee relations, employee training, suggestion box

-organizational structure: each employee with one boss

What conference and meeting facilities do I offer？

-What is the ideal-sized group, what is the maximum

-sized group

-meeting equipment available: tables, chairs, audiovisual, risers, exhibits

-how many function rooms; how flexible are they

-outside services available: labor, ground handlers, audiovisual

-What overflow facilities are available for large groups

-how many meetings and/or food functions can be held concurrently

-are sound systems and lighting adequate

第九節　旅館經營的六大病態

　　現代的旅館為配合市場的需要與時代的潮流，規模日漸龐大，組織日形複雜，經營趨向連鎖化，而且設備廣泛化，機能更為多樣化，可謂包羅萬象。多彩多姿的一種綜合性大企業。

　　為達成預期的經營成效與健全的發展，首要建立一套完整的管理制度。

　　根據美國國際旅館管理公司董事長柯福曼在其論述中曾明確表示。目前經營旅館最普遍存在的病態有六種，而且通常不易為人所發覺，卻不斷威脅旅館的生存。其最主要原因是沒有一套完整的管理制度。

　　本節想根據六種病態，來討論台灣目前旅館經營所面臨的缺點，期能有所改善。

表 13-3　國際觀光旅館經營策略表

	中型觀光旅館	大型國際旅館	中小型個人商務旅館	小型本國觀光旅館
1.地點選擇	市中心／觀光名勝區	市中心/辦公商業區	市中心/辦公商業區	觀光名勝區
2.經營型態	獨立經營、自營連鎖	國際連鎖為主	自營連鎖為主	獨立、自營、國際
3.目標顧客	團體觀光旅客為主	各類型旅客	個人商務旅客	本國籍觀光旅客
4.營業重點	餐飲	客房	客房	客房
5.定價	中等價位	R：高價 F/B：中高價	中、高價位	中等價位
6.廣告促銷	專業旅遊雜誌商業雜誌	人員推銷；直接信函；商業、專業旅遊雜誌	專業旅遊雜誌；商業旅遊雜誌	直接信函；商業雜誌；一般雜誌
7.客源通路 （1）FIT	印發宣傳品、廣告、人員推銷	人員推銷廣告國際訂房系統	人員推銷/國外的辦事處/刊登廣告	刊登廣告、直接郵寄信函、國內旅行社
（2）GIT	國內旅行社、人員推銷、印發宣傳品	國內旅行、國外旅遊機構、人員推銷	國內旅行社、人員推銷、國外旅遊機構	國內旅行社、刊登廣告
（3）本國旅客	宣傳品廣告、人員推銷、旅館本身知名度	人員推銷、旅館本身知名度、廣告	刊登廣告、旅館本身知名度、人員推銷	刊登廣告、國內旅行社、人員推銷
8.旺季因應措施	僱用臨時工作人員延長員工工作時間	僱用臨時工作人員延長員工工作時間安排至其他旅館	僱用臨時工作人員延長員工工作時間	僱用臨時工作人員延長員工工作時間
9.淡季因應措施	人員到外做宣傳推廣降價、打折促銷推出各項促銷活動	推出各項促銷活動人員到外做宣傳推廣	降價、打折促銷人員到外做宣傳推廣推出各項促銷活動	人員到外做宣傳推廣降價打折、促銷活動、提供額外的服務

設計不當

重要場所配置錯誤、公共設施未臻完善、後勤單位空間狹小、內外裝潢粗俗呆板。

須知一家旅館的硬體設備不但能直接影響未來經營的方針而且反映出旅館本身的格調，應請專家研究配置，如客房部門與公共部門的分離，顧客與員工動線的分隔、住客、外客、員工與搬運物品動線的隔離等。許多旅館在開業後才發覺辦公室、倉庫、停車位、洗手間以及公共服務設備之不足。又如大廳中，堆滿團體客的行李，使交通紛亂，妨礙觀瞻。尤其是大廳的設計無法反映本身與當地文化色彩，甚為可惜。

有關內外裝潢，應先深入調查市場動向、地區特性、立地條件及經營內容再作基本設計。其中應特別注意顧客消費型態之演變、休閒活動之趨勢及觀光旅遊之動態。

餐飲設備重視廚房布置中貨物輸送與工作人員之通道，服務動線、廚房作業與倉庫間的聯絡。以便嚴密控制餐飲成本。餐廳布置與設計更應注意燈光照明所表現的氣氛，而地毯不用單調又不易保養的素色者。

大門的招牌是旅館的形象，應配合旅館的命名、特色、由來、特殊涵義及美觀吸引的原則、精細設計。

管理不善

無計畫、無組織、無訓練、無目標、無控制。

管理是要集合眾人的力量達成共同的目標，為此，須先有健全的組織，讓每一員工知道組織系統表、工作劃分表、標準的作業程序表，以便溝通、激勵，並予指導協助，然後測定結果加以評價與管制。

現代旅館的組織特色是單純化、分工化及標準化。更重要的是主管應隨時注意培養優秀的員工,以身作則,鼓勵促進革新並予賞罰分明。

一般旅館在開業前雖極重視職前訓練,然而卻忽略營業後的在職訓練,並缺少完整的訓練計畫與預算。目前應特別加強西餐的技術訓練,如烹飪、衛生管理、成本分析、商品計畫及有創意性的推廣人才。為提高服務品質,紀律訓練更是不可輕視,以養成他們對社會的責任感、榮譽感及使命感。

業務不振

客房利用率低落、餐飲營業清淡、其他營業部門日漸消沉。

應有一套市場開發計畫,成立市場行銷專設部門,專責推廣業務,但須有充分的授權、經費及人才,擬定銷售計畫,包括國外、國內以及店內與當地的計畫在內。尤應指定國際性旅館經銷代表及國內外之廣告代理商。積極爭取國際會議及宴會,並經常派員出國推廣或參加國際性、區域性之研習會,既能爭取觀光客又可促進國民外交。

在館內建立良好的客房與餐飲銷售及顧客檔案資料,以便加強售後服務及改進設備與菜色內容之參考。更應確立獨特供餐與服務之特色並不斷研究如何增加服務項目,以提高品質與充實設備內容。如商務、公務、旅遊、觀光、體育、文化、產業、娛樂休閒等服務項目,以爭取餐飲業務。

同業間應聯合起來共同參加國外推廣活動,提高當地的觀光知名度與吸引力。樹立地方之形象,然後爭取觀光客利用本身的旅館。

行政混亂

分層負責無法實施、逐級授權難予實現、規章法令雜亂無章、指揮系統趨於癱瘓。

運用組織最重要的原則是命令與報告系統必須一線化、監督範圍必須明確化、各人分配工作不可重複、權責要分明、賞罰要徹底、管轄人數要有幅度。在實行時老板必須完全信賴主管，賦予全責，否則員工無所適從。工作無法推動，自然影響工作效率，降低服務品質。因為分層負責不明確，指揮系統不貫徹，就容易造成本位主義，各自為政之局面，既無法團結合作，就無法協力達成共同之目標。

同時，應建立健全的人事制度，設立員工個別詳細資料，加強訓練及參加各種研習會。特別重視升遷制度與福利措施並加強改善員工與公司的公共關係。此外，應設置各種委員會讓員工積極參與開會，集思廣益，作為改進之參考。

旅館雖訂定許多法令規章，且有精美的員工手冊，因不切實際，不適合時代需要。而主管本身，又不以身作則勵行，員工只有陽奉陰違。

保養不良

升降設備屢見故障、音響設備效果不佳、冷熱水供應運轉失靈、空調系統與電氣系統故障。

旅館之養護計畫包括例行性的養護和緊急性的修護。但最重要的應為養護預防計畫及養護人員之訓練與儲備。

許多旅館因無健全的組織，且無所謂定期保養計畫，所以工作效率甚低。安全無法確保。應早日建立工務養護預防計畫，培養技術人員，更新機械設備。尤應研究如何節省能源，以降低費

用，平時就要訓練停機、停電、停水、水災、火災等意外事件或緊急處理之安全措施，以便維護旅客生命財物之安全及旅館本身之信譽，並定期讓技術人員參加各種技術講習。

財務不佳

支出氾濫費用龐大、評估不易，預算崩潰、會計制度不易建立、資金收回難以預估。

觀光旅館投資鉅大，但回收緩慢，又須不斷提高服務品質，耗資更新設備，以維國家信譽與國際水準。加之成本負擔極重，如高稅率之房屋稅、地價稅、營業稅及繼續上漲的薪資、利息等負荷更重。

因此，興建旅館前應慎重考慮其先決原則：一、是否適應當前社會之需要；二、是否有妥善的財務計畫；三、地點是否適中；四、是否有明確的經營目標與政策，以及五、是否有現代化的建築設計及健全的組織。據以調查分析內外各種相關因素後，認為可行時，才可以著手興建。其中財務計畫占著極重要的地位。

為實施完善的財務分析，應先確立健全的會計制度及有關單位之報表。據以分析並判斷財務狀況及經營實績。更應重視投資分析、經營分析、比較分析及成本分析。還要有良好的收支制度及稽核制度。

在企業管理制度中，以實施預算控制較能收到功效，能使各部門員工依照目標進行計算出實績與目標之差額，並能提供改善的意見。這種制度普遍被採用，因為具有增加收入與控制開支的雙重功用。

另外，可定期召開主管級會議：如經營分析簡報，應收帳款管制簡報等以便不斷改進。

　　本省在西元一九七三年至一九八二年間由於經營不善，管理不當而關門倒閉之旅館竟有二十家之多，由此可見要經營旅館是一項無上的挑戰。經營者除必須具備優越的經濟頭腦、豐富的經驗等條件外，觀念的革新、新知的吸收、現況的改良更是經營者必備的理念。

　　二十一世紀的旅館經營惟有依賴其服務品質的高低、硬體設備的機能及經營管理的良窳來取勝！

第十節　觀光旅館的評鑑工作

　　由觀光局聘請觀光業代表專家學者多人並請政府有關機關派員，經將近五個月的時間所作的國際觀光旅館等級區分評鑑結果，已由交通部於西元一九八三年八月五日核定，參加評鑑的國際觀光旅館包括台北市圓山飯店等三十八家中，有台北來來大飯店等十八家合乎五朵梅花的標準（來來大飯店組織系統，見圖13-4），台北市三普大飯店等十五家合乎四朵梅花的標準，由觀光局分別頒發梅花標誌。

　　觀光局對處理本省國際觀光旅館的評鑑工作極為慎重，除邀請觀光業代表包含東南旅行社何副董事長是耕、台灣中國旅行社黃經理淳、福華大飯店顧總經理勝鐘、觀光局顧問國際觀光旅館專家張志雷先生、專家學者中計有東吳大學黃教授燦堂、文化大學詹教授益政、台北工專王教授大閎及美企業公司總經理洪嘉平先生等之外並有行政院衛生署、台灣警備總司令部、省市觀光建管、消防、衛生機關，及交通部路政司及觀光局等機關的代表。評鑑項目共五十三項。分由建築設計及設備管理、室內設計及裝潢、建築管理及防火防空避難設施、衛生設備及管理、一般經營

管理、觀光保防措施等六組執行評鑑工作。

　　觀光局所訂的梅花標準為超過九百者為五朵梅花。七百分以上者為四朵梅花，這些受評鑑的國際觀光旅館最高的得分一千一百八十‧六分，最低者也超過六百七十二分，而等級間分數差距極少，表示業者在同等級間競爭極為激烈，部分旅館為爭取好的成績，不惜投斥鉅額的資金，加以全面整修，這次的評鑑工作，對觀光旅館的管理與服務品質的提昇有著重大的意義。

　　茲誌經評定為五朵梅花及四朵梅花的國際觀光旅館名單如下：

獲頒五朵梅花國際觀光旅館

　　台北來來大館店、台北圓山大飯店、高雄國賓大飯店、台北國賓大飯店、台北亞都大飯店、台北希爾頓大飯店、高雄華王大飯店、台中全國大飯店、台北統一大飯店、高雄圓山大飯店、花蓮中信大飯店、台北兄弟大飯店、台北美麗華大飯店、桃園桃園大飯店、高雄華園大飯店、台北華泰大飯店、台北財神酒店、台北中泰賓館。

獲頒四朵梅花國際觀光旅館

　　台北三普大飯店、台北三德大飯店、高雄名人大飯店、日月潭大飯店、嘉義嘉南大飯店、花蓮統帥大飯店、台北國聯大飯店、台北世紀大飯店、花蓮亞士都大飯店、台北康華大飯店、高雄皇統大飯店、高雄帝王大飯店、台北嘉年華大飯店、陽明山中國大飯店、台中敬華大飯店。

不合國際觀光標準的國際觀光旅館

　　台北國王大飯店、台南台南大飯店、桃園南華大飯店、台北

美琪大飯店。

　　旋後於西元一九八四年六月又評鑑五家五朵梅花之國際旅館：環亞、富都、老爺、福華及華國。至第二次國際觀光旅館等級評鑑於西元一九八七年二月二十五日公布結果五朵梅花二十二家，四朵梅花共十六家。

　　觀光局所頒定之「觀光旅館等級區分評鑑標準」，於西元一九八三年開始實施，於西元一九八六年做過修訂。

　　西元一九九〇年七月又召開會議研討如何修改，期能作的更完美。

　　因為我國觀光旅館業管理規則與觀光旅館評鑑制度實施以來，由於技術上與法令上限制，及投資環境之變化導致現行評鑑制度與所定評鑑標準，對於今後之評鑑工作與觀光旅館之輔導管理能否妥當配合，實有重新檢討及修訂之必要。

　　美國汽車協會（AAA）評鑑旅館是根據：外觀、管理組織及員工、客房維修狀況、房內裝潢、全館維護工作、客房設備、安全設施、浴室設備及維護、停車空間、顧客服務項目及設備、隔音設施等十一項目，每年評鑑後將結果編成專刊供消費者參考。

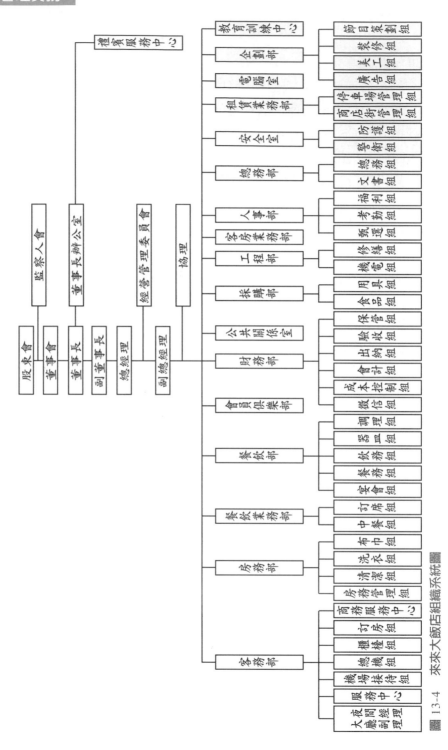

圖 13-4　來來大飯店組織系統圖

第**14**章

• •

設備工程保養

　　本部門之重要性有如人體的血液或神經系統，因為平常不為外人所看，所以很容易被人忽視，這是保養及管理旅館內設備與設施的重要部門，旅館內之電氣、電訊、鍋爐、水管、冷氣、冷凍、播音、裝潢營繕及各種機械設備，都有專門技術人員依據各旅館之作業規範從事操作、檢查與保養，而且必須逐日填報保養紀錄，如任何機械設備發生故障，應即關閉電源停止操作，隨即通知工務部門派員搶修，儘快修復操作。尤在施工時間，應與各單位協調以免妨礙營業。

第一節　灰塵處理

　　旅館內所發生的灰塵，其經過路線有三種：

　　一、經由大門進來的：由客人的鞋或附著衣服者最多。

　　二、經由窗門進來的：與外面的空氣一起吹入，浮在空氣中。

　　三、客房內及建築物內部發生的：由香菸的殘渣及衣服所發生的。

　　灰塵有兩種，一種叫做加速灰塵，因加速經常往下面掉落的。另一種叫做定速灰塵，是以一定速度緩慢落下來的。後者，如使用掃帚清掃它們會在空中飛舞，然後經過一段時間就會落下。怎樣清除這些定速灰塵呢？就須使用吸塵網（AIR FILTER）。大家都知道，凡是具備空調機的旅館，都使用吸塵網，但實際上，這種吸塵也有問題，因為調節空氣時，經常要從外部吸入一定量的新鮮空氣，其比例通常是百分之十到二十。但都市中，即使是新鮮的空氣，其中必混有許多雜塵在內，所以即使利用吸塵網拼命清除，房間的空氣吸入口也必積聚厚塵。

要知道吸塵的目的是：一、使人舒眼快適；二、保持衛生；三、保護空氣調節機械之耐久性；四、維護建築物、雜器、備品、商品的價值。

清掃的種類有二種，第一種分類是按清掃的方法細分為一、日常清掃及二、定期清掃，應以兩種相互配合應用為宜。另一種分法是一、本飯店自行清掃；二、委託專業外商來承擔。

何者為宜，須視公司的財務情況、規模及政策而定，不得一概而論。

但最近有很多飯店都委託外面的專業人員清掃。其利點如下：

一、簡化了勞務管理的繁雜性。

二、因作業專門化、機械化、效率自然提高。

三、作業責任分明。

四、減少經費負擔。

五、因業者之競爭，價格低廉。

第二節　電力設備

電力之供應

一個較具規模的大飯店，其耗用電力之大實不低於一個大規模的生產工廠，本省國際觀光大飯店的動力均由台灣電力公司供應二萬二千伏特（V）的電源至大樓裡之後，再以變壓器降至三千三百（V）、四百四十（V）、二百二十（V）、一百一十（V）等電壓輸供各種不同的機器設備使用，如圖14-1。

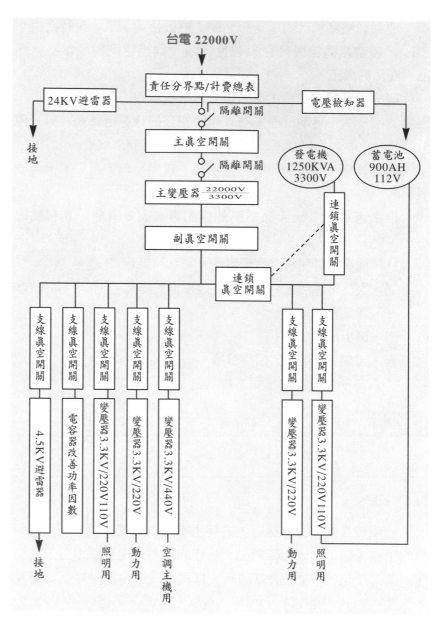

圖 14-1　旅館電力供應流程

強電設備

何謂強電、弱電簡單的分別來說就是一百一十（V）以上為強電，一百一十（V）以下為弱電，只要看看旅館的地下室，就可以明瞭那裡有發電機、變電設備，或緊急照明用蓄電池等設備。單以馬達就有高壓馬達、低壓馬達、空調馬達、冷凍馬達，真是樣樣齊備，再以照明為例，有屋內電燈、天井燈、誘導燈、床頭燈、屋外照明燈、水銀燈、水管燈、碘氣燈、霓虹燈等時常有新產品出現，不及一一列出。以下所列出強電重要設備供參考：特高壓盤、高壓盤、變壓器、動力盤、照明盤、發電機設備、電梯設備、照明設備、安全門燈設備、蓄電池設備（緊急照明燈用）、電動機設備、緊急插座設備（消防用）、自動門設備、自動控制系統等。

弱電設備

弱電設備也常常有新產品推出，以下所列出弱電設備供參考：電話交換機系統、客房指示器留言系統、消防火災報知機系統、音響系統、氣送管系統、安全門防盜系統、電視天線系統、監視閉路系統、翻譯設備、夜總會聲光控制設備、停車場控制系統、電腦用不斷電設備、電話錄音設備、電視等。

第三節 空調設備

無論春夏秋冬任何一個季節，當你進入設備優良之旅館時，你會感到舒適無比，這是因為有空氣調節設備的關係。茲將最適合人體的空氣調節基準，如表14-1：

表 14-1　適合人體空氣調節基準

地點	季節	乾球溫度	相對溼度
屋外	夏天	32度	65%～68%
	冬天	5度～12度	40%～50%
屋內	夏天	23度～25度	50%～55%
	冬天	20度～22度	50%

　　雖說是空氣調和，其實具下列種種作用：一、冷卻、除濕作用即一般所說之冷氣；二、加溫作用即一般所說之暖氣；三、加濕作用：當溫度太低時可利用加濕管盤達到加濕之作用；四、給熱（冷），再熱作用係專門針對純外氣之調節設備；五、換氣作用使空氣常保新鮮；六、空氣淨化作用。

　　一般冷氣系統最主要由冰水主機、主循環泵、分區循環環泵、空調箱、冷卻水塔所組成，其配置如圖14-2。

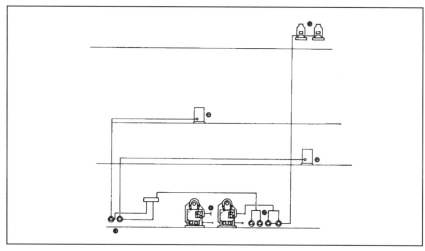

圖 14-2　冷氣系統配置

要把空調系統理想化，必須注意以下幾點：

一、要知道客人對溫濕度之感覺因人而異。

二、空調箱之鰭片以及空氣過濾器必須常保清潔。

三、不得將障礙物放於室內回風、出風口或調溫器旁邊。

暖氣之主要熱源來自鍋爐，一般鍋爐可分為爐筒形、菸管式、水管式以及貫流式等，為確保運轉安全起見，鍋爐之壓力、水位、水質以及燃燒情形都要有受過訓練之合格管理人員細心負責才可。

通風裝置亦為大樓重要設備之一，諸如浴室、廚房、洗衣房等場所均不能缺少，一般係採用抽風機及送風機以促進通風及換風效果，廚房設備由於油膩必須處理乾淨，以免危險。

空調與通風系統設立之本意在使人體得到舒適，但往往由於機器與風管帶來之噪音，給人們不得安寧之煩惱，所以在設計與施工上對於防止噪音措施。乃屬重要課題之一。

第四節 給水、排水設備

水也相當於旅館內的動脈或靜脈，應重視之。

給水系統

自來水係由自來水廠處理妥善後，經市水幹管送入大樓地下蓄水池後，再抽至屋頂水箱分供全樓各系統使用，雖然水質已由水廠妥善處理，但由於輸送管道過程遙遠及大樓自備蓄水池之間接用水，頗易受外界污染之慮，故宜另作加強消毒處理之設施。

熱水通常是由鍋爐產生蒸氣之後，再將蒸氣通到蒸水爐中的管內，以便加溫周圍的水，然後利用循環抽水機輸送各部門使

用，管尾再接回熱水爐做循環，使其時常保持已定溫度。

飲水普通使用自來水，再經過濾及活性碳脫臭。冰水則使用冰水機，其製造過程如下：由自來水經紫外線殺菌後過濾，再經活性碳脫臭。再進入冰水機降溫至四度至六度，再由循環抽水機送至各單位使用，如圖14-3。

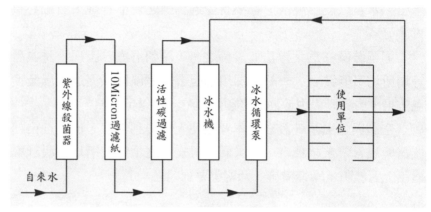

圖 14-3　旅館給水系統

井水乃由地下水資源採取，必須向有關當局合法申請得准後始可引取。應鑿引下層水源方為上策，下層水源隨地質地層而異，目前台北區一帶約距地面一百八十呎之下深度引取。深井抽取之原水，必須經過水處理後方可使用，以保持良好水質，並可避免給水管之堵塞或腐蝕情形之發生，一般地下水僅供應洗滌、冷卻、馬桶沖水，不得供應飲用（如屬自來水供應範圍外，得專案申請准予飲用）。一般井水處理設備主要過程如下：原水（深井水）←沉沙池←氣爆裝置←快速過濾設備←消毒處理←清水池←抽唧各系統使用。

排水系統

　　大樓各種排水系統，須於設計與施工時，嚴格劃分清楚不可混淆使用，一般排水系統可分二大類：

　　一、雨水徘水系統── 專供屋頂、陽台等雨水排洩之用。

　　二、雜水排水系統── 污物槽、便器等排水，並須作化糞槽及污水消毒處理設施，或設污水處理設備。避免影響公害污染。（尤其廚房排水時常被阻塞，為防止被阻塞，應設施油渣分離槽）（GREASE PIT）。

第五節　防火措施

　　旅館發生火災，應作下列的緊急措施：

　　一、冷靜而鎮定地從事施救與撲滅。

　　二、告訴電話接線員發生火災的處所，請她立刻轉告值班經理、館內防護團及一一九消防隊。

　　三、立刻使用旅館各部門懸掛的滅火器。

　　四、安慰疏散旅客，勿過慌張，並幫助搬移貴重物品。

　　五、一遇火災，應利用消防專用電梯開到樓下機器房，然後將搶救人員送到發生火災的地方。

　　六、工務部主管應判斷火災的實況，配合外來的消防隊來協助救火。

　　七、可以不必用水救火時，可先使用滅火器，以免損壞財物及設備。

　　八、由經理和工務主管會商決定，如何保護旅館的財產及員工的生命。

九、全體員工均準備待命，聽侯分派救火救護工作。

十、電話接線員要遵照經理和工務主管的指示，報告火警等事項。

第六節　預防保養的重要性

PM是PREVENTIVE MAINTENANCE的簡寫，就是預防保養的意思。但近來卻擴展它的意義成為PRODUCTIVE MAINTENANCE，也就是生產保養。

在事情尚未發生前，日常就加以預防保養，進而提高其生產性，就稱為生產保養。對於旅館的保養應採取預防保養或事後保養，如何才能解決這些問題呢？實有賴於一套實際而可行的設備處理制度。PM的組織制度實例很多，但僅仿傚他人飯店的形式，並不能完全奏效，應該確實深人瞭解PM的想法和本質，設計創立適合於自己飯店的PM制度，始能奏事半功倍之效。由於近代機械工業的突飛猛進，如自動控制、電腦操作化等的迅速發展，使設備管理的工作遠較過去更顯得重要，才能使設備與機械運轉自如。

旅館內的設備均須細心保養，如停電、火災、地震等更須慎重處理。管理上最要緊的是：一、加強日常定期檢查；二、訓練良好的操作法；三、設立緊急搶救班；四、與特殊設備如電梯、電腦等製造廠取得密切聯絡；五、注意一般與緊急照明設備；六、訓練迅速機敏的處理法；七、消除顧客的恐懼心理。

第七節　工務部主管的職責

　　工務部主管負責工務部門（見圖14-4）員工雇用、記功、懲罰、解職等，他要有工務的知識和經驗，所有旅館的水電、燈光、升降機、鐘錶、收音機、冷氣、暖氣、蒸氣、鍋爐、洗衣機械、廚房機械、冷凍、電訊、營繕裝潢機件裝置不完善時，應即予改善。並包括各種機械的改進，制度的建立，須與層峰商議策劃，他除負責設計各種機器的圖樣和布置外，並須經常保持下列各種紀錄：鍋爐運轉紀錄表、各機械修理保養登紀卡、工具登紀卡、鑰匙登紀卡、水電、冷氣各管路圖、煤氣試驗卡、鍋爐檢查紀錄、鍋爐保養紀錄卡、材料登紀卡、燃料登紀卡、電梯運轉檢驗紀錄、發電機運轉紀錄、機房整潔紀錄、水質處理紀錄、蓄電池保養卡、消防設備定期測試紀錄。

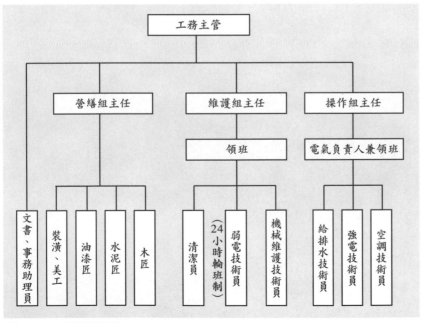

圖 14-4　工務部組織

第15章

服務品質管理

第一節) 如何評鑑旅館的服務品質

　　台灣的旅館業正邁向著國際性連鎖經營的劃時代，展開著多采多姿的運營型態。處在目前變化多端競爭激烈的大時代之環境中，旅館業正面臨著新的衝擊、挑戰與考驗，如何拓展新的市場、爭取更多的客源，如何加強內部管理、提高服務品質、樹立獨特的形象，以發揮其特色與風格並兼具社會化與個性化的功能，以滿足各種不同階層顧客的需求，才能繼續生存，進而適應當前企業急速轉型、多角化經營的時代。因此，如何加強旅館的品質管理？以提高其服務水準與特色，實爲當前之急。

　　所謂旅館服務品質的管理（見表15-1、表15-2）：

　　一、以符合顧客所需求的服務水準爲基礎。

　　二、設定旅館認爲最有利的品質爲目標。

　　三、以最經濟的手段與方法，將其見諸實施。

　　四、能使顧客在精神上及物質上均能得到心滿意足，而達成服務社會爲最終使命。

　　旅館的服務行爲可分成三部分來說明：

　　一、精神上的服務：指針對顧客接待的態度與誠意。是屬於無形的精神服務，通常是以服務員之行爲來加以衡量的。

　　二、工作上的服務：是根據旅館的營業方針所提供的職務上必備知識或技能，即本身就具備商品的價值，並以勞務的提供表現於外。

　　三、附帶性服務：是指除了上述二項之本體服務之外，如提供大廳或停車場給顧客免費使用等之服務而言。

　　換言之，構成旅館商品的要素有：

　　一、「物」的服務：屬有形的，如建築物、設備及餐飲等。

二、「人」的服務：屬無形的，如勞務、知識與技能等。

三、「資訊」的服務：如提供商務資訊、文化、經濟、生活、娛樂休閒、防災、防犯與衛生等。

以上這些服務，必須互相配合，相輔相成，才能構成一個綜合性的旅館商品價值，以便提供給顧客方便與使用，並滿足他們的需求和福祉。

至於「旅館商品價值」所具備的特性為：

一、 無法在事前予以確認。

二、因為屬於固定設備產業，除在該地外，無法享受其價值。

三、非在提供服務的當時，是無法加以評價的。

四、提供服務的同時，也就完成了消費行為。

五、服務價值的判斷是由顧客本人的滿意度為測定的依據，所以較為主觀性。

如何評價服務品質

瞭解旅館商品價值的特性後，我們應分三個部分來探討如何評價旅館的服務品質。

(一)「物」對「人」的服務

1. 設備功能的品質：其品質管理的對象是建築物、設備及器具備品等的有形物品，因此，其重點在於如何提供安全性、方便性、高性能、選擇性，及舒適性的功能，以符合顧客的需求及滿足感。

2. 餐飲功能的品質：應特別強調材料的等級、新鮮度、冷熱度、形狀、色、香、味等的配合，尤其現時是朝著精緻化及健康養生的，在餐廳供應菜餚時，更須配合服務員的服

務技術、態度、速度、室內裝潢、環境的氣氛與精緻美觀的餐具等因素在內。

3.附帶性服務商品的品質：客房內所提供的信封、信紙、香皂、牙刷等顧客用品的質料、種類、範圍，及餐廳裡的餐具等品質均須細心選擇。所提供之報紙要顧及顧客之國籍及身分、職業及性別等需求趨向。

(二)「人」對「人」的服務

1.技能、勞務的品質，如員工對顧客的接待技術與態度、烹調作業程序、清潔工作、電話服務、商業秘書服務，以及行李員的服務等均屬之。人的服務，應著重服務技術的水準及準時性。烹飪技術，則除按照作業標準細心烹調外，更要加上商品的色、香、味的調配和配置在內，尤以近期來又強調著鄉土復古的美食文化來號召。接待服務則要看服務員的應對態度、說話的口氣、外語的能力，及為人的品德來判定。顧客層次也至為複雜的，且每個人的需求各有不同，要對付眾多不特定的顧客，且要提供符合每個人不同動機的服務，確實很難設定一個標準。這就是為什麼旅館必須提供多樣化及多變化的服務內容，以應個別化及差別化的顧客需要。然而，旅館一向強調對顧客的服務應該一視同仁，不可厚此薄彼，有所差別待遇。可是，如果提供個別化或差別化的服務，不就是違反了「一視同仁」的大原則？因此，旅館所能作到的：只有擴大服務的範圍與擴充服務的內容，以便讓顧客有更多的選擇機會。同時，對於特殊情況的特別要求，只能另設專職人員來負責應付，以期服務周到。

2.知識及資訊服務：櫃檯接待員所提供給顧客的資訊服務或大廳副理對顧客的商業情報服務，最重要的是要看「質」

與「量」是否精緻充實，尤其更須注意服務員的表情態度是否親切、誠懇，專業知識是否豐富，解說是否明瞭易懂，說話的技巧、服裝等因素均應列入評估之內。

（三）設備功能的服務

1. 機械系統的資訊服務：如果提供CATV、自動販賣機、旅館內通訊設備、交通資訊及商業資訊等服務時，其評價基準，則要視顧客的選擇之難易度、量、質、機械的性能及軟體的服務水準來判斷。不過，今後，旅館的競爭焦點，不僅在於所提供的硬體設備，與軟體的資訊服務，更重要的是要如何提供顧客更高一層較「顧問性」、「專業性」的服務，以創造更高一層的資訊價值及服務的特色。

2. 處理各種問題的品質：旅館的營業係以不特定的多數顧客為對象的，因此，應特別強調其安全措施的重要性。如對於防災、防罪、防犯、衛生之維護以及對於意外事件的處理方法是否適當、適時、周全、圓滿及順利。同時，這也是旅館對社會所負的責任與使命，在處理時要特別審慎。

除機械的設備外，處理這些問題的組織系統、方法、技巧與能力，在在都成為評價的必要條件。

以上概述了品質的評價方法。可見對於有形的評價，較為容易，但如何才能使無形的服務品質的評價，儘量能達到公平化、明確化、合理化及標準化呢？這就有待旅館業者來共同努力與砌磋。

評價的方向

對於無形的服務品質，可以採用下列的評估方法：

一、事先分析哪一種服務，才能使顧客感到滿足。

二、蒐集顧客不滿的資料，加以分析，然後刪掉造成不滿意的原因。

三、調查顧客再度來臨的資料，以便測定顧客固定化的原因。

四、設計解決問題的「基準」，以減少顧客的抱怨。

如此，由顧客、管理者及員工三個不同的立場，作同樣項目的評價，然後，再以客觀的立場分析三者間的差異加以檢討、評價，作爲將來的參考。

尤其與顧客的雙向溝通是非常重要的。如通常旅館均提供會議場所給公司行號舉辦大型會議。旅館希望能在會議中間休息的短短十五分鐘，讓參加會議者能對旅館的服務留下深刻的印象。因此，幹部開會討論認爲最重要的三點是：

一、服務水準：即服務人員的動作要快，而且態度要好。

二、品質：茶、咖啡的冷熱度、點心要精緻。

三、用具：杯盤必須是高級、精緻品。

然而，他們對各大企業高級主管調查的結果卻發現他們的期望反而是：

一、洗手間是否能夠讓很多人同時使用。

二、會議場所附近是否有足夠的電訊設備。

三、附近是否有小空間，能讓一些三五好友聊天社交休息。

可見，不斷與顧客溝通，才能發現他們真正的需求。

另一方面，也可藉助傳統所使用的評價方法，如：

一、顧客的意見調查表。

二、營業單位的業務日記及大廳副理的報告。

三、問卷調查。

四、與顧客面談、電話詢問。

五、臨時設計的意見調查項目表。

六、監視系統。

七、分析住房率。

八、分析餐廳的菜單，哪一種菜餚最受歡迎。

九、檢查剩餘的菜餚，以便改進。

心理學的探究

服務品質的最終特性在於滿足顧客物質上、精神上的滿意感，因此，如何探知顧客的精神狀況，才是最大的關鍵。然而人們由於時間、地點、感情均不同，其行動與判斷也各有所差異。而且，顧客的意識與行動也往往有不同的表現，所以，在論及服務品質的評價時，除了應用品質管理技術之外，必須平時加強人際關係，也就是要由心理學的領域去研究探討，如研究顧客的生活意識、態度、利用動機、嗜好及生活型態等，以期獲得更完善的評價資料。

希望業界及學術界今後能夠加強並研究開發心理學上的探討領域，不斷去發現顧客的真正需求，並繼續充實服務內容、更新設備、加強員工訓練，尤應重視培養其敬業樂群、服務至上的精神，建立服務基準與特色。以提高旅館的服務品質，創造更多的附加價值，使台灣的旅館經營邁向國際化、現代化、個性化及多樣化發展，為將來的旅館經營開闢新的紀元！

表 15-1　客房服務品質管理

商品內容			服務內容			附帶內容		
工作	品質	影響因素	工作	品質	影響因素	工作	品質	影響因素
設備（硬體）（有形）服務	(1) 基本的安眠信賴形象	建築設計 施工技術 設備構成 裝備 裝潢 法律 條例	櫃檯業務 分配房間 訂房 出納 詢問 總機	正確 親切態度 等候時間 接受時間 應答技巧	教育 勞務 管理 語言 量質 品德 責任	旅遊觀光服務	業務範圍	合同內容
						印刷服務	快速正確	教育
		服務基準 營業時間 價格政策	大廳	舒適 氣氛 豪華 穩重 清潔	空間 設計 設計	秘書服務	知識、技能、人品	檢查管理
						郵政、包裝服務	業務、正確	收理時間
						藥店	品目齊備 品質、價格	分析
情緒服務（軟體）（無形）	(2) 運用的安全衛生防犯防災	管理技術 員工教育 檢查 監視設備 系統	衣帽間	安全、整潔	照明	快洗	快速完美	技術設備
			服務中心 門衛	禮貌 機敏 正確	情報	按摩	效果	技術人品
						館內公告	易懂	場所 表示方法
			停車場 房管中心	等待時間 安全整潔	容量 管理	B.G.M.	輕鬆愉快	設計 選曲 音量
			公共場所	清潔基準 清潔時間	作業標準	公共電話	便利	部數 場所
			空調	溫度舒適		換銀機	正確安全	保養
			設備保養 設備運作	耐用年限 正常運作		廣播叫人	正確	系統
						自動販賣機	便利安全 種類	部數管理

表 15-2　餐廳服務品質管理

商品內容			服務內容			附帶內容		
工作	品質	影響因素	工作	品質	影響因素	工作	品質	影響因素
設備 （硬體） （有形） 服務	(1) 基本的信賴形象 魅力 安全 美味 愉快 表演 吸引	經營方針 建築設計 裝備 裝潢 格調 服務基準 及技巧 營業時間 價格政策 法律 條例	餐廳服務 引導 訂菜	愉快 滿足 備品齊全 選擇範圍 正確 親切 從容 正確	表演能力 服務技能 勞動效率	ROOM Service 館內公示 P.O.P. 菜單	營業時間 服務時間 適溫 易懂	作業標準 場所 表示 方法 設計
情緒 服務 （軟體） （無形） 促銷 及 服務	(2) 運用的安全衛生 防犯防災	菜單構成 配量 材料 調理技術 餐具 服務基準 管理技術 員工教育 適性 檢查 防災設備 防犯設備	服務 出納 烹飪 加工 調味 裝飾 餐具 衣帽間 開店準備 清潔 空調 設備 保養	時間 態度 處理時間 時間性 均一性 成本控制 剩餘量 處理 安全 整齊 清潔時間 水準 溫度 濕度 舒適 耐用年數	ABC 分析 訓練手冊 作業標準 衛生檢查 製品檢查 成本控制 技能檢查 教育 作業標準 設備 管理 檢查表 再投資 更新	樣品 B.G.M.	吸引力 輕鬆愉快	製造技術 表示方法 音量 曲類

第二節 現代旅館新定位

前言

　　HOTEL，在十八世紀末，由法國以貴族型態，開始發展以來，歷經客棧、豪華旅館，及商務旅館，以至於今天的現代化旅館，甚至於國際化連鎖時代，旅館在人類日常生活領域中，已扮演著極為重要的領導角色；更有進者，由於國內經濟的長足發展、交通工具的發達、都市人口的集中、國民所得激增，提高了生活水準與品質並增加了休閒的時間，使得人們與旅館的關係更趨密切。同時，由於我政府積極的開放政策，我們正向著國際化、民主化，及自由化的大道上邁進中，使得現代旅館對國民外交的推動，國際貿易的促進。社會經濟的繁榮、就業機會的增加、國民所得的提高、外匯收入的增長、文化教育的推廣，以及國民旅遊的提倡等等，對國家社會的貢獻，確曾有過輝煌的成果，展望將來，其前途更是燦爛無比！

　　然而，今後旅館的經營，規模日漸龐大，組織日形複雜，經營趨向國際連鎖化、設備更加廣泛化、機能更為多樣化，因此，其競爭也越來越激烈。如何找到競爭點？如何提高工作效率、加強設備機能、創造附加價值、提高服務品質，掌握先機、重新定位，已成為當前旅館經營者的一大課題。

都市旅館與都市的關係

　　都市旅館之所以能夠日益增加，到處林立，主要原因為：

（一）都市人口的激增

　　由於經濟的快速成長，引起了產業結構的變化，從第一級產

業轉入第二級產業，形成了都市人口的密集化，而今天我們的經
濟結構又將邁入第三級產業的階段，使服務業成為我們的主導產
業。可見經濟的成長，帶來了大眾的消費社會，更促使國民在日
常生活領域中，渴望著都市性及文化性的價值觀念與需求。

（二）交通工具的革新

交通工具的發達，促使移動更加迅速方便，而擴大了人們的
行動圈及行動方式。因為人類的移動，也就是代表著資訊與文化
的移動與交流。因此，交通工具的進步，也促使觀光活動更為突
飛猛進。而觀光活動的進展又促進交通工具的改進，兩者相得益
彰，共同創下新的需求。

（三）資訊化的需求

由於資訊技術的革新，使都市與地方的距離更為接近，並促
使國民對事物的關心與需求，更為均質化與多樣化，自然更擴大
了消費市場的變化。

諸如上述各種需求因素的交互影響，都市旅館自然成為都市
文化的公共空間，或文化廣場。

旅館是能否被肯定為貢獻地區社會或僅僅為了營利目的而存
在。換言之，都市旅館的現代課題是如何去兼顧兩者——公共性
及營利性——的平衡發展，而成為一個兼具社會化與個性化功能
的經營體。

都市旅館機能的變化

隨著市場多樣化的演變，旅館對社會所提供的功能，也更為
多樣化、複雜化及個性化，傳統的旅館，其機能至為單純：即：
一、住宿的機能；二、餐飲的機能；三、集會的機能。

然而這些機能，只能滿足人們最基本的生理慾望，並僅限於

「物質」上的機能而已。但是，今天的旅館已由原來爲保全生命及財產安全與休息的目的而變成爲要達成旅行觀光或其他目的的一種手段。爲享樂及暢談而飲食、集會的層次更爲提昇，範圍遍及社會、經濟及政治等活動，雖然以前爲了補充旅館所提供的基本機能的不足，也提供了其他附帶設備，如康樂室、游泳池、網球場等，但是今天這些附帶設備與服務，已經自行獨立，另成一環必備的機能，而且人們除了「物質」上的機能外，更渴望著「精神」上的需求與滿足。

所以都市旅館應該配合時代的趨勢與市場需要，增加提供下列的機能：

一、文化服務：如教養、藝術、學習等知識的需求。

二、運動、休閒服務：如康樂指導、運動設施休閒活動。

三、購物服務：如賣場、流行商店、生活情報的蒐集等。

四、健康管理服務：如健康醫療、健康輔導、健美、美容等。

五、商業服務：如商談、會議、展示會、商情交流等。

簡言之，旅館不但只是一個旅行者家外之家；也成了度假者的世外桃源、城市中的城市，國家的文化櫥窗、國民外交的聯誼所、社會的廣場與社區的活動中心及國際貿易展示場。

以上這些功能正是代表一個都市必備的基本系統。

總之，今天的世界是個變化無窮、動盪不定的時代，無論是經濟結構、思想觀念或社會制度，一切都在變，連我們自己也在求變。爲適應新時代的人類生活需求，未來的旅館經營，應發揮：一、國際化；二、現代化；三、特色化及四、多樣化的機能，並重新樹立旅館對社會的貢獻形象，提供完美的服務熱忱，多功能的現代設備，爲未來的旅館開闢新紀元。

請記住：「未來的卓越旅館，並不是『超豪華的』，也不是

『廉價位的』，而是能讓顧客對它所支持的壽命要超越它的設備本身的壽命，才能真正走在時代的尖端。」

第**16**章

●●●●●●●●●●●●●●●●●●●●●●●●●●●●●●●●●●●●●●●

休閒旅館與都市旅館經營比較

第一節 旅館的使命

旅館是一個包羅萬象的世界，也是一種綜合藝術的服務企業，更是充滿魅力與活力並深具意義的工作。

無論是都市性的，或休閒度假型的，他們的共同目標是一致的，即為大眾提供衣、食、住、行、育、樂，以及附帶發生的各種服務，因此旅館必須始終抱著為大眾提供更具創意的服務項目與更加誠意的服務熱忱。亦即硬體與軟體兼備的商品，使顧客有賓至如歸的感受與難忘的印象與回憶。

雖然，旅館的種類，可按旅客停留期間的長短、其所在地，或特殊立地條件，以及住宿目的，分為各式各樣的旅館型態，但是本文只論及都市旅館與休閒旅館兩種經營、管理與服務方式的比較，從而加以改善，俾能提高服務的品質，貢獻社會。

第二節 休閒旅館與都市旅館的比較

我們先就客房方面的經營來比較的話，都市旅館的住客，大概以外國人占的比率為九成以上，並以商用及觀光為主要利用目的。常常住宿時間為三天至七天不等，且旅客在飯店住宿時間除睡覺外，只有短暫的時間在館內活動，尤其是商務旅客大部分時間忙於業務，所以旅費係由公司負擔。住宿的旺季，以三月至五月、一月中旬及十一月為多，一般的的住用率在百分之六十五至八十五之間，且平均房價在二千元至三千八百元左右，房間數則大約由二百至八百間為普遍。

因為業務上的聯絡，住客使用電話的次數至為頻繁，反之，

顧客對於用品的消耗量卻不多，飯店支付旅行社的佣金也較少，因為個人自己訂房之故。由於距離不遠，交通費也可節省，至於櫃檯人員在辦理住房、退房手續的工作時間也較少。因為都市旅館的遷、出入時間都定在中午同一時間。

休閒旅館的住客則以本國人約占八成以上，而且其利用目的卻以休閒兼觀光為主，通常住宿一天至三天，旅館費用大都由自己負擔。其旺季以寒暑假期間為最高峰，一般住房率只有六成左右，平均單價約二千元。旅館的房間數為二百間至三百間最為普通。因為純屬於度假性質，如蜜月旅行、年假旅行、退休旅行等不願受人打擾，住客使用電話次數就不高，相反地，顧客用品的消耗量卻是驚人的，因為參加運動休閒的次數與時間長，同時，家族大大小小都在消耗，他們的訂房經過旅行社者較多，所以飯店支付旅行社的佣金也多。再者，旅館位置距離都市較遠，交通費用隨著增高，而飯店也必須花一大筆交通工具的保養維護費用。

再就餐飲方面的營運來說，都市旅館，除早餐外，百分之八十的生意來自外客。除七月為鬼節之外，幾乎每個月皆為旺季。至於酒吧的營業也以銷售洋酒為多。加之，由於結婚酒席、宴會、酒會、舞會、會議、展示會、研討會等各種集會繁多，宴會廳的使用率非常高。這也是許多都市旅館餐飲的收入高於客房收入最大的原因。

至於餐廳的設備種類，全視飯店的營業方針、經營型態及規模大小而決定。

論及休閒旅館的餐飲經營，其顧客來源，可以說百分之九十以上均依賴房客，其生意之高低，完全受限於客房住用率。因為本國人多，酒吧以銷售國產酒及一般飲料最多。

宴會廳的使用，除了舉辦研習會、員工訓練、會議及旅遊聚

餐之外，不像都市旅館那樣有各種各色的宴會，所以宴會的收入並不高，這也是經營休閒旅館的一大致命傷。

餐廳與酒吧的設備，為應付顧客的需要比較齊備，雖然收入不高，但因為不希望肥水外流，不得不有此設施。

就人事方面而言，都市裡人才眾多，招考員工比較容易，而且員工的流動性也較低，同時，臨時工的雇用也不成問題。

一般飯店提供員工伙食一至二餐，員工宿舍僅供過夜及女性使用，不必為員工準備交通車或休閒康樂活動之設備。反之，休閒旅館必須提供至少二餐，更必須提供一半以上員工的住宿設備。至於員工交通工具及各種休閒育樂設施，如福利社、乒乓球桌、羽毛球場、閱覽室、電視，更是不可忽略，以便紓解員工下班後的無聊，期能使他們安居樂業，進而培養合群的精神，俾能發揮在工作上。至於員工的訓練，因為在邊辟地區，員工本性樸素誠實、親切和藹，但教育程度較差，必須要有相當的耐心與愛心去訓練他們。

另一個最大的不同特色在於廣告與企劃的工作。對都市旅館來講，其國內廣告大部分僅限於餐飲的促銷，而國外廣告才是最重要的廣告訴求，企劃費用也不多，或者可以委託傳播公司代理。館內活動的舉辦並不多而戶外招牌也不一定要具備，飯店的辦事處大都設在國外；然而休閒旅館正好相反，尤其特別重視館內的各種多彩多姿的休閒育樂活動，不但與地方社團或機關合辦以帶動當地人的參與並可吸引住客的共享同樂，增加收入，具有多重意義。至於戶外招牌更是不可缺少的宣傳工具。

談到工程養護維修、休閒旅館費用較為龐大，因為都市旅館的建築係採用高樓封閉式的冷氣不易外洩。電費並不高，但是休閒旅館的建築大多為低層開放，分散式的並不高，所以電費負擔重。尤其是工程用品費用浩大，如提供庭園景觀、休閒中心、游

泳池、三溫暖、網球場、兒童遊樂園、污水處理場等。更有進者，因爲建築物長期暴露在強烈的陽光與海風吹襲之下，極容易腐蝕或脫漆漏水等，所以油漆及裝修費更是一大筆開銷。

談到存貨日數，在都市旅館的食品（非生鮮食品）約爲十五天，然而休閒旅館則要三十天，飲料在都市爲一百二十天至一百四十天，而休閒旅館則只要一百天至一百二十天。因爲在休閒旅館，酒精濃度高的酒類銷售量並不多。

一般物品的存貨天數，在都市爲五十天至一百天，休閒地則須九十天至一百八十天。

最後，在營收方面，都市旅館之現金收入約占百分之三十。信用卡百分之四十，簽帳則只占百分之三十，休閒旅館則現金收入占百分之五十、信用卡百分之三十五，而簽帳僅爲百分之十五。現金收入占一半是爲防止訂房的取銷不來，旅館必須要求客人先付訂金之故。

其他，休閒旅館較都市旅館開支較大的項目尚有電話費、國內出差費、採購費、地方公共業務交際費，因爲在郊外地區，一般當地人對觀光事業的認識較爲膚淺，旅館必須與當地人溝通、說服、合作，才能打成一片共同爲繁榮地方的經濟及發展觀光事業而努力貢獻。

第三節　旅館經營的武器

筆者常強調旅館經營的武器（五氣）與五S同樣可適用於休閒旅館，所謂的五氣即：一、依靠天氣；二、景氣；三、老板的遠大眼光及魄力，即勇氣；四、員工團隊精神與服務熱忱的士氣。再加上五、員工服務顧客的談吐、口氣。

在休閒旅館更應注意五「S」：

一、安全（SECURITY）：要有安全的設備與措施，才能讓顧客安心自由自在去享樂。由於範圍廣大，房間分散「安全」成為首要工作，再加上有些休閒旅館建築在海邊或山地，更需提高警覺性。

二、服務（SERVICE）：要訓練員工達到水準的服務品質，因為顧客在店內活動與停留時間長，而且純為度假、心情開放、頭腦冷靜、眼光雪亮、觀察細膩，特別會注意員工的服務態度等細節。

三、促銷活動（SALES）：先有安全的設備，再訓練員工，提供良好的服務，最後再加強促銷活動。

四、社會（SOCIETY）：必須與當地社會打成一片，才能獲得住民全力支持而共同協力開發觀光事業及繁榮地方經濟，藉收敦親睦鄰、回饋鄉里之效。

五、專業技能（SKILL）：最重要的是經理人必須具備管理的專業知識和技能。

總之，今後旅館經營，規模日漸龐大，組織日形複雜，經營趨向連鎖化、設備更加廣泛化、機能更為多樣化，已成為綜合性的大企業，其經營的成敗惟有依賴提高服務品質、加強設備機能，與建立一套健全的管理制度。

第四節　中、美、日度假旅館特色

美國度假旅館分類（按立地條件）：

1.海濱度假旅館（SEA SIDE RESORT HOTEL）。

2.山岳度假旅館（MOUNTAIN RESORT HOTEL）。

3.沙漠度假旅館（DESERT RESORT HOTEL）。

4.湖邊度假旅館（LAKE SIDE RESORT HOTEL）。

5.河邊度假旅館（RIVER SIDE RESORT HOTEL）。

6.特殊度假旅館（SPECIAL RESORT HOTEL）。

度假特色

(一) 享受賭博性的度假

美國民族性極富冒險精神，故喜愛賭博；藉休閒度假前往政府公認的賭博地區至為平常。如NEVADA、NEW JERSEY、FLORIDA、PENNSYLVANIA、NEW YORK等洲。此種風氣仍會繼續盛行。

(二) 喜愛異國情調的氣氛

如夏威夷有玻里尼西亞情調的度假設備、加州有墨士哥風采、佛羅里達州具有地中海型式等各國不同情調的設計與設備，均能吸引美國人的嚮往。

(三) 全天候、全季節性的體育活動

休閒地區備有各種運動設備與場所，室內外兼有海陸空活動設施一應俱全，以供度假者不分晴雨均能享受利用。

(四) 多角經營的型態

美國人講究效率，「時間即金錢」的觀念甚重。即使商務旅行亦不忘觀光，或度假兼開會，以及休閒兼社交的旅遊型態極為盛行。所謂：

美國人是忙裡偷「閒」＝……開會兼度假或會後儘情享樂。

日本人是忙裡偷「賢」……求知慾強、喜愛文化觀光及生態觀光。

中國人是忙裡偷「錢」……休閒中也想賺錢或省錢，故不太講究住宿品質。

日本度假旅館分類

（一）洋式

1. 度假旅館（RESORT HOTEL）
   - （1）山岳旅館（MOUTAIN HOTEL）。
   - （2）湖畔旅館（LAKE SIDE HOTEL）。
   - （3）海濱旅館（SEA SIDE HOTEL）。
   - （4）溫泉旅館（HOT SPRING HOTEL）。
2. 運動旅館（SPORTS HOTEL）
   - （1）高爾夫旅館（GOLF HOTEL）。
   - （2）滑雪小屋（SKI LODGE）。
   - （3）汽車旅館（MOBILLAGE）。
   - （4）露營平房（CAMP BUNGALOW）。
   - （5）遊艇旅館（YACHTEL）。
   - （6）汽船旅館（BOATEL）。

（二）日式

觀光地旅館、團體旅館、溫泉旅舍、國民旅館、國民休假村、國民保養中心、青年招待所、民宿、青年之家、福利寮、保養所。

日本人度假型態

日人年輕的一代，女性喜愛旅行與流行，男性則追求開新車與運動。

（一）行動性

現代的休閒方式注重參加「動態」的各種活動，打破傳統的「靜態」休閒；尤其盛行自己創造的休閒活動方式，特別是年輕人及OL女性。

（二）日常性

由於生活緊張，任何人在任何時候，均希望隨時很輕易地去從事休閒活動。

（三）家族性

休閒已不分年齡、性別，而漸漸趨向於全家參與的型態，藉以享受天倫之樂。

（四）健康與自然性

強調與大自然接觸，以便強身養性。

（五）知識與文化性

日本人求知慾甚強，因而休閒也不忘求知。他們把休閒當作活動的圖書館與博物館。

我國概況

目前台灣的休閒旅館所用名稱至為繁多複雜，尚未有統一的分類與名稱。經常使用的有以下幾種，希望有關當局早日訂定分類標準：飯店、賓館、酒店、客棧、旅館、旅舍、旅社、會館、招待所、活動中心、休閒中心、國民旅舍（社）、香舍（寺廟）、

農莊、山莊、別館、別墅民宿、俱樂部等。

我國應有的度假方式

綜觀美日的度假特色，我們除了應吸取先進國的優點外，應積極開發適合我國人的休閒方式：即結合運動、教育及娛樂三者為一體並強調自我發展（SELF）的空間以達成：促進社會和諧（Society）、繁榮地方經濟（Economy）、提升生活品質（Life）、增加財政收入（Finance）。

經營者應有的理念

1. 應配合地方社會、文化建設與國家建設三者並行。
2. 先與地方居民建立良好的公共關係、進而樂於支持與合作。
3. 應保持生態環境的平衡發展，加以良好維護、以灌輸國民休閒教育。
4. 重視保障旅客的安全措施與環境衛生設備，以提高休閒品質。
5. 戶外、戶內體育活動兼備、以延長停留時間及提高附加價值的服務。
6. 發展海陸空的休閒空間，以便航空業、旅行業及旅館業三者一體合作共同促進休閒產業。
7. 採用多角經營：商務兼觀光、度假兼開會、休閒兼社交以及單純的休閒度假。
8. 培養及訓練休閒旅館的員工，減少其流動率，充實福利制度及建造宿舍，以達成「安居樂業」。
9. 塑造我國獨特的文化休閒特色、旅館的建築必須具備我國的傳統文化色彩與氣氛，並加強知識性的活動，提供開

　　闊、健康、文化性的休閒空間、以健全國民的身心及端正
社會風氣。

未來的都市旅館

　　室內設計特別強調：在家的氣氛、適切的空間、服務雖然自
動化，但室內設計要有友善化、親切化、溫馨化及家庭化。

　　尤其商務旅館更要特別具備六個基本需求：一、辦公設備的
房間；二、現代化的商業服務中心；三、健身房；四、供應早餐
及茶點的沙龍；五、專用登紀櫃檯；六、輕便的餐廳及運動酒
吧。

未來的休閒旅館

　　景觀設計強調保持自然美、防止噪音、空氣污染及超熱設
備，如何節省能源人源並將當地的藝術、文化及美德優點表現出
來，使旅館不只是停留的地方而是「享受旅遊美夢的樂園」。配合
當地的天然文化魅力，讓顧客經歷神秘的發現、新奇的經驗、充
分的享樂，以滿足其期望。至於房間的典型數為三百五十間，大
到足以開會，小到夠服務周到正好，並增加CLUB　LOUNGE。

第**17**章

商務旅館與民宿

第一節 商務旅客住宿型態

通常可分為過夜住客、延長住客、調職移動住客和附帶度假住客等四種型態。

過夜住客

其中以過夜住客最多，這些商務客期待遷入、遷出手續和服務要快速簡便、房間乾淨、舒服，並接近快餐廳，隨時可加利用。爭取時間是他們的特色。

延長住客

延長住客，大部分以參加會議、研習會、推銷業務，或商務與度假連在一起，所以停留時間較長。希望旅館提供更多設備及服務項目，如餐廳、娛樂運動休閒服務，商務服務等並在房內有小廚房、酒吧，甚至於可利用套房舉辦接待酒會等活動，以迎合他們的需求。

調職移動住客

調職移動住客，近年來，有日漸增加之趨勢，有兩種情況，一種是正式搬家前，把旅館當作臨時之家，另一種是正式調動前，延長住宿旅館，以便有更充裕時間去瞭解當地各種情況，將來較能適應。不管任何情況，他們要求有舒服方便的房間，當作臨時的家，目前最流行的就是全部套房設備的旅館最受歡迎。除外，旅館更應提供市內觀光或照顧小孩等特別服務與設備，以便吸引日漸龐大的這個市場。

附帶度假住客

許多商務住客，辦完商務後，緊接著順便繼續休閒度假，不管是單獨的，或與家人共度，採用這種方式越來越多，因此他們強調旅館能提供休閒娛樂設備以及能參加觀光活動的節目。辦公廳兼家庭兼休閒地是他們的最大的特色。

第二節　商務顧客類型

安靜獨居型

對旅館主辦的歡迎酒會或社交活動都不感興趣。因此，他們都不太利用大廳、房內餐飲服務，和其他健身房或酒吧等設備，通常比一般商務客少支付百分之二十的房租，所以經濟級的旅館是他們的選擇。因此，旅館應強調提供安全、寧靜又乾淨的客房，而儘量不要去打擾他們為原則。

外向社交型

大部分屬於推銷員或中級幹部的商務旅客，對價錢較敏感，且自認有把握與旅館講價，因比較喜愛交際、關心餐廳、酒吧營業時間，或有無免費招待酒會以便藉機交友洽商。寧願選擇中級價位，在公路上的旅館，並對自己的品牌很忠實。

富裕享樂型

屬於年輕富裕的高級主管或專業負責人，不管是商務旅行或休閒度假，出手大方，要求住宿豪華氣派的旅館，附設高雅的餐

廳、夜總會,和各種休閒娛樂健身等設備,他們認為享樂比花錢更重要。通常他們選擇旅館都經過友人或同事的建議並由旅行社代訂為多。

女性商務客

她們對旅館的要求服務事項比較特殊,綜合列舉如下:

1.有二十四小時的房內餐飲服務。

2.洗衣及一小時即可交件的快燙服務。

3.房內有光線充足、明亮又寬大的辦公桌。

4.免費早報及前一晚就可以預訂的房內餐飲訂單。

5.浴室備有洗髮精、房內有針線包。

6.浴室燈光要明亮。

7.化妝鏡、吹髮機和燙衣架都要齊備。

8.要有多餘的插座。

9.衣櫃要求又大又高。

10.備有全身鏡子、足夠的吊衣裙架。

11.高品質的臉巾、手巾和浴巾。

12.二十四小時營業的健身設備及三溫暖。

總之,她們特別強調安全、舒服、方便、乾淨和隱私權。她們不希望使用過分親蜜的稱呼。她們較男性在旅館內的時間長,所以要求有游泳池、健身房等設備。此外,有許多女性主管帶著孩子一起旅行,所以應該提供給小孩活動的設備和節目。二十一世紀女性商務主管約占所有商務旅行的一半,可見這個市場的潛在性和重要性與日俱增,應好好把握機會。

第三節　如何經營民宿

　　為了想給有意經營農莊民宿的朋友們，對於投資經營民宿，事先有一個基本的認識，這裡想說明應考慮的事項，供作參考，希望他們能夠開創一個新事業。

經營的基本考慮

（一）先確定經營的目的與動機

1. 想當作副業經營。
2. 想好好利用自己的土地或建築地。
3. 想運用現有的資金。
4. 想當作全年性的副業。
5. 想當作正業經營。

（二）經營型態

1. 想以大眾化的價格，提供較多的住客，經營大規模的民宿。
2. 想以大眾化的價格，提供小規模的，但要提高住用率。
3. 想以高價格，提供較有特色的民宿。

（三）資本

1. 想借款多少？
2. 自己的資本占多少？
3. 想向誰借款？
4. 借款的利息如何？
5. 償還期間多少？

立地條件

（一）地點

先檢討地點是否適當？

（二）立地分類與內容

慎重考慮地點的將來性及民宿內容：農園、海濱、溫泉、運動、料理、建築方式。

（三）競爭者

附近的競爭者有多少？生意又如何？

顧客對象

（一）性別

以男性為主，或女性為主，或兩性兼收？

（二）職別

學生、領薪階級、家族成員或其他。

（三）團體或個人

個人、二～四人、五～九人、十人以上。

經營方針

先考慮經營和立地條件再決定營業方針，並調查顧客利用目的和動機。

（一）利用目的

1.觀光。

2.山珍海味。

3.參加各種運動。

4.海水浴、登山。

5.其他休閒活動。

（二）營業天數

1.全年性開放。

2.季節性開放。

（三）銷售方式

1.強調設備或氣氛。

2.強調餐飲供應。

3.強調低價格、大眾化。

4.其他特色。

（四）宣傳、廣告

1.利用看板。

2.報章、雜誌。

3.參加協會或連鎖。

4.其他方法。

設備

考慮利用顧客對象，經營期間，銷售方式後再決定規模大小。

（一）規模

1.房間數。

2.廚房、浴室、洗手間等設備也應重視。

（二）設備

先考慮投資回收期間，再決定設備大小。

1.高級的（大概回收期間五年）。

2.中級的（大概回收期間二～三年）。

3.普通的（大概回收期間二～三年）。

員工對策

如果是小規模當作副業或兼業由家族成員去經營就不必考慮員工計畫或勞動條件等因素。

收支計畫

應考慮檢討基本的經營收支平衡：

1.每天的銷售額有多少？

2.在銷售額當中，材料費占多少比率？

3.在銷售額當中，用人費占多少比率？

4.其他各項經費比率又占多少？

5.對於投下資本額，銷售額占多少？

投資報酬率

穩定的財務情況，需要靠持續良好的獲利能力來維持，而良好的獲利能力，需要穩定的財務狀況作爲後盾，二者有相輔相成的關係。

要表示獲利與投資的關係，就必須以「投資報酬率」，才能衡量投入的資源獲取多少的報酬，才足以表示整體的經營績效。

投資報酬率是「資產周轉率」與「純益率」兩個要素運作的結果，可以衡量資產，營業收入及純益三者的關係。其計算公式如下：

（投資報酬率＝資產周轉率×純益率）

$$\frac{純益}{總資產} = \frac{銷貨收入}{總資產} \times \frac{純益}{銷貨收入}$$

換句話說：

投資報酬率：一元之投資可以創造多少利潤。

資產周轉率：一元之資產可以創造多少營業額。

純益率：一元之營業額可以創造多少利潤。

至於回收期間的計算公式則如下：

$$\frac{投下的總資本額 － （目前的現金存款額）}{純利益（稅後）＋折舊} ＝ 回收期間$$

經營成果

（一）收益性

要看經營後，產生多少利益或虧損多少。

（二）安定性

資金是否健全？目前是否安定？有無問題？如何對策？

（三）成長性

每年收益性是否繼續增加（每年至少要有百分之十的增加率），是否成長順利。

最後，再次檢討基本計畫，如果發現計畫內容的回收期間太長，而不能符合經營者的願望時，應重新檢討基本計畫，尤其是收支計畫中，各項經費的開支比率，是否妥當，必須使計畫容易執行，而獲得應有的成果，才是經營的最後目的。

在訂定計畫時，首先檢討作什麼（目標項目），作多少（目標水準），怎麼做（方針、策略）並要求達成方法是重要的。

過去經營旅館失敗原因大概可以歸納為：

一、設計不當。

二、管理不善。

三、業務不振。

四、組織混亂。

五、保養不良。

六、財務不佳。

因此，計畫訂出後，為了提昇效果，應該採取「計畫」、「實施」、「反省」的循環，不斷地計畫、不停地反省，才能發揮經營的整體績效，而事先預防重蹈上述經營旅館失敗的覆轍。

民宿的基本特性

（一）地點與環境

應選擇景觀優美，環境幽靜，適合休閒及各種遊樂活動的地方。

（二）建築設計

為維護風景地區的自然景觀，建築物應儘量利用地形以當地的建材興建，同時外觀與色彩，應力求與自然景觀互相配合，才有特色。

（三）設備

重視舒適方便，清潔衛生與安全並具家庭氣氛。

經營的特性

(一) 是服務業的一種

1. 商品士無形的：看消費者的感覺決定好壞。所以要處處考慮旅客的需要，要以創造性的行銷活動來吸引消費者。
2. 生產與消費同時進行：要消費者來到現場，生產者才能進行生產。
3. 商品的腐爛性高：消費者減少時，剩下的商品，無法出售，沒有辦法存庫等於腐爛。
4. 商品的異質性：同樣的服務，會有不同的結果，很難保證每次服務都能達到規定的要求。

(二) 供應彈性小

1. 投資大：固定資產占百分八十以上，所以投資報酬率不高。
2. 季節性：有淡旺季的不同，無法連續生產。
3. 量的限制：房間數固定，無法臨時變動增減。
4. 場所的限制：地點決定後，不能隨便轉移。
5. 地點：好的地點比高明的經營更重要。

(三) 家庭功能

因為是提供住宿與餐飲，具有家庭的功能，要使旅客有賓至如歸的感受，必要重視服務。

(四) 全天候的生意

整天待命，服務旅客。

開業的步驟

開業的步驟見圖17-1

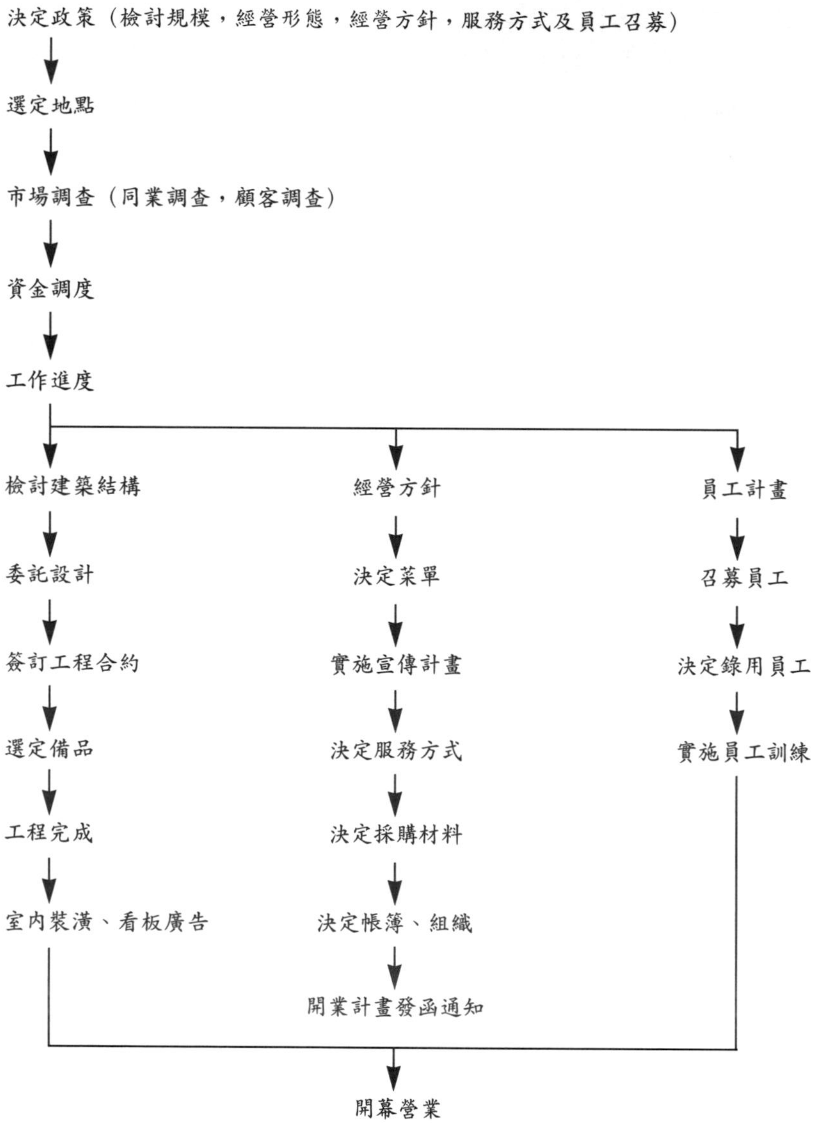

決定政策（檢討規模，經營形態，經營方針，服務方式及員工召募）

↓

選定地點

↓

市場調查（同業調查，顧客調查）

↓

資金調度

↓

工作進度

檢討建築結構	經營方針	員工計畫
↓	↓	↓
委託設計	決定菜單	召募員工
↓	↓	↓
簽訂工程合約	實施宣傳計畫	決定錄用員工
↓	↓	↓
選定備品	決定服務方式	實施員工訓練
↓	↓	
工程完成	決定採購材料	
↓	↓	
室內裝潢、看板廣告	決定帳簿、組織	
	↓	
	開業計畫發函通知	

↓

開幕營業

圖 17-1　開業的步驟

　　民宿的經營與一般旅館經營最大不同的特色在於強調大眾化的合理收費與自助性的服務。設備雖不需豪華，但要注意安全與衛生設備。服務雖不甚精緻，但要富有家庭味、鄉土味及人情味的氣氛，更重要的是利用天然的資源，配以當地文化特色，除住宿與餐飲之外更應提供運動、休閒、娛樂等功能，讓住客能充分享受悠閒的情趣，奔放的自由而有賓至如歸的感受。

　　民宿興建的成功，完全依賴事前周密的計畫與得宜的管制，而經營的成敗，則有賴於業務的推廣與經營能力如何而定。然而所興建的建築物與設備，卻因時代的急遽變化，商品的經營價值也隨著陳舊化，所以必須要不斷加以更新，附加獨特的經營方針及增加配合時代需求的機能、格調與價值才能發揮其特色，吸引顧客的喜愛與競爭的能力，而繼續成長。

第**18**章

休閒旅館發展過程與行銷

旅館是一個多采多姿的行業，處在今日變化多端的環境下，旅館正面臨著新的挑戰與考驗，在激烈的競爭中，旅館競爭目標之轉變，影響到顧客階層與行銷策略的變化。

任何一家旅館在其發展過程中，必有一定的循環規律，也就是所謂的："Hotel Life Cycle"。在此，擬舉美國度假旅館為例加以說明，以便作為將來有意興建休閒旅館的業者參考。

我們把它的發展過程分為六個期間。瞭解其過程的變化，在於如何去把握不同的顧客類型並對於行銷策略的擬定有莫大的俾益。

第一節　發展初期

在遠離都市的郊外交通尚不十分發達，興建一家小型度假式旅館「甲」，顧客屬於走時代尖端的類型，該地的魅力是自然與文化，就是遠離繁雜的鬧市人群，欲享受大自然新鮮的空氣安寧，旅館不必提供特別的娛樂設備，樸素的裝潢，但必須富有文化傳統的氣氛，價格也不太計較，餐廳的菜單不必由豪華奢侈的魚子醬等所構成，只有簡單的蔬菜類或三明治等簡便餐食，已足足有餘。然而這種旅館由於受到季節性的影響，在淡季裡非關門停止營業不可。此時期，觀光客不太多，所以對當地的社會影響也不大。

論及旅館之發展過程中，要特別注意其行銷方法與策略是隨著階段的進展，越趨複雜而經費也越加增漲。第一階段的顧客，大部分利用電話直接向旅館訂房間，所以行銷經費僅限於電話費用或分送顧客或他們的親戚朋友的「直接郵寄」（D. M.），而促銷活動也以口頭傳達為主，雖然宣傳旅館的知名度在初期需要一番

的努力，卻無需僱用專任的推廣業務人員。同時，顧客對會議、
宴會等的需求等於零，因為來此地的目的在於想脫離會議、宴
會、團體集會或其他商業性活動，享受一片寧靜、獲得心曠神怡
之效。

第二節 興盛期

　　該度假地的評價與知名度，漸漸地提高而被肯定，遊客也漸
有增加之勢。結果，在附近又建立了另一家中型旅館（乙），原有
的旅館「甲」，不得不僱用專任業務專員來加強行銷活動。

　　首先採取的措施是「全年營業」，為了應付季節期間的生意，
增加會議場所的設備，不過需求卻相反地要求在旺季舉辦者多，
所以營業量並不太多。另一個開源方法就是開闢團體旅行市場，
對象為批發商酬謝績優零售商之旅行團。

　　原來為走時代尖端而來欲享受寧靜住宿的顧客自然離開此地
而另找其他的度假地。代之而起的新顧客是由大都市近郊的新居
民組成的，花費剛賺來不久的錢，所以對新興的旅行市場特別有
興趣。應付他們，旅館不但須增加新的娛樂設備，並將原有的裝
潢改換成為更豪華的格調，而餐廳的菜單也列入魚子醬等高級菜
餚，營業開始繁榮起來，在行銷方面費用日見增加而投入之資金
也隨著高漲。原來對消費者的直接廣告減少，取而代之的是對旅
行社或績優招待旅行團企劃者之促銷活動費用。換言之，需要以
「折扣」來設定價格。然而一般的顧客對旅館所提供的一切服務仍
然感到滿意而且尚有支付的能力，所以營業照樣非常順利。

第三節 過渡期

再度地，旅館業專家來作市場調查，發現乙家的旅館客房占用率竟然高達百分之八十，而其他旅館之獲利率也相當高，所以又在對面蓋了一家「丙」旅館，就這樣本地的旅館面臨著新的競爭，而進入變化多端的第三階段的過渡時間。

不過，第一階段的顧客仍然把當地視爲第二階段的度假地，所以在會議、宴會等集會很少的旺季裡，還是繼續來此度假。

直到第三階段的新顧客日漸增加時，原有的上層客人又移到別的度假地。更糟的是，由於新旅館的增加，第二階段的顧客也被爭取到新的旅館。結果，最初在此地興建的旅館，第一次遭到開幕以來，首次在旺季裡出現空房的現象。在行銷活動中，爲要在激烈的競爭中戰勝，非擴大業務推廣部門的組織不可，一方面增印精美的簡介，並須依賴批發旅行業開拓新客源了。行銷活動操縱在外人手中，必須支付多額的佣金成本自然提高，更不能因淡季而關門不營業。原有的顧客、續優酬謝旅行團又另找新鮮的度假地去了，形成更須依賴會議或宴會等的生意。

不久，旅館再也無法負擔裝潢豪華的保養費用。餐廳的菜單種類，由魚子醬改爲小龍蝦，但旅館本身仍然誇口提供一流的服務，所以大都市近郊的客人仍然繼續來此度假，只是顧客多的僅在夏季或假日的旺季，其他日子生意都很清淡。全盤看起來，營業成績平平。

第四節　競爭期

　　新的旅館又出現三家，旅館增加的結果，僅僅依賴原有的行銷方法已經無法再使客房住滿。面臨客房住用率的降低，利益率減少的情況下，解救的方法就是開拓另一個市場來源，亦即「包辦旅行團」。由旅館規定撥出多少專用的房間，並以五折或六折的折扣提供房間給每星期固定利用包機來的包辦旅行團。諸如各種體育團體，以代替會議、宴會等之生意。從此，原有的績優酬謝旅行團也日漸消聲匿跡。

第五節　轉變期

　　進入此一階段的旅館，除了包辦旅行團之外，其他的顧客均被拒於圈外，美國旅行業者曾把這種包辦旅行團分成五種類：簡稱其為S. M. E. R. F.，亦即一般社會團體（S）、軍人（M）、教育團體（E）、宗教團體（R）、親睦團體（F）等。一般說起來，這些團體在社會經濟方面收入較低，所以如有一家旅館因這種團體占多數，則無形中會降低其高級旅館的形象。

　　要防止從第五階段進入第六階段，除非發生天災地變或市場情況產生鉅大變動之外，並無法避免。美國亞德蘭市原屬於第五階段的度假地，但由於市場激起大變化而形成一個賭博城，使許多旅館有的恢復到第三或第四，甚至於起死回生到第二個階段，即是一個很好的例子。但在邁阿密，情況就不同了，只有在旺季始能發現第四階段的顧客，其餘大部分已進入第五階段。

第六節 沒落期

昔日的輝煌光景已不復存在，旅館門前門可羅雀，旅館只有改成年老人的公寓或拆除改作停車場，或作其他用途。

旅館經營的發展循環，大部分是不可避免的。然而仍有些旅館始終保持在一定的階段上，這是由於他們知道為了要延長循環期必須繼續努力：一、加強、更新，或提高硬體、軟體及人性服務三方面的品質與設備；二、增加市場行銷費用；三、尤其要重新發現新的魅力、塑造新的形象與定位並加以大力去宣傳；四、同時應設法降低成本、減少不必要的開支。以便尋找新的發展機會。

總之，研究階段循環的真正意義在於瞭解本身的旅館目前究竟處在那一階段，以便確立最有效的行銷計畫。而在市場性格變化的競爭發生時，才能決定是否為保持目前的地位而奮戰到底或迅速採取行動，進入另一階段依賴市場的力量打勝仗。

台灣在西元一九七三年至一九八二年間，由於經營不善，管理不當而關門倒閉之旅館竟有二十家之多。由此可見，經營旅館是一項無比的挑戰。經營者除必須具備優越的經濟頭腦、豐富的經驗外，觀念的革新、新知的吸收、現況的改良，更是經營者必備的理想。

成功的經營惟有依賴其服務品質的高低、硬體設備的機能及行銷策略來取勝！

附錄一
· ·
善用飯店設備與服務的祕訣

抵達及住宿登紀

　　當您乘車前往飯店到達大門時，會有門衛前來為您開車門，向您致歡迎詞；同時會有BELLBOY（PORTER行李員）前來為您搬運行李，請先點清行李件數；如果您不放心或有貴重及易碎物品，可以自己拿。在櫃檯辦理CHECK-IN手續時，可以向櫃檯要一張旅館名片（HOTEL CARD），以防迷路時，可搭計程車回來或向路人詢問。拿了鑰匙之後BELLBOY會帶領您到您的房間，進入房間以後BELLBOY會一一為您介紹房間內設備的使用方法，當BELLBOY離開前別忘了小費（TIP）。如果您是自己開車前往飯店，有些飯店有代客停車（PARKING SERVICE），您只要把車鑰匙和小費交給DOORMAN，就可以輕輕鬆鬆的C／I了。如果您有共室的室友，而在消費帳上要分開記帳的話，請先告訴櫃檯和出納，以便分開記帳。

房間內應注意的事項

　　在房間裡，一般的設備都會有簡易的使用說明及房客須知。最重要的一點是要弄清楚哪些是免費使用，哪些是付費使用，尤其是收看電視是否要付費，及收費標準，究竟有關荷包大事，不能不注意。如果不清楚，可以問樓層的服務台或帶您來的

BELLBOY。一般有關飯店設備及服務簡介，以及信封信紙明信片都會放在化妝台上的文具夾（STATIONERY）裡面。再就是電話使用說明一定要瞭解，尤其是櫃檯、總機、INFORMATION（CONCIERGE）及外線的號碼一定要知道，才不會常常跑櫃檯。進入房間以後千萬認清自己的位置和安全門的所在，最好實地探查一次逃生路線，以防緊急情況時需要。

浴室內的常識

浴室裡面冷熱水的標誌，一般C-cold是冷水，H-hot是熱水，但是在法語系國家的C-chaud則是熱水，F-froid才是冷水。千萬要先認清楚再使用，不要一時大意被燙到了才來叫冤枉。浴室裡面的大毛巾是洗浴完畢後擦乾及包裹身體用的，中型（一般大小）的是洗臉的毛巾，至於小方巾則是洗澡時塗抹肥皂擦拭身體用的。

歐式飯店的浴室內往往有一根很漂亮的繩子垂下來，如果您正在享受入浴之樂，奉勸您千萬不要一時好奇心大發拉它一把，否則您會後悔，因為那是條緊急呼救的喚人繩，您一拉，服務人員就會衝進來，那可就丟人囉！而有的浴室有一種類似馬桶，無蓋，使用時會有一股「噴泉」直沖而上的設備。那不是飲水器，而是女性用可淨身的衛生便器，那水可不能喝哪！在歐洲，有時在浴室鏡檯上放有類似修指甲刀的平滑金屬片，那是舌刮，您還是把它擺著別動為妙。

自來水是不是能生飲也要弄清楚，有的飯店浴室內設有生飲專用的水龍頭，在歐洲則備有礦泉水。

有些飯店在浴室內還有一條曬衣繩，您的內衣可以晾在上面，切勿掛在燈罩上面，以免過熱燃燒，發生意外。

禮貌與安全

提醒您走廊也是公共場所，不要穿著睡衣或拖鞋亂跑。講話聲音要放低，除套房外，會客要在大廳，不要拉了訪客就往房間跑，會被誤會的。睡前把門鎖上，安全門閂上，有人敲門先問清楚或從SPYHOLE洞看清楚再開。出門時門要鎖好。

當您在房間裡不希望被人家打擾時，可以掛出請勿打擾（DO NOT DISTURB, D-N-D）的牌子，需要服務生進來打掃房間，可掛出請打掃房間（MAKE UP ROOM）的牌子。

如果您不接電話。可通知總機不接電話（NO CALL）。有的飯店，客人可自行設定早晨叫醒（MORNING CALL），不過最保險還是通知總機，由總機為您服務。當您離開房間，但仍在飯店內，也可通知總機將電話轉接至另一個房間或餐廳、游泳池……等，別忘了說聲謝謝！

財物保管與處理

櫃檯出納則是您的私人財務總管。不是隨身必備的貴重物品，多餘的現金和有價證券及重要文件，您可以在櫃檯出納處開個保險箱（大部分是免費使用）寄存。護照正本若非必要，也一併寄存，隨身只帶影印本即可，避免遺失。當您現金用罄時，也可以在櫃檯出納兌換貨幣，但務必請您保留外匯兌換水單，以便在離境前能將餘數兌換回來。如果您的消費帳要分為公、私帳以利報帳時，請事先交待出納要記公帳的類別、項目，當您離開時會給您公、私帳分開的兩張收據。

在房間裡也會有小型對號保險箱，可以自行設定號碼使用；建議以出生年月日等易記憶的號碼來設定。

外出前應交待事項

當您要外出，又怕有人來訪或來電，可將自己行蹤交待櫃檯或留言，請其轉告來訪或來電者，當然您不作任何交待，櫃檯也會幫您留口信，所以您千萬要記得出入大廳時順便在櫃檯問一聲"ANY MESSAGE FOR ROOM？"保證您不會漏掉任何訊息。如果您有郵電往來，可以在郵電服務（MAILING）處理。

退房離館前應注意哪些？

要退房離開時若尚有未收到的信件，可以留下下一站的地址（和FAX號碼），飯店方面接到信件後會儘快轉達給您。

假如您要暫時離開前往他處，將會再回來，不用的行李可以寄存在行李房，回來時再取回即可。

國外飯店的鑰匙牌（KEY TAG）大都印有飯店信箱號碼，當您一時疏忽將鑰匙帶走，只要將鑰匙投入當地任何的郵箱即可寄回。若到了他國您可得自己花錢寄回去了。

退房離開前，千萬不要順手牽羊，房內物品中，牙刷、肥皂、信封、信紙、明信片是可以帶走的，其餘的東西如果覺得有紀念價值，可以向櫃檯購買，有的飯店設有紀念品專櫃，您可以在那兒洽購。

當您購物太多，可以事先打包寄回家，不要提在身邊；避免行動不便和遺失、損壞。

餐廳的常識

至於到餐廳用餐，首先要瞭解餐廳營業時間、供應菜色，是否要事先訂位以免向隅，及該餐廳是否有服裝限制，一般來說正式餐廳必須要服裝整齊；而快餐廳、自助餐廳及速食店則較輕鬆

些。用餐時注意餐桌禮節，在國外不流行划拳助興，這一套在國內啤酒屋使用可以，出國就不必帶了。

進入餐廳時不要直接闖進去找位子，而是告訴服務人員有幾位用餐，等候帶位入座；如果有事先訂位，請告訴服務人員訂位者姓名及人數。點菜時若有男士在場，女士們可將想點的菜色告知男士，由男士來點菜。女士不宜直接向服務生點菜，呼叫服務生時，不宜高聲叫喊，而是等服務生走過附近時，以輕微手勢或低聲叫MISTER或MISS召喚其前來。

假若您難得慵懶一下，不想勞動您一雙玉足移駕到餐廳，可以！您只要動動您的青蔥，撥個電話到客房餐飲服務（ROOM SERVICE）點餐，您便可以在房裡享受一頓輕鬆自在又羅曼蒂克的餐點了。價錢大約比在餐廳內享用高百分之十至二十左右，當然送餐來的時候別忘了小費！

在酒吧裡品酒

一般在酒吧裡面品酒是比較輕鬆的一面，服裝可以輕便一些，不必太拘謹，有的國家不准女人單獨進入酒吧，必須有男士的陪同才行，這些禁忌必須先瞭解才可以。品酒是細細啜、慢慢喝、淺嚐即止，不要作大口入喉的牛飲，讓老外笑我們老土，笑我們烏龜吃大麥。

雞尾酒（MIXED DRINK）不知道如何點用時，建議您男士點MARTINI，女士點MANHATTAN較為適合；有些混合飲料有其特別的涵義或暗示，不明白的人千萬不要隨便點酒，以免引起不必要的誤會。

參加酒會先要瞭解酒會的性質及要請的對象，注意服裝是否適宜，以免貽笑大方。在飯店裡的餐廳、酒吧用餐、飲酒，除非有特別規定，一般是不必馬上付現，可以憑房間鑰匙或HOTEL

PASS（KEY CARD）記到房客帳，於退房時一併結清就可以了。

乘坐電梯

爲安全起見，女性不要單獨乘坐電梯，有男士陪同比較好。

乘坐電梯應該女士和長輩先行。

美國、日本和我國一樣，由地面算起1、2、3……樓，但歐洲則地面算基層樓，一樓（FIRST FLOOR）指的是二樓，以此類推。

使用其他設備注意事項

1.服務時間。

2.服務內容。

3.是否收費。

4.是否要預約。

5.是否有特別限制，如男女、年齡等。

活的旅遊百科字典

如有以下問題，在美、日可問大廳副理（ASSISTANT MANAGER），在歐洲問CONCIERGE（在大廳有專用櫃檯，專爲旅客解決問題，提供服務的人。）

1.觀光旅遊，交通工具的安排。

2.租車服務。

3.戲院和體育活動買票事宜。

4.機位、機票預約及確認。

5.支票、外幣兌換問題。

6.自由時間的打發。

7.餐館的介紹。

8.其他旅館的訂房。

9.秘書和翻譯的安排。

10.速記、打字事宜。

11.購物介紹。

12.醫院、醫生介紹。

13.公證人介紹。

14.遺失物的尋找。

15.代僱看小孩的保姆。

大廳副理或CONCIERGE有如您的私人顧問，各項疑難雜症都可以向他求協助。

聰明的使用方法

1.利用淡季住房：可以享受各種優待和無微不至的服務。

2.利用離峰時間消費：如酒吧有HAPPY HOUR的優惠時段。

3.多利用大廳的COFFEE SHOP約會、談生意，甚或相親，消費不高，卻可收意外佳效。

4.善用行李間的服務：在國外，有的行李間備有禮服、領帶；如果您服裝不夠正式，可向行李間臨時借用。

5.加入臨時的VIP會員，可享有很多的優待辦法。

6.利用機場電話臨時訂房：在國外機場往往有各大飯店的專用免費電話，您可以利用此電話臨時訂房，並在機場等候接機（PICK-UP）即可。

7.有些飯店訂房時可利用對方付費的專線電話。

8.注意C／O（退房）時間，問清楚延遲退房是否要加收費用。

9. 國外飯店使用電壓和國內不甚相同,若自備吹風機、電鬍刀等用品,記得也要帶變壓器110／220V和變換插頭。

10. 口袋裡隨時準備一些零錢,給小費用。

11. 如果您在早上很早就要C／O,為避免擁擠等候,您可以在前一天晚上先辦理結帳手續,甚至於可利用房內電視辦理手續。

發生火警時

1. 切勿驚慌亂跑,應認清火源方向,將毛毯打濕覆在身上,並以濕毛巾掩住口鼻,以貼地的低姿勢向反方向逃生。

2. 火警時絕勿使用電梯,而利用防火梯逃生。

3. 若往下的通路被火勢封住時,要儘速上頂樓陽台,等候救援。

4. 睡前將浴缸放入三分之一的水,一方面可以調節濕度,一方面若不幸火警可及時按前三步驟自救。

結論

現在您已經瞭解飯店裡的各項設施與服務;飯店的一切是為您而設,善加利用,您就是飯店裡的皇帝與皇后,好好享受飯店高貴而悠閒的氣氛和服務,祝您愉快!

附錄二

● ●

觀光慣用語

A

American Plan	美國式計價（房租包括三餐在內）
Agent	代理商
Airline Company	航空公司
Air-Pocket	氣渦
Assistant Manager	襄副理
Assistant Housekeeper	客房管理助理員
Apartment Hotel	公寓旅館
Air-Chute	氣送管
Airfield	飛機場
Arcade	地下街室內街道（有頂蓋），商店街
Allowance Chit	折讓調整單

B

Baggage Allowance	行李限制量
Bath Room	浴室
Bath Tub	浴缸
Bath Mat	防滑墊
Bell Boy	待役，行李員
Booking	訂位
Bell Captain	行李員領班
Baby Sitter	看護小孩子的人

Banquet	宴會
Buffet	自助餐
Boatel	船舶旅館
Baggage Declaration	行李申報書
Bill	帳單
Bus Boy	練習生、跑堂
Bar Tender	調酒員
C	
Carrier	運輸公司
Charters	包船、包機
Conducted Tour	導遊旅行團
Continental Plan	大陸式計價（房租包括早餐在內）
Coupons	服務憑單、聯單
Courier	跑差
Cabin	船艙、機艙
Check in	住進旅館
Check out	遷出旅館
Chef	主廚
Cloak Room	衣帽間
Coffee Shop	咖啡廳、簡速餐廳
Commission	佣金
Convention	集會、會議
Credit Card	信用卡
Cuisine	烹飪
Currency	通貨、貨幣
Custom	海關
Connecting Bath Room	兩室共用浴室

Concierge	旅客服務管理員（或服務中心）
Choice Menu	可以任選之菜單
City Hotel	都市旅館
Commercial Hotel	商用旅館
Chilled Water	冰水
Cashier	出納
Check Room	衣帽間
Customs Duty	關稅
City Ledger	外客簽帳
Catering Department	餐飲部
Control Chart	訂房控制圖
Control Sheet	訂房控制表
Complaint	不平、抱怨、申訴
Cancellation	取消、取消訂房
Complimentary Room	優待房租（免費）
Connecting Room	兩間相通之房間（內有門相通）

D

Deluxe Hotels	豪華級旅館
D. I. T. (Domestic Individual Tour)	本地旅行之散客
Dining Room	餐廳
Double Bedded Room	雙人房
Drug Store	藥房
Duo Bed	對床
Door Bed	門邊床
Don't Disturb	請勿打擾
Departure Time	出發時間

413

Daily Cleaning	每日清理
Dual Control	雙重控制系統或制度
Disembarkation Card	入境申報書（卡）
Direct mail D. M.	郵寄宣傳單

E

European Plan	歐洲式計價（即房租不包括餐食）
Excursion	遊覽
Executive Assistant Manager	副總經理
Executive House Keeper	房務管理主管
Elevator Boy (Girl)	電梯服務生
Escort	導遊人員
Excess Baggage	超量行李
Embarkation Card	出國申報書
Extra Bed	加床

F

First Class Hotels	第一流飯店
FIT(Foreign Individual Tourist)	國外旅行之散客
Full pension (American Plan)	美國式計價（即房租包括三餐費用在內）
Front Office	前檯、櫃檯、接待處
Full House	客滿
Floor Station	樓層服務台
Front Clerk	櫃檯接待員
Foreign Conducted Tour	國外導遊旅行團
Foreign Exchange	外幣兌換

Flight Number	飛機班次
Food & Beverage	餐飲
Flight Delay	飛機誤時

G

Guaranteed Tour	鐵定按期舉行之旅行團
Guided Tour	導遊旅行
Greeter	接待員
Good-Will Ambassador	親善大使
Grill	烤肉館、餐廳
Guide Book	旅行指南
Guest History	旅客資料卡
Guest Ledger	房客帳

H

Hotelier	旅館業者
Hotel Representative	旅館業代理商
Holly Wood Bed	好來塢式床
Hide-A-Bed	隱匿床
High Way Hotel	公路旅館
Holiday-Maker	假日遊客
Home Away From Home	家外之家（賓至如歸）
Hotel Coupon	旅館服務聯單
Hot Spring Resort	溫泉遊樂地
Harbor	港口
Hotel Chain	旅館之連鎖經營
Hospitality Industry	接待企業（餐旅業）

I

Inclusive Tour	包辦旅行，一切費用計算在內之旅行

	團體（個人零用、醫藥費等私人性質者除外）
Inspectress	檢查員
Information Rack	資料架
Indicator	指示器
Inn	旅館、客棧
Inclusive Conducted Tour	包辦旅行團（全程有導遊人員）
Inclusive Independent Tour	包辦個人旅行團（只有觀光時隨有導遊人員）
Invisible Trade	無形的企業（觀光事業）
Itinerary	日程表
Identity Papers	身分證明文件
Information Office	詢問處
L	
Land Arrangement	旅行之陸上安排
Lighting	燈光
Leisure Time	閒暇
Licensed Guide	有執照的導遊人員
Life Belt	安全帶
Laundry	洗衣廠
Limousine Service	機場與旅館間之定期班車
Line	客船、航機、電話
Lobby	大廳
Lost & Found	失物招領
Linen Room	被巾室
M	
Modified American Plan	修正美國式計價（即房租包括兩餐在

內）

Manager	經理
Message Slip	留言字條
Master key	通用鑰匙，主鑰匙（可啓開全樓門鎖者）
Make Up Room	清理房間
Make Bed	整床，做床
Morning Call	早晨叫醒服務
Motel	汽車旅館
Maid	客房女服務生
Menu	菜單
Money Change	兌換貨幣

N

Night Table	床頭几
Night Manager	夜間經理
No Show	有訂房而沒有來之旅客
Night Club	夜總會

O

Occupied Room	已住用之客房
Open Kitchen	餐廳內之簡易廚房
Occupancy	客房住用率
One-Way Fare	單程車資
Over Land Tour	經過陸地之旅行（如旅客由基隆上岸經過陸地觀光再由高雄搭乘原來之輪船離開）
Over Booking	超收訂房
Off Season	淡季

P

Porter	行李服務員、服務生
Page	旅館內廣播尋人
Passenger	旅客
Passport	護照
Package Tour	包辦旅行
Private Bath Room	專用浴室
Pass Key	通用鑰匙
Personal Effects	隨身物品
Parking	停車場
Public Space	公共場所

Q

Quarantine	檢疫

R

Resident Manager	駐館經理或副總徑理
Reservation	訂房
Room Clerk	櫃檯接待員
Room maid	客房女服務生
Room Number	房間號碼
Register	登記、收銀機、登紀簿
Room Rack	客房控制盤
Room Controller	同上
Reception	接待
Room Service	房內餐飲服務
Rack Slip	控制盤上之資料卡
Residential Hotel	長期性旅館
Resort Hotel	休閒旅館

Recreation Business　　　遊樂事業、觀光事業
Rental Car　　　　　　　租車
Resorts　　　　　　　　　遊樂區
Room Rate　　　　　　　房租
Round Trip　　　　　　　來回行程
Routing　　　　　　　　　安排旅行路線
Room Slip　　　　　　　配房通知單
Rooming Guest　　　　　安排房間、安頓客人
S
Supplemental Carrier　　不定期船班
Single Room　　　　　　單人房
Seasick　　　　　　　　　暈船
Subway　　　　　　　　　地下鐵路
Sleep Out　　　　　　　外宿
Suite　　　　　　　　　　套房
Studio Bed　　　　　　　兩用床
Sofa Bed　　　　　　　　沙發床
Shower Bath　　　　　　淋浴，蓮蓬浴
Service Door　　　　　　服務門箱（形如信箱，掛在客房門
　　　　　　　　　　　　口，為避免打擾住客每次開門，可將
　　　　　　　　　　　　報紙、洗衣物等放入此箱。）

Schedule　　　　　　　　行程表
Service Charge　　　　　服務費
Sight-Seeing　　　　　　觀光
Snack Bar　　　　　　　快餐廳、簡易餐廳
Safe Box　　　　　　　　保險箱

T

Tour	旅行團
Table d'hote	全餐，特餐
Tour Basing Fare	基本旅行費用
Tour Package	全套旅遊
Tourist	觀光客
Transfers	接送
Travel Agent	旅行社
Twin Room	雙人房
Transient Hotel	短期性旅館
Tax Exemption	免稅
Technical Tourism	產業觀光
Tour Conductor	導遊員
Tour Manager	觀光部經理
Tour Operator	組織遊程的旅行社
Tourism	觀光事業
Tourist Industry	觀光事業
Travel Industry	觀光事業
Time Table	時間表
Travel Voucher (Exchange Order, Service Order)	旅行服務憑證
Travelers Cheque	旅行支票

U

U-Drive Service	私車出租
Unaccompanied Baggage	後送行李

Unoccupied Or Vacant Room	空房
Uniform Service	旅客服務（包括：機場接待員、門衛、行李員、電梯服務員等，將旅客接到房內之一貫服務。）

V

Vacation	假期
Visa	簽證
V. I. P.	重要人物
Valuables	貴重物品
Vaccination Certificate	檢疫證明書

W

Waiter	男服務生
Waitress	女服務生
Wash Room	洗手間

Y

Youth Hostel	青年招待所

附錄三

●●●●●●●●●●●●●●●●●●●●●●●●

旅館慣用語

A

Adjoining Room	互相連接的房間
ASTA (American Society of Travel Agents)	美國旅行業協會
Air Curtain	空氣幕
Airtel	機場旅館
Airport Hotel	同上
Airmail Sticker	航空信箋
Automat	自動販賣機

B

Bartering	以貨易貨
Bell Room	行李間
Boatel	遊艇旅館
Bill Clerk	收款員
Bin card	存料卡
Bed Cover	床套
Baby Bed	嬰兒用床
Bell Hop	行李員
Bell man	行李員
Bath Robe	浴衣
Banquet Facility	宴會設備

Banquet Hall	宴會廳
C	
Check in Slip	旅客進店名單
Commercial Hotel	商業性旅館
Continental Breakfast	大陸式早餐
Cafeteria	自助餐廳
Chamber Maid	房間女清潔服務員
Confirmation Slip	訂房確認單
Conventional Bed	普通床
Catering-Manager	餐飲部經理
Crib	小兒床
City Information	提供市內導遊情報
Cocktail Party	雞尾酒會
Cocktail Lounge	酒廊
D	
Dinner Dance	晚餐舞會
Demi-Pension	房租包括兩餐在內
Duplex Room	雙樓套房
D. N. S. (did not stay)	沒有住宿
D. N. A. (did not arrive)	沒有到達
E	
Emergency Slip	旅客進店臨時名單
F	
Familiarization tour	熟悉旅館設備的考察
Foot Board	床尾板
Franchise Chain	聯營旅館
Floor Clerk	各樓接待員

Floor Master Key	各樓通用鑰匙
Floor Maid	各樓女服務員
Front	櫃檯
Foyer	休息室

G

Grand Master Key	通用鑰匙（全樓）
Grand Motel	汽車旅館
Gallery	樓座、走廊
General Cashier	出納員

H

Hall	大廳
Hotel Information	提供旅館內各種設備的情報
Chain Hotel	旅館的連鎖經營
Hotel Machines	旅館用各種機器
Hotel Manager	旅館經理（客房部經理）
Hotel Music	旅館內音樂
Half Pension	房租包括兩餐餐食在內
House Detective	旅館內警衛
Head Board	床頭板
Haberdashery	男用服飾品店
Hand Shower	手動淋浴

I

IFTA (International Federation of Travel Agencies)	國際旅行業同盟
Inside Room	向內的房間

K

| Key Mail Information | 櫃檯（保管鑰匙、信件提供諮詢等服務） |

L

Laundry Chute　　　　　洗衣投送管
Laundry list　　　　　　洗衣單

M

Magic door　　　　　　電動開關門
Mattress　　　　　　　床墊
Maid truck　　　　　　女清潔員用車
Mail Chute　　　　　　信件投送管
Main Dining Room　　主要餐廳（旅館內的代表性餐廳）
Message　　　　　　　留言
Messenger　　　　　　信差
Medicine Cabinet　　化粧箱
Mixing Valve　　　　混合水管（冷熱水同一水管）
Motor Court　　　　　汽車旅館
Motor Hotel　　　　　同上

O

Outside Room　　　　向外房間
OPR (Over Booking Percentage Rate)　　超收訂房比率

P

Pension　　　　　　　公寓
PBX（Private Branch Exchange）　　連接外線之電話設備（電話總機）
Par Stock　　　　　　標準存量

Pillow	枕頭
Paid Out	代支
Pin Cushion	針墊
Pneumatic Tube	氣送管
Porter Desk	行李間服務台
Portable Shower	活動淋浴蓮蓬

R

Room Indicator	房間狀況控制盤
Regular Chain	旅館連鎖經營
Reservation Clerk	訂房服務員

S

Service Elevator	員工電梯
Service Station	各樓服務台
Servidor	服務箱（同service door）
Salad Bar	自助餐廳
Sheet Paper	紙墊
Shower Curtain	浴室帳廉
Sitting Bath	坐用浴室
Statler Bed	沙發床
Stationary Holder	文具夾
Sticker	行李標貼
Space Sleeper	壁床
Special Suite	特別套房
Semi-double bed	半雙人床
Semi-Pension	提供兩餐之房租
Semi-residential Hotel	半長期旅館

T

Terminal Hotel	終站旅館
Tariff	房租
Tourist Court	汽車旅館
Travel Information	旅遊服務
Trunk Room	行李倉庫
Tea Party	茶會
T. O. System	外賣
	自助餐供應方式之一種，即由每一窗口供應每一道不同的餐食。
Tissue Paper	化粧紙
Travel Agent	旅行社

V

Valet List	熨衣單
Viking	自助餐
Voluntary Chain	自動參加旅館聯營

W

Wash Towel	浴巾
Wardrobe	衣櫥
Wagon Service	推車供餐服務

Y

Yachtel	遊艇旅館

附錄四

• •

旅館會計用語

Revenue

Rooms

Includes revenue derived from guest rooms and apartments rented for part day occupancy, a full day, a week or longer. Rentals of public rooms, except those ordinarily used for food and beverage service, should be included in room sales.

Food

Includes revenue derived from food sales, whether from dining rooms, room service, banquets, etc. Sales do not include meals charged on officers' checks (management)

Beverage

Includes revenue from the sale of wines, spirits, liqueurs, juices, beers, mineral waters and soft drinks. Sales do not include beverages served on officer's checks (management)

Other Operated Departments

Includes revenues from minor operated departments such as telephone, laundry, casinos, barber shops, cigar and cigarette shops, beach clubs, etc., but excludes sales reported as "other income" below.

Store Rentals

Includes revenue from all shop rental space net of commission.

Other Income

Consists of office, club or lobby show-case rentals, concessions, commissions from auto rentals, garage, parking lot, salvage.

Cost of Sales

Food

Includes all food served to guests plus transportation and delivery charges, at gross invoice price less trade discounts. The cost of employees' meals should be charged to the respective deartment whose employees are sered. In other words, the cost of employess meals is not a part of cost of food sold.

Beverage

Represents the cost of wines, spirits, liqueurs, beers, mineral waters, soft drinks, juices syrups, sugar, bitters and all other material served as beverages, or used in the preparation of mixed drinks, at gross invoice price ess trade dis-counts, plus delivery charges.

The cost of employees' beverages should be charged to the respective departments whose employees are served. In other words, the cost of employes' beverages is not a part of cost of beverages sold.

Other Operated Departments

Includes the cost of sales, if any, in all minor operated departments, including the telephone department.

Salaries and Wages
Rooms

Includes salaries and wages of personnel of this department (front office, house-keeping, elevators, floors, doormen and porters).

Food and Beverage

Includes salaries and wages of personnel in the department (purchasing, receiving, storage, preparation, service, dishwashing, cashiers, control).

Other Operated Departments

Includes payroll of telephone, and all other minor operated departments.

Administrative and General

Includes salaries and benefits of the manager's office, accounting office, night auditors, employment office, etc.

Advertising and Promotion

Salaries and benefits of employees in the advertising or sales manager's office.

Heat, Light and Power

Salaries and benefits of engineer, mechanics and yardmen.

Repairs and Maintenance

Wages and benefits of carpenters, painters, upholsterers, masons, etc.

Other

Salaries and Wages pertaining to other income as explained above.

Employee Benefits

Includes applicable payroll taxes, social insurance, vacation and holiday pay, employees' mesls, awards, social activities, pensions.

Other Operating Expenses
Rooms

Represents operating expenses of rooms department other than payroll and employee benefits (rooms' cleaning supplies, guest supplies, laundry and linen, reservation expense, paper supplies, travel agents commissions).

Food and Beverage

Includes other operating expenses such as china and glassware, cleaning supplies, decorations, guest supplies, laundry, linen, music and entertainment menus and beverage lists, silver, uniforms, etc.

Other Operated Departments

Includes other operating expenses of minor operated departments.

Other

Operating expenses peartaining to other income as explained above.

Undistributed Operating Expenses
Administrative and General

Includes accountants' fees, cash overages or shortages, commissions on credit cards, collection charges, executive office expenses, general insurance, postage, legal expenses, trade association dues, traveling expenses, etc.

Advertising and Promotion

Includes advertising agency fees, cost of advertising in all media and applicable travel expenses and supplies.

Heat, Light and Power

Includes the cost of electrical bulbs and electrical power, fuel, mechanical supplies, steam, water, removal of waste matter, etc.

Repairs and Maintenance

Cost of repairing the building, electrical and mechanical equipment and fixtures, floor carpeting's, furniture, grounds and landscaping, etc.

附錄五

● ●

旅館常用術語

A

accommodations	住宿設備
activity center (tour desk)	觀光，旅遊服務櫃檯
alcove	凹室（擺放床舖或書架的地方）
annex	別館
amenity	旅館內的各種設備、備品
aperitif bar	飯前為開胃輕酌的酒吧
atrium	中庭大廳

B

bachelor suite (junior suite)	小型套房或單間套房
ballroom	大宴會場
bay window	向外凸出的窗門
bed-and-breakfast (B&Bs)	（房租包括早餐）民宿旅館
bed-sitter	客廳兼用臥房
bell desk	行李員服務櫃檯亦稱porter desk
beverage	飲料
bidet	浴室內女用洗淨設備
bistro	小型酒館
board room	豪華會議室
boutique hotel	小巧精緻的旅館

brunch	飲茶（介在早、午餐之間）
budget-type hotel	經濟級旅館，日本稱爲business hotel
buffet	自助餐
bungalow	別墅式平房
bunk bed	雙層床
business center	商務服務中心
business hotel	經濟級商務旅館
butler service	各樓專屬值勤服務員
C	
cabana	游泳池畔房間
canopy	天篷形的遮棚
casino	賭場
casual restaurant	普通餐廳
chain hotel	連鎖旅館
chalet	農莊旅館、民宿農莊
chateau hotel	城堡式旅館
company rate	公司特別價格
complex	綜合性旅館（有辦公廳、會議廳、旅館商店街等）
complimentary	免費招待
concierge floor	即V. I. P. 樓
condominium	分戶出租的公寓大廈
conference room	會議室
conference suite	即board room
consortium	爲共同宣傳、推廣、訂房，聯合組成的旅館團體

continental plan	房租包括早餐
convention hotel	有會議設備的旅館
corner room	位在角落的房間
corporate rate	同company rate
courtesy bus	免費提供的交通車
courier service	免費快送服務

D

deli （delly）	delicatessen之簡寫，專賣熟菜或現成品的店
demitasse	小杯咖啡
dinette	小餐室
discotheque	DISCO舞廳
double up	一個房間睡二人
double-vanity	浴室內，有二個洗臉台
dress code	「服裝準則」高級餐廳事先通知顧客應穿著之服裝
duo bed	由single bed及sofa bed組成的雙人用床

E

efficiency apartment	小套房（房間附有廚房及浴室）
emergency exit	安全門
English breakfast	American breakfast再加上穀類料理的早餐
escort	即tour guide（導遊）
exchange order	服務憑證
exercise room	健身房
executive floor	另稱V. I. P. floor即貴賓樓

437

executive service	秘書服務（secretarial service）
extra bed	加床

F

family plan	兒童與家屬同住一個房間時，免費辦法
flagship hotel	旗艦旅館意即代表性旅館
flat rate	不論房間大小，價格都一樣
free allowance	團體客中准免費招待的人數
free-sale	代理商可替旅館自由出售的房間
French door	左右開啓的門
frequent traveler	常來住的旅客
frigobar	小型酒吧又稱mini-bar
full board	即American plan房租包括三餐在內
fully booked	訂房客滿
function room	即banquet room宴會廳

G

gazebo	瞭望台
grade	旅館分級制度，歐洲用五顆星，也有用superior、first、deluxe、tourist及economy等，而美國則分爲deluxe、first、standard及economy
grand open	旅館全部開業（正式開業）
gratuity	小費
grill	烤肉專門餐廳
gross price	包括佣金在內的房租
gourmet restaurant	高級餐廳
group rate	團體價格

guaranteed reservation	有保證的訂房（已支付保證金）或以信用卡保證
guest house	美式民宿，歐洲稱爲pension或B&B
gymnasium	同fitness center（健身房）

H

half board	同half pension
half twin	二人平分雙人房的房租
hall porter	行李員
handicapped	殘障者
happy hours	酒吧特價優待時間（通常爲下午六至七點）
head hostess	餐廳女性領班
head waiter	餐廳領班
health club	健身房
healthy menu	健康菜單
hideaway bed	隱藏在牆壁內的床，同murphy bed
high tea	即tea time
highway hotel	公路旅館
holding time	訂房保留時間（通常保留到下午六時）
Hollywood bed	日間當沙發，晚間當床用
hospital hotel	療養旅館
hospitality room (suite)	開會中與會人員可以自由進出的接待室
hotel coupon	旅館住宿券
hotel directory	旅館指南書
hotelier	旅館經營者

hotel representative	旅館指定的代理商或代表
house officer	警衛
hydrotheraphy pool	治療用水池

I

ice cube machine	自動製冰機
individual	個人客
inn keeper	中小型旅館經理
innovation	設備全部更新renovation是部分更新
in-house movie	館內電影

J

jaccuzzi	汽泡浴缸，按摩浴缸
junior suite	同semi suite小型套房

K

king size bed	長210cm，寬180cm的大床
kitchenette	簡易廚房
kosher	猶太人戒律的食物

L

lanai	夏威夷式涼台
land operator	安排地上觀光事宜的旅行社
lock-out	自動上鎖，關在門外
lodge	獨立小屋
loft	頂樓房間
loggia	涼廊（房屋面向花園的部分）
lounge	接客廳
luggage storage	行李保管間

M

main building	本館

maitre d'hotel	餐廳經理
murphy bed	隱藏於牆壁中的床
message light	留言信號燈
mezzanine	中層樓
mini-bar	房內小型酒吧

N

non stop check-out	不必前往出納付帳，即行離館，帳單後送，又叫express check-out
nouvelle cuisine	新推出的荣肴

O

occupancy	客房住用率
off-season rate	淡季特別價格
on-season rate	旺季房價
on-spot confirmation	當場即可確認訂房
open bed	同turn down即爲住客作開床服務以便讓住客隨時可上床（掀開床罩）
overbooking	超收訂房

P

package rate	包辦旅遊的價格
page boy	行李員
pantry	餐具室
patio	西班牙式內院
pent house	頂樓套房（最高級套房）
per-person rate	按人數計算房租
podium	講台
poterage	行李搬運費
powder room	女用洗手間

Q

quads	四人床
queen sizebed	床長200cm，寬150cm大床

R

rate on request	議價的房租
reception clerk (receptionist)	櫃檯接待員
reinstate	取消的訂房再恢復
renovation	更新設備
restaurant theatre	戲院餐廳
revolving restaurant	頂樓旋轉的餐廳
rollaway bed	掛有車輪，可以折疊的床
room account	旅館帳單
rooming list	房間分配表
room maid	女性客房服務員
room service	房內餐飲服務

S

safety box	保險箱
schloss hotel	德國式城堡旅館
security guard	警衛
semi-suite	小套房
senior guest	高年齡顧客
service charge	服務費
shoemitt	擦鞋布
shuttle bus	來往市內、旅館、機場間的專用車
simultaneous translation	同步翻譯
single room surcharge	單人床追加房租

single use	雙人床只由一人占用
snack bar	速簡餐廳
social director	公關經理
sofa bed	沙發兼床
soft open	同partial open旅館部分開幕（試賣）
solarium	日光浴室
spa	溫泉浴場
space availability chart	訂房控制圖表
space block	事先保留房間
special rate	特別房價
specialty restaurant	專業餐廳專品餐廳
split-level	不同高度的房間排成一列
star-hotel	用星分等級的旅館
station hotel	車站附近的旅館
studio room	房內有sofa bed日間當沙發晚上當床用
suburban hotel	都市近郊旅館
suite	套房
T	
Takeout (tekeaway)	外賣
tavern	酒吧
teleconference	通過電視開會
terrace restaurant	屋外餐廳（街道餐廳）
toll-free	免費長途電話
tour desk	觀光、旅遊服務台
tour guide	導遊
tourist hotel	觀光旅館

tower	旅館分成低層樓（餐廳、會議廳等）與高層樓（tower即高層）
town house	城市中的公寓
triple beds	三張床的房間
triple decker	三層床
turndown service	同open bed
U	
urban hotel	同city hotel
V	
valet service	洗衣、燙衣服務
valet parking	代客停車服務
vegetarian dish	素食
venetian blind	活動百葉窗
villa	別館或別墅
VIP-floor	貴賓樓，同executive floor或concierge floor
voucher	服務憑證
W	
wake-up call	叫醒服務
walk-in	事先無訂房，臨時來的旅客
weekday rate	平日房價
weekend rate	週末房價
wet bar	同mini-bar
wheel chair	輪椅
whirlpool bath	漩渦浴缸
wine bar	專賣葡萄酒的酒吧
wing	側翼。新館叫new wing，舊館叫old wing

附錄六

●●●●●●●●●●●●●●●●●●●●●●●●●●●●

房務管理專用語

Adjoining Rooms

Two or more rooms side by side, with or without a connecting door between them. In other words, rooms can be adjoining without being connecting.

AH &MA

The American Hotel & Motel Association. Founded in 1910, it has a membership of over 1 million rooms.

A la Carte

A meal in which each item on the menu is priced separately.

AP (American Plan)

The rate for this plan includes three full meals and room (full board or full pension).

Back-of-the-House

The service areas not exposed to the public.

Back-to-Back

Heavy check-out and check-in on the same day, so that as soon as a room is made up a new guest checks in it.

Balancing

The duty of the staffing clerk every morning when he or she tries to assign someone to clean rooms over the quota of the day.

Banquet Houseman

A person who does set-ups and cleaning in meeting rooms.

Bath Attendant

A maid or houseman who cleans only bathrooms.

Beeper-One Way

A one-way communication device; message can be given but not answered.

Booking

A reservation that is made for a room or a party.

Bridge the Beds

Putting two twin mattresses. crosswise over the box springs to form a king-size bed.

Brush Up (BUP)

Tidying a room after a guest has checked out (beds having been done earlier) and replacing the bathroom supplies.

Buckets

Where the front desk puts guest folios.

Building Superintendent (Sometimes Called Chief Engineer)

The person in charge of the maintenance of the building; he may or may not belong to any particular department.

Busboy or Busman

A person who clears the table in a restaurant after each course.

Canteen

The area on a guest floor that houses the ice machine and other vending machines.

Case Goods

Furniture made of wood with drawers or cupboards. This term now includes most furniture except beds.

Cash Bar

A private room bar set-up where guests pay for drinks.

Census

The term used for hospital occupancy.

Check-In

The hotel day starts at 6:00 A.M.; however, occupancy by

arriving guests may not be possible until after the established check-out time (usually 1:00 P.M.). This also is a term for a guest who has arrived and taken possession of a room and used the hotel services.

Check-Out

To vacate a hotel room, (taking luggage), to turn in the key, and to pay the bill; this term also means a room that a guest has officially vacated.

Chief Engineer

The person in charge of the engineering department; he maintains a crew of plumbers, electricians, and other specialized personnel.

Closed Dates

The dates on which no rooms can be rented because of a full house.

Commercial Rate

The rate agreed on by a company and hotel for all individual room reservations.

Comp

Complimentary; there are no charges for room or service(s).

Confirmed Reservation

An oral or written confirmation by a hotel that a reservation has been accepted (written confirmations are preferred). There usually is a 6:00 P.M. (local time) check-in deadline. If a guest arrives after 6:00 P.M. and the hotel is filled, the assistant manager will make every effort to secure accommodations in another hotel. (This does not apply to guests with confirmed reservations when late arrival has been specified.)

Connecting Rooms

Two or more rooms with private connecting doors permitting access between them without going into the corridor.

Continental Breakfast

Consists of juice, toast, roll or sweet roll, and coffee (tea or milk). (In some countries, this consists of coffee and roll only.)

Continental Plan

This rate includes breakfast and room; this is commonly called bed and breakfast.

Contract Furnishings

Furnishings designed for institutional use as opposed to home use; they are purchased on a contract that includes specifications, delivery time, and so on.

Covers

The number of persons served at food functions or in a restaurant.

Crinkle Sheet

A distinctively woven sheet (resembling seersucker) used to cover and protect the blanket. It is now also called a third sheet.

Cut-Off Date

The designated day when a customer (on request) must release or add to the function room or bedroom commitment. For certain types of groups, rooming lists should be sent to hotel at least 2 weeks prior to arrival.

Day Rate

This usually is one-half of the regular rate of the room, for use by a guest during a given day up to 5:00 P.M. This sometimes is called a use rate.

Deluxe

The finest type of hotel (with a private bath and full service).

Demi-Pension

This rate includes breakfast, lunch or dinner, and a room.

Deposit Reservation

A reservation for which the hotel has received a cash payment for at least the first night's lodging in advance and is obligated to hold the room regardless of the guest's arrival time. The hotel should preregister this type of guest. The cancellation procedure is as follows: This type of reservation should be cancelled as early as possible, but a minimum of 48 hours prior to the scheduled date of arrival in a commercial hotel. For resort hotels, the customer should verify the cancellation policy at the time of making the reservation.

DNP

Do not post (usually found on events sheet):it means do not show on event board.

Double

A room with a double or queen-size bed.

Double-Double

A room with two double beds.

Double Locked (DL)

An occupied room in which the dead bolt has been turned to prohibit entry from the corridor.

Dropping a Room

This may and may not be legitimate. It means that the room

attendant makes up one room less than her quota calls for.

Duplex
A two-story suite [parlor and bedroom(s)connected by a stairway].

Efficiency
An accommodation containing some type of kitchen facility.

Entry-Level Jobs
Jobs you can start without having prior experience and for which the least amount of training and instruction are needed.

EP (European Plan)
No meals are included in the room rate.

Executive Chef
A skilled and experienced cook who manages all the kitchen employees and activities; chef de cuisine is the European term for this position.

Extend the Beds
Adding extensions to make beds longer.

Farming Out
Sending guest who have reservations that cannot be honored to other hotels with vacancies. This is done only when there arc

no rooms available even though the guests have reservations.

Felts

Table pads or mattress covers.

First Class

A medium-range room(usually has private or semiprivate bath).

Flat Rate

A specific room rate for a group; it is agreed on by the hotel and the group in advance.

Flush Valve

The handle and hardware used to flush toilet.

Food and Beverage Cashier

The person usually stationed in the kitchen near the door to the dining area, who adds up restaurant checks, accepts money, and makes change for waiters and waitresses.

French Service

This means that each food item is served on a plate at the table by the waiter, as opposed to serving a plate that has been completely set up in the kitchen.

Front

The word used by the front desk personnel to summon a bellman.

Front Desk

The area where the guest checks into the hotel, where the keys are kept, where the mail is distributed, and from which information is dispensed.

Front Office

The area where information regarding the guests is kept; this also is called the assistant manager's office.

Front Office Cashier

The person who adds up all the charges made to a room and collects the money on the departure of the guests who occupied it.

Front Office Clerk

The person who checks in the guests and keeps track of the rooms available.

Front-of-the-House

The entire public area, including the banquet and meeting rooms.

Full Bar Set-Up

A completely stocked bar with liquor, various mixers, and garnishes for drinks.

Full Comp

No charges are made for the room, the meals taken in the hotel, the telephone, the valet, or any items.

General Clean

Indicates a thorough cleaning of guest rooms and baths that is done on a periodic basis.

G. M.

This stands for general manager.

Guaranteed Reservation

A confirmed reservation with a promise to accommodate, or if unable, to pay for a room elsewhere, including transportation and back to that hotel the next day. The guest guarantees to pay if he is a no-show.

Guest Charge

This is anything put on a guest's bill-purchases, room service, telephone, valet, or whatever.

Held Luggage

The guest's property held in lieu of payment for

accommodations.

Hide-A-Bed

A piece of furniture, usually in parlors and suites, that hides a folded bed inside.

Make Up

Changing the linen on beds and cleaning the room and bathroom while the guest is registered in the room.

MAP (Modified American Plan)

This rate includes breakfast, dinner, and room.

MIP

Most important person.

MTD

Month to date; these are the accounting totals showing the revenues and expenditures for a specific month as of a specific date.

Napery

Table linens.

NEHA

National Executive Housekeeper's Association.

Night Service

See Turn Down.

Night Spread

A light weight spread used on a bed at night to protect the blanket and give each guest a clean cover. (This is also called a crinkle sheet)

No-Show Employees

Personnel who do not come to work on a scheduled work day and do not call into explain their absence.

No-Show Guest

A guest with confirmed reservation who does not check into the hotel or call to cancel.

Occupancy

The number of rooms actually in use.

Occupied(OCC)

An occupied room with a registered guest who has luggage.

Open

Room are available for renting.

Operation

The functioning of a hotel, especially, the activities dealing directly with serving the guests.

Out of Order

The status of a guest room not rentable because it is being repaired or redecorated.

Oversold (Also Overbooked)

Reservations have been accepted beyond a hotel's capacity to provide rooms.

Paid Bar

A private room bar set-up where all the drinks are prepaid. Tickets for drinks sometimes are used.

Par

The number of sets of linen needed per bed or sets of towels per guest in use, in the laundry, or in the linen room.

Parlor

A living or sitting room that is not used as a bedroom (it is called a salon in some parts of Europe).

Parlor Maid

The maid who services suites and public areas.

Pick-Up

To straighten up a room (BUP), usually after guest has

checked out but the room has been made up. Very little time is involved in a pick-up.

Plant

The entire hotel operation.

Plugged Room

A room that has been made inaccessible by security, due to theft or death.

Pocket Pager-One Way

A communication device that permits you to receive messages but not to answer them.

Powder Room Maid

The woman who cleans public area ladies' rooms.

Preregistered

This no delay check-in is usually provided guests who have stayed in the hotel previously; often these room assignments are based on guests' previous preferences.

Processing

Filling out various insurance and tax forms-done immediately after an employee is hired.

Property

A hotel's building, land, and all the facilities connected with it.

Property Maintenance

A department in very large hotels, often a division of housekeeping, that does heavy cleaning in front-of-the-house and back-of-the-house; it usually includes the night cleaning crew and may be in charge of keeping up the exteriors and grounds.

Queen

A middle-sized bed-larger than a double but smaller than a king; the dimensions are 60 inches x 80 inches or 60 inches x 72 inches.

Quota

The minimum amount of work that management has designated for each individual or group.

Rack Rate

The current rate charged for each accommodation as established by hotel's management.

Rebate

Part or all of the rental refunded to guest.

Reception Hostess

The woman who greets and registers guests.

Rehabilitation

Retraining a person to do things correctly, helping him to adjust to society, or providing a work opportunity to a person with a prison record. It also means remodeling the hotel or a part of it.

Roll In

Putting a rollaway bed in a guest room.

Roll Out

Taking a rollaway bed out of a guest room.

Rooming List

The list of names submitted in advance by a buyer to occupy a previously reserved accommodation.

Run-of-the-House Rate

An agreed-on rate generally priced at an average figure between the minimum and the maximum for group accommodations for all available rooms except suites. Room assignments usually are made on a best-available basis.

Runner

The person who is charged with the duty of "running" orders

from the housekeeping office to employees on the guest floors.

Sample

A display room used for showing merchandise. It may or may not be provided with sleeping facilities.

Section

A room attendant's assigned area. This section will consist of approximately 16 rooms.

Security

The department in charge of protecting both employees and guests from thefts and vandalism.

Single

A room with one bed for one person.

Skips

People who leave the hotel without paying their bills.

Sleep Out

A guest who rented a room but did not sleep there.

Sommelier

A wine waiter.

Sous-Chef

A cook who is second in command of kitchen; in large hotels there may be several, each in charge of a specific restaurant.

SPALT (Special Attention List)

This is a different way of saying VIP.

Stewards

In kitchens these are dishwashers who often are in charge of storing and transporting dishes, glassware, and tableware; banquet stewards set up and dismantle furniture in banquet and meeting rooms.

Studio

A one-room parlor having one or two couches that convert to beds, it is sometimes called an executive room.

Suite

A parlor connected to one or more bedrooms. When requesting a suite, guests should always designate the number of bedrooms needed, since several can connect.

Support Positions

The jobs that directly assist a department head.

Table d'Hote

A full-course meal with limited choice, as opposed to a la

carte.

Taking the Count or Taking the AM/PM Report
Two expressions that mean the same thing. Twice daily, the housekeeping attendant takes a physical check of all the guests in his section to establish the up-to-date status of each room.

Tel Autograph
This is used lo produce a facsimile telegram, reproducing graphite matter by means of a transmitter in which the motions of a pencil are reproduced by a receiving pen controlled by electromagnetic devices.

Third Sheet
A night spread or cover used to protect blanket.

Tidy-Up
To straighten and clean a room after a guest's departure, when full service has been given earlier.

Toilet Tissue
Toilet paper-not to be confused with facial tissue-placed for the convenience of guests in bathrooms or public lavatories.

Tourist or Economy
A commercial-type hotel with low room rates (sometimes

without private baths).

Traveling Room Attendant

If an attendant is sent traveling, she is sent to one (or more) other floors to fulfill her daily quota.

Turndown

Evening service-removing the bedspread and turning down the bed, straightening the room, and replenishing the used supplies and linen.

Twin

A room with twin beds.

Twin Double

A room with two double beds for two, three, or four persons; it sometimes is called a family room or a double-double.

Vacant and Ready

A room that is unoccupied, cleaned, and ready for renting.

VIP

Very important persons, who should have a lot of extras. Employees should give a bigger smile, super performance, know the guest's name and use it.

Walkie-Talkie-Two Way

A communication system where messages can be both received and answered.

Walk-In

A guest who appears at the hotel in person and requests a room when not holding a reservation.

Water Closet

A toilet.

We Walked One or Two

This means that a few people with reservations could not be accommodated so they were taken (gratis) to another hotel where rooms had been procured and paid for.

習題

● ●

第一章

一、 試述古埃及三大文化與旅館發展的關係。

二、 試述旅館的定義。

三、 興建「國際觀光旅館」與「觀光旅館」所依據的法令有何不同？

四、 解釋"HOTEL"一語的語源。

五、 旅館可分為幾類？

六、 旅館房租計價方式有幾種？

七、 客房的種類有幾種？

八、 旅館的商品是什麼？

九、 試述客房具有那些商品的特點？

十、 試述服務的眞諦。

十一、目前台灣經營旅館的困境是什麼？應如何解決？

十二、說明「汽車旅館」所以如此發達的理由。

十三、MOTEL可分為幾種？

第二章

一、運用組織應嚴守哪些原則？

二、將來的旅館組織應如何加強？

二、將櫃檯的一般組織以圖表示？

四、櫃檯的主要任務是什麼？

五、房務管理的任務是什麼？

第三章

一、試述旅館訂房的來源。

二、訂房單位與櫃檯應如何在作業上連繫？

三、通信訂房可分幾種？住宿契約與訂房契約有何不同？

四、旅館的連鎖經營方式有幾種？

五、連鎖經營的功用何在？

六、旅行社應如何改進其經營方式？

第四章

一、機場接待目的何在？

二、簡述櫃檯辦理旅客住進之手續。

三、如何作好詢問服務？

第五章

一、試述櫃檯設置有哪些形態？

二、試述櫃檯接待員的職務？

三、如何處理怨言？

四、客房控制報表有何作用？

五、房間檢查報表有何作用？

六、安排旅客住宿其他旅館應注意哪些事項？

七、行李員的職務是什麼？

八、新任電話接線生應該注意哪些事？

九、工商服務中心有何功用？

第六章

一、試述結帳的方式有幾種？

二、試述團體客遷入手續。

三、試述團體客遷出手續。

四、簡述櫃檯出納工作程序。

五、夜間接待員有哪些任務？

第七章

一、如何處理「已住進旅客」的信件？

二、如何處理「非房客」的信件？

三、如何處理「已遷出旅客」的信件？

四、試述夜間經理的任務。

第八章

一、旅館會計的三大功能是什麼？

二、旅館會計具有那些特性？

三、登紀卡的功用是什麼？

四、調換房間應如何處理？

五、如何把客房收入報表作得正確？

六、旅館的房租有哪些稱法？

七、如何審核房租收入？

第九章

一、房務管理主管應具備哪些條件？

二、領班的職務是什麼？

三、試述房間檢查報告的功用。

四、各樓服務台有何作用？

五、如何處理旅客遺忘物品？

六、如何決定布巾的儲藏量？

七、夜勤工作人員應注意哪些事項？

八、如何防火？

第十章

一、如何阻止員工離職他遷？

二、一位良好的經理應具備哪些條件？

三、管理人員應有哪些特性？

第十一章

一、旅館行銷目的何在？

二、如何選擇目標市場？

三、如何確定自己產品的市場形象？

四、組合產品有幾種？

五、如何建立顧客關係的策略？

六、如何爭取國際會議？

七、一流的旅館應具備哪些條件？

八、比較歐洲及美國旅館經營的差異點。

第十二章

一、旅館實施電腦作業目的何在？

二、試述電腦中心主管的職責。

三、何謂統一會計制度？有何功用？

四、利益管理有哪些內容？

五、旅館的商品有哪些特性？

六、十個「S」的經營信條是什麼？

第十三章

一、「行銷」與「推銷」有何不同？

二、試述興建旅館前的市場調查五個步驟。

三、要成為國際會議成功的旅館應具備哪些條件？

四、「職前訓練」以採取何種方式較適宜？

五、如何改進櫃檯作業？

六、如何改進訂房作業？

七、興建旅館應確定的先決原則是什麼？

八、分配公共場所時應注意哪些原則？

九、出售產品的四個要素是什麼？

十、試述旅館商品內容演變的過程。

十一、今後我們的市場行銷重點應如何？

十二、旅館經營永不變的哲理是什麼？

十三、目前旅館市場面臨的五個課題是什麼？

十四、旅館經營的六大病態是什麼？

十五、說明旅館評鑑工作的意義？

第十四章

一、旅館內的灰塵是經過哪些路線發生的？

二、吸塵的目的何在？

三、委託專業者清潔有何優點？

四、強電與弱電如何區別？

五、空氣調節有何作用？

六、井水如何處理？

七、發生火災時，應如何處理？

八、列舉設備管理之重點。

第十五章

一、試述服務品質管理的意義。

二、如何評估無形的服務品質？

三、如何評估「人」對「人」的服務？

四、將來評估的方向應如何？

五、都市旅館有哪些新機能？

第十六章

一、比較「都市旅館」與「休閒旅館」客房經營的差異。

二、比較「都市旅館」與「休閒旅館」餐飲經營的異同。

三、休閒旅館應特別加強何種措施？

四、經營旅館的「五氣」及「五S」是指什麼？

五、美國的度假旅館如何分類？

六、我國經營休閒旅館應有的新理念是什麼？

第十七章

一、經營民宿的基本考慮是什麼？

二、試述民宿的基本特性。

三、民宿與一般旅館最大不同的特色是什麼？

四、商務旅客住宿型態有幾種？

五、試述商務顧客類型。

第十八章

一、試述休閒旅館各不同階段的行銷方法。

二、S. M. E. R. F. 代表什麼？

三、如何才能延長循環期保持一定水準？

四、研究階段循環的真正意義何在？

旅館管理實務

著　　　者☞ 詹益政

出 版 者☞ 揚智文化事業股份有限公司

發 行 人☞ 葉忠賢

責任編輯☞ 賴筱彌

執行編輯☞ 黃清濹

登 記 證☞ 局版北市業字第 1117 號

地　　　址☞ 台北市新生南路三段 88 號 5 樓之 6

電　　　話☞ （02）23660309　（02）23660313

傳　　　真☞ （02）23660310

郵撥帳號☞ 14534976

戶　　　名☞ 揚智文化事業股份有限公司

法律顧問☞ 北辰著作權事務所　蕭雄淋律師

印　　　刷☞ 鼎易印刷事業股份有限公司

初版一刷☞ 2002 年 8 月

Ｉ Ｓ Ｂ Ｎ ☞ 957-818-413-1

定　　　價☞ 新台幣 550 元

網　　　址☞ http://www.ycrc.com.tw

E - m a i l ☞ book3@ycrc.com.tw

本書如有缺頁、破損、裝訂錯誤，請寄回更換。

§ 版權所有　翻印必究 §

國家圖書館出版品預行編目資料

旅館管理實務／詹益政著. -- 初版. -- 臺北
市：揚智文化, 2002[民 91]
面；　公分

ISBN　957-818-413-1（平裝）

1.旅館業 － 管理

489.2　　　　　　　　　　　91010371